U0121862

计算机技术开发与应用丛书

跟我一起学
机器学习

王 成　黄晓辉◎编著

清华大学出版社

北京

内 容 简 介

本书系统地阐述机器学习中常见的几类算法模型，包括模型的思想、原理及实现细节等。同时，本书还结合了当前热门的机器学习框架 sklearn，对书中所涉及的模型在用法上进行详细讲解。

全书共 10 章，第 1 章介绍机器学习开发环境的配置；第 2 章讲解线性回归模型的基本原理、回归模型中常见的几种评价指标，以及用于有监督模型训练的梯度下降算法；第 3 章介绍逻辑回归模型的基本原理和分类模型中常见的几种评价指标；第 4 章介绍模型的改善与泛化，包括特征标准化、如何避免过拟合及如何进行模型选择等；第 5 章讲解 K 近邻分类算法的基本原理及 kd 树的构造与搜索；第 6 章介绍朴素贝叶斯算法的基本原理；第 7 章介绍几种常见的文本特征提取与模型复用，包括词袋模型和 TF-IDF 等；第 8 章讲解决策树与集成学习，包括几种经典的决策树生成算法和集成模型；第 9 章介绍支持向量机的基本原理与求解过程；第 10 章介绍几种经典的聚类算法及相应的评价指标计算方法。

本书包含大量的代码示例及实际案例介绍，可以作为计算机相关专业学生入门机器学习的读物，也可以作为非计算机专业及培训机构的参考用书。

图书在版编目(CIP)数据

跟我一起学机器学习/王成，黄晓辉编著.—北京：清华大学出版社，2022.5
（计算机技术开发与应用丛书）
ISBN 978-7-302-59284-6

Ⅰ. ①跟… Ⅱ. ①王… ②黄… Ⅲ. ①机器学习 Ⅳ. ①TP181

中国版本图书馆 CIP 数据核字(2021)第 200449 号

责任编辑：赵佳霓
封面设计：吴 刚
责任校对：时翠兰
责任印制：丛怀宇

出版发行：清华大学出版社
   网 址：http://www.tup.com.cn，http://www.wqbook.com
   地 址：北京清华大学学研大厦 A 座   邮 编：100084
   社 总 机：010-83470000   邮 购：010-62786544
   投稿与读者服务：010-62776969，c-service@tup.tsinghua.edu.cn
   质量反馈：010-62772015，zhiliang@tup.tsinghua.edu.cn
   课件下载：http://www.tup.com.cn，010-83470236
印 装 者：艺通印刷(天津)有限公司
经 销：全国新华书店
开 本：186mm×240mm 印 张：15.5   字 数：346 千字
版 次：2022 年 7 月第 1 版   印 次：2022 年 7 月第 1 次印刷
印 数：1～2000
定 价：69.00 元

产品编号：092231-01

前言
PREFACE

近十年来,随着人工智能技术的快速发展和广泛应用,各行各业掀起了一股人工智能学习浪潮。利用人工智能相关技术解决现实生活中的问题已经成为学术界和工业界的一种共识。因此,这也使与人工智能相关的专业在各类高校中如雨后春笋般涌现出来,但是对于绝大多数读者来讲,想要跨入人工智能这扇大门仍旧存在着较高的门槛。所以,一本结构合理、内容有趣、理论与实践并重的入门书籍对于初学者来讲就显得十分必要了。

为什么会有这本书

笔者大约是在 2016 年开始接触机器学习,也正是在那个时间点附近,笔者越发地认为"要想学得好,笔记不能少"。于是在这之后,笔者每学完一个新的知识点都会将它记录下来。慢慢地,不知不觉就记录了近 200 篇博客。在记录的过程中,笔者都会将看到的各种资料以笔者自己的思维方式从头梳理一遍再形成笔记。这样做的好处就是能够使这些知识点与自己脑中固有的知识更好地融合。

在 2020 年 4 月,笔者注册了一个公众号用来分享与传播与机器学习相关的知识内容。同时,为了提高这些文章的质量,笔者以原先的博客记录为蓝本又一次从头梳理了这些内容,然后陆续进行了推送。2020 年 11 月初,笔者在微信群里看到有朋友说,如果能将这些文章整理成一个文档就好了,因为在手机上看容易分神。为了满足这些朋友的需要,笔者又一次对这些内容的组织结构进行了梳理与排版,很大程度上满足了对于初学者的需求。

2020 年 12 月初,清华大学出版社的赵佳霓编辑找到笔者,希望能将这份笔记整理成书稿出版。在与出版社签订合同后笔者又重新对所有内容进行了第 3 次修订与补充。在整个内容的修订过程中,为了达到学术上的严谨及自己对于内容质量的要求,笔者同本书的另外一位作者黄晓辉一起对本书的结构与内容进行了调整与补充,对文中所出现的每个知识点做了详细的考证与引用,对于每个算法所涉及的示例代码都进行了重新调试。工作之余,在历经近半年的修订后终于形成了现在的《跟我一起学机器学习》。本书第 1~3 章、第 6 章和第 9 章由王成编写,第 4、5、7、8 章和第 10 章由黄晓辉编写。

如何进行学习

好的方法事半功倍,而差的方法则事倍功半。当然,从本质上来讲方法没有好和坏之分,只有适合与不适合的区别,因此本书中所总结的学习方法也只是笔者的一家之言,不过这也十分值得学习与借鉴。

如果各位读者也经常在网上浏览有关人工智能的相关内容,肯定会经常看到有人提出类似"如何才能入门机器学习"这样的问题。想想笔者自己在刚接触机器学习时又何尝不是这样呢,总觉得自己一直在门外徘徊,就是不得其中之道。幸运的是经过漫长的摸索后,笔者终于总结出了一条适合自己的学习路线。同时笔者也坚信,这也是适合绝大多数初学者的学习路线。

1. 怎样学

笔者第一次学习机器学习时所接触到的资料就是吴恩达老师的机器学习视频,并且相信很多读者也都或多或少地看过这个视频。总体来讲,它的确是一个很好的机器学习入门材料,内容也非常浅显易懂,并且吴恩达老师讲得也十分详细,但是,学着学着笔者渐渐地发现这份资料并不十分适合自己。局限于当时没有找到更好的学习方法,笔者也就只能硬着头皮看完了整个内容。后来,直到拿着李航老师的《统计机器学习》进行第二次学习时,笔者才慢慢地总结出了一条有效的学习路线,总结起来就是一句话:先抓主干,后抓枝节。

学习一个算法就好比遍历一棵大树上的所有枝节,算法越复杂其对应的枝叶也就越繁茂。一般来讲通常有两种方式遍历这棵大树:深度优先遍历和广度优先遍历。对于有的人来讲可能适合第一种方式,即从底部的根开始,每到一个枝干就深入遍历下去,然后回到主干继续遍历第二个枝干,直到结束,而对于有的人来讲可能第二种方式更适合,即从底部的根开始,先沿着主干爬到树顶以便对树的整体结构有一定的概念,然后从根部开始像第一种方式那样遍历整棵大树。相比于第一种方式,第二种方式在整个遍历过程中更不容易"迷路",因为一开始就先对树的整体结构有了一定的了解了。

因此,对于一个算法的学习,笔者将它归结成了 5 个层次(3 个阶段):

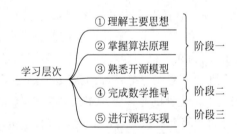

其中,阶段一可以看成先从大树主干爬到树顶一窥大树全貌的过程,因为对于一个算法来讲最基本的就是它所对应的思想,而这也是一个算法的灵魂所在。阶段二和阶段三就可以看成遍历完整棵大树后的层次了,它是对算法里细枝末节的具体探索。

为什么会是上面这种排序呢?可以打乱吗?笔者的回答是:当然可以,只要是适合自己的方法,那就是好方法。不过,对于绝大多数人来讲,笔者认为应该遵循上面这一学习顺序。不过遗憾的是现在大多数读者的学习顺序是①②④⑤③或者是①②④③⑤。这两种学习顺序的弊端就在于,很多算法在其数学推导过程中是有难度的,当克服不了这个难度时很多读者往往就不会接着往下进行,而这一问题在初学者当中尤为突出。相反,笔者一贯主张的是：先学会怎么用，再探究为什么。学习过程最重要的就是要形成一个良好的正向循环，这样才会有继续学习下去的动力。

2．学到什么时候

对于一个算法到底应该学到什么时候或者什么层次同样也是初学者所面临的一个问题。可以想象，如果没有事先将一个算法的学习过程归结为如上 3 个阶段，此时笔者还真不知道告诉你应该学到哪种程度，因此笔者的建议是，对于所有的算法来讲阶段一是必须完成的，但对于一些相对容易的算法（如线性回归）可以要求自己达到上述 3 个阶段，而对于那些难度较大的算法（如支持向量机）可以根据自己的定位选择。同时需要注意的是，对于任何一个算法的学习很少有人能做到学一遍就全懂的境界，所以也不要抱着学一遍就结束的想法。

因此，各位读者在实际的学习过程中，可以在第一次学习时先达到阶段一，然后在第二次学习时再达到阶段二……因为这样分阶段的学习方式更能够相对容易地使自己获得满足感，获得继续学下去的乐趣。最后，照着以上步骤进行，学习 3～4 个算法后，便算得上是初窥机器学习的门径了。

本书特色

从整理笔记伊始，笔者尽量选择了以直白的方式阐述每个算法背后的思想与原理。尽管这看起来可能有点口语化，但极大地降低了学习的门槛，尤其是对于那些非计算机专业的读者来讲。同时，对于一些重要而又难以理解的概念，笔者会尝试 2～3 次以不同的口吻进行阐述。例如笔者在第 3 章中用了下面这段话阐述为什么需要用到最大似然估计：

我们知道，在有监督的机器学习中都是通过给定训练集，即 $(x^{(i)}, y^{(i)})$ 求得其中的未知参数 W 和 b。换句话说，对于每个给定的样本 $x^{(i)}$，事先已经知道了其所属的类别 $y^{(i)}$，即 $y^{(i)}$ 的分布结果是知道的。那么，什么样的参数 W 和 b 能够使已知的 $y^{(1)}, y^{(2)}, \cdots, y^{(m)}$ 这样一个结果（分布）最容易出现呢？也就是说，给定什么样的参数 W 和 b，能使当输入 $x^{(1)}$, $x^{(2)}, \cdots, x^{(m)}$ 这 m 个样本时，最能够产生已知类别标签 $y^{(1)}, y^{(2)}, \cdots, y^{(m)}$ 这一结果呢？

尽管这段话读起来可能有些啰唆，但只要各位读者认真体会，一定会受益匪浅。

本书源代码

扫描下方二维码，可获取本书源代码。

教学课件（PPT）

本书源代码

致谢

首先感谢清华大学出版社赵佳霓编辑的耐心指点，以及对本书出版的推动；其次感谢在本书中笔者所引用文献的作者，没有你们的付出也不会有本书的出版；然后感谢Brandy、十、olderwang、XiaomeiMi、Wanlong、fanfan 和凌同学吃饱了为本书提出的宝贵意见；最后还要感谢笔者的家人在背后默默地支持笔者。

由于时间仓促，书中难免存在不妥之处，请各位读者见谅，并提宝贵意见。如能再版，你们的名字也将出现在致谢当中。

王 成

2022 年 4 月

目　录
CONTENTS

第 1 章　环境配置 ··· 1

1.1　安装 Conda ··· 1

　　1.1.1　Windows 环境 ·· 1

　　1.1.2　Linux 环境 ··· 4

1.2　替换源 ··· 5

1.3　Conda 环境管理 ·· 5

　　1.3.1　虚拟环境安装 ·· 5

　　1.3.2　虚拟环境使用 ·· 7

1.4　PyCharm 安装与配置 ··· 7

1.5　小结 ··· 11

第 2 章　线性回归 ·· 12

2.1　模型的建立与求解 ··· 12

　　2.1.1　理解线性回归模型 ·· 12

　　2.1.2　建立线性回归模型 ·· 13

　　2.1.3　求解线性回归模型 ·· 13

　　2.1.4　sklearn 简介 ··· 14

　　2.1.5　安装 sklearn 及其他库 ··· 14

　　2.1.6　线性回归示例代码 ·· 15

　　2.1.7　小结 ··· 16

2.2　多变量线性回归 ·· 17

　　2.2.1　理解多变量 ··· 17

　　2.2.2　多变量线性回归建模 ·· 17

　　2.2.3　多变量回归示例代码 ·· 18

2.3　多项式回归 ·· 18

　　2.3.1　理解多项式 ··· 18

　　2.3.2　多项式回归建模 ··· 19

2.3.3　多项式回归示例代码 ……………………………………… 19

2.3.4　小结 …………………………………………………………… 21

2.4　回归模型评估 ……………………………………………………… 21

2.4.1　常见回归评估指标 …………………………………………… 21

2.4.2　回归指标示例代码 …………………………………………… 23

2.4.3　小结 …………………………………………………………… 23

2.5　梯度下降 …………………………………………………………… 23

2.5.1　方向导数与梯度 ……………………………………………… 24

2.5.2　梯度下降算法 ………………………………………………… 25

2.5.3　小结 …………………………………………………………… 27

2.6　正态分布 …………………………………………………………… 28

2.6.1　一个问题的出现 ……………………………………………… 28

2.6.2　正态分布 ……………………………………………………… 29

2.7　目标函数推导 ……………………………………………………… 30

2.7.1　目标函数 ……………………………………………………… 30

2.7.2　求解梯度 ……………………………………………………… 32

2.7.3　矢量化计算 …………………………………………………… 32

2.7.4　从零实现线性回归 …………………………………………… 33

2.7.5　小结 …………………………………………………………… 35

第 3 章　逻辑回归 ……………………………………………………… 36

3.1　模型的建立与求解 ………………………………………………… 36

3.1.1　理解逻辑回归模型 …………………………………………… 36

3.1.2　建立逻辑回归模型 …………………………………………… 37

3.1.3　求解逻辑回归模型 …………………………………………… 37

3.1.4　逻辑回归示例代码 …………………………………………… 38

3.1.5　小结 …………………………………………………………… 39

3.2　多变量与多分类 …………………………………………………… 40

3.2.1　多变量逻辑回归 ……………………………………………… 40

3.2.2　多分类逻辑回归 ……………………………………………… 40

3.2.3　多分类示例代码 ……………………………………………… 41

3.2.4　小结 …………………………………………………………… 42

3.3　常见的分类评估指标 ……………………………………………… 42

3.3.1　二分类场景 …………………………………………………… 42

3.3.2　二分类指标示例代码 ………………………………………… 45

3.3.3　多分类场景 …………………………………………………… 46

3.3.4 多分类指标示例代码 ············· 48

3.3.5 小结 ············· 48

3.4 目标函数推导 ············· 49

3.4.1 映射函数 ············· 49

3.4.2 概率表示 ············· 50

3.4.3 极大似然估计 ············· 50

3.4.4 求解梯度 ············· 51

3.4.5 从零实现二分类逻辑回归 ············· 52

3.4.6 从零实现多分类逻辑回归 ············· 53

3.4.7 小结 ············· 55

第4章 模型的改善与泛化 ············· 56

4.1 基本概念 ············· 56

4.2 特征标准化 ············· 57

4.2.1 等高线 ············· 58

4.2.2 梯度与等高线 ············· 59

4.2.3 标准化方法 ············· 61

4.2.4 特征组合与映射 ············· 62

4.2.5 小结 ············· 64

4.3 过拟合 ············· 64

4.3.1 模型拟合 ············· 64

4.3.2 过拟合与欠拟合 ············· 66

4.3.3 解决欠拟合与过拟合问题 ············· 66

4.3.4 小结 ············· 67

4.4 正则化 ············· 68

4.4.1 测试集导致糟糕的泛化误差 ············· 68

4.4.2 训练集导致糟糕的泛化误差 ············· 69

4.4.3 正则化中的参数更新 ············· 71

4.4.4 正则化示例代码 ············· 72

4.4.5 小结 ············· 73

4.5 偏差、方差与交叉验证 ············· 74

4.5.1 偏差与方差定义 ············· 74

4.5.2 模型的偏差与方差 ············· 75

4.5.3 超参数选择 ············· 76

4.5.4 模型选择 ············· 79

4.5.5 小结 ············· 80

4.6 实例分析手写体识别 ·· 80

    4.6.1 数据预处理 ··· 80

    4.6.2 模型选择 ·· 82

    4.6.3 模型测试 ·· 83

    4.6.4 小结 ··· 84

第 5 章 *K* 近邻 ··· 85

5.1 *K* 近邻思想 ·· 85

5.2 *K* 近邻原理 ·· 85

    5.2.1 算法原理 ·· 85

    5.2.2 *K* 值选择 ··· 86

    5.2.3 距离度量 ·· 86

5.3 sklearn 接口与示例代码 ······································ 88

    5.3.1 sklearn 接口介绍 ······································· 88

    5.3.2 *K* 近邻示例代码 ·· 89

    5.3.3 小结 ··· 90

5.4 kd 树 ·· 90

    5.4.1 构造 kd 树 ·· 91

    5.4.2 最近邻 kd 树搜索 ······································· 92

    5.4.3 最近邻搜索示例 ··· 94

    5.4.4 *K* 近邻 kd 树搜索 ······································ 95

    5.4.5 *K* 近邻搜索示例 ·· 96

    5.4.6 小结 ··· 98

第 6 章 朴素贝叶斯 ··· 100

6.1 朴素贝叶斯算法 ··· 100

    6.1.1 概念介绍 ··· 100

    6.1.2 理解朴素贝叶斯 ·· 101

    6.1.3 计算示例 ··· 102

    6.1.4 求解步骤 ··· 104

    6.1.5 小结 ·· 105

6.2 贝叶斯估计 ·· 105

    6.2.1 平滑处理 ··· 105

    6.2.2 计算示例 ··· 105

    6.2.3 小结 ·· 106

第 7 章　文本特征提取与模型复用 ·· 108

  7.1　词袋模型 ·· 108

    7.1.1　理解词袋模型 ·· 108

    7.1.2　文本分词 ·· 109

    7.1.3　构造词表 ·· 110

    7.1.4　文本向量化 ·· 111

    7.1.5　考虑词频的文本向量化 ·· 112

    7.1.6　小结 ·· 114

  7.2　基于贝叶斯算法的垃圾邮件分类 ··· 114

    7.2.1　载入原始文本 ·· 114

    7.2.2　制作数据集 ·· 115

    7.2.3　训练模型 ·· 115

    7.2.4　复用模型 ·· 116

    7.2.5　小结 ·· 117

  7.3　考虑权重的词袋模型 ··· 117

    7.3.1　理解 TF-IDF ·· 117

    7.3.2　TF-IDF 计算原理 ·· 118

    7.3.3　TF-IDF 计算示例 ·· 119

    7.3.4　TF-IDF 示例代码 ·· 120

    7.3.5　小结 ·· 121

  7.4　词云图 ·· 121

    7.4.1　生成词云图 ·· 122

    7.4.2　自定义样式 ·· 123

    7.4.3　小结 ·· 124

第 8 章　决策树与集成学习 ·· 125

  8.1　决策树的基本思想 ··· 125

    8.1.1　冠军球队 ·· 125

    8.1.2　信息的度量 ·· 126

    8.1.3　小结 ·· 128

  8.2　决策树的生成之 ID3 与 C4.5 ·· 128

    8.2.1　基本概念与定义 ·· 128

    8.2.2　计算示例 ·· 130

    8.2.3　ID3 生成算法 ·· 131

    8.2.4　C4.5 生成算法 ·· 135

　　　8.2.5　特征划分 ·· 137

　　　8.2.6　小结 ··· 137

　8.3　决策树生成与可视化 ·· 137

　　　8.3.1　ID3 算法示例代码 ··· 138

　　　8.3.2　决策树可视化 ··· 139

　　　8.3.3　小结 ··· 140

　8.4　决策树剪枝 ·· 140

　　　8.4.1　剪枝思想 ··· 140

　　　8.4.2　剪枝步骤 ··· 141

　　　8.4.3　剪枝示例 ··· 141

　　　8.4.4　小结 ··· 143

　8.5　CART 生成与剪枝算法 ·· 143

　　　8.5.1　CART 算法 ··· 143

　　　8.5.2　分类树生成算法 ··· 144

　　　8.5.3　分类树生成示例 ··· 145

　　　8.5.4　分类树剪枝步骤 ··· 146

　　　8.5.5　分类树剪枝示例 ··· 148

　　　8.5.6　小结 ··· 149

　8.6　集成学习 ·· 150

　　　8.6.1　集成学习思想 ··· 150

　　　8.6.2　集成学习种类 ··· 150

　　　8.6.3　Bagging 集成学习 ·· 151

　　　8.6.4　Boosting 集成学习 ··· 153

　　　8.6.5　Stacking 集成学习 ··· 154

　　　8.6.6　小结 ··· 155

　8.7　随机森林 ·· 155

　　　8.7.1　随机森林原理 ··· 155

　　　8.7.2　随机森林示例代码 ·· 156

　　　8.7.3　特征重要性评估 ··· 157

　　　8.7.4　小结 ··· 160

　8.8　泰坦尼克号生还预测 ·· 160

　　　8.8.1　读取数据集 ··· 160

　　　8.8.2　特征选择 ··· 161

　　　8.8.3　缺失值填充 ··· 162

　　　8.8.4　特征值转换 ··· 162

　　　8.8.5　乘客生还预测 ··· 162

8.8.6　小结 ……………………………………………………… 163

第 9 章　支持向量机 ………………………………………………… 164

9.1　SVM 思想 …………………………………………………… 164
9.2　SVM 原理 …………………………………………………… 166
9.2.1　超平面的表达 ………………………………………… 166
9.2.2　函数间隔 ……………………………………………… 167
9.2.3　几何间隔 ……………………………………………… 167
9.2.4　最大间隔分类器 ……………………………………… 169
9.2.5　函数间隔的性质 ……………………………………… 170
9.2.6　小结 …………………………………………………… 170
9.3　SVM 示例代码与线性不可分 ……………………………… 171
9.3.1　线性 SVM 示例代码 ………………………………… 171
9.3.2　从线性不可分谈起 …………………………………… 172
9.3.3　将低维特征映射到高维空间 ………………………… 173
9.3.4　SVM 中的核技巧 …………………………………… 174
9.3.5　从高维到无穷维 ……………………………………… 175
9.3.6　常见核函数 …………………………………………… 175
9.3.7　小结 …………………………………………………… 176
9.4　SVM 中的软间隔 …………………………………………… 176
9.4.1　软间隔定义 …………………………………………… 176
9.4.2　最大化软间隔 ………………………………………… 177
9.4.3　SVM 软间隔示例代码 ……………………………… 178
9.4.4　小结 …………………………………………………… 180
9.5　拉格朗日乘数法 ……………………………………………… 180
9.5.1　条件极值 ……………………………………………… 180
9.5.2　求解条件极值 ………………………………………… 181
9.5.3　小结 …………………………………………………… 182
9.6　对偶性与 KKT 条件 ………………………………………… 182
9.6.1　广义拉格朗日乘数法 ………………………………… 182
9.6.2　原始优化问题 ………………………………………… 183
9.6.3　对偶优化问题 ………………………………………… 183
9.6.4　KKT 条件 …………………………………………… 184
9.6.5　计算示例 ……………………………………………… 185
9.6.6　小结 …………………………………………………… 187
9.7　SVM 优化问题 ……………………………………………… 187

9.7.1　构造硬间隔广义拉格朗日函数 ································· 187

9.7.2　硬间隔求解计算示例 ··· 189

9.7.3　构造软间隔广义拉格朗日函数 ································· 191

9.7.4　软间隔中的支持向量 ··· 193

9.7.5　小结 ·· 194

9.8　SMO 算法 ·· 195

9.8.1　坐标上升算法 ·· 195

9.8.2　SMO 算法思想 ··· 196

9.8.3　SMO 算法原理 ··· 197

9.8.4　偏置 b 求解 ··· 200

9.8.5　SVM 算法求解示例 ··· 201

9.8.6　小结 ·· 202

第 10 章　聚类 ··· 203

10.1　聚类算法的思想 ·· 203

10.2　k-means 聚类算法 ··· 204

10.2.1　算法原理 ··· 204

10.2.2　k 值选取 ·· 205

10.2.3　k-means 聚类示例代码 ····································· 205

10.2.4　小结 ··· 206

10.3　k-means 算法求解 ··· 206

10.3.1　k-means 算法目标函数 ····································· 206

10.3.2　求解簇中心矩阵 Z ·· 207

10.3.3　求解簇分配矩阵 U ·· 208

10.3.4　小结 ··· 208

10.4　从零实现 k-means 聚类算法 ···································· 208

10.4.1　随机初始化簇中心 ··· 209

10.4.2　簇分配矩阵实现 ··· 209

10.4.3　簇中心矩阵实现 ··· 209

10.4.4　聚类算法实现 ··· 210

10.4.5　小结 ··· 210

10.5　k-means++ 聚类算法 ··· 211

10.5.1　算法原理 ··· 211

10.5.2　计算示例 ··· 212

10.5.3　从零实现 k-means++ 聚类算法 ······························ 214

10.5.4　小结 ··· 215

10.6　聚类评估指标···215
　　10.6.1　聚类纯度···216
　　10.6.2　兰德系数与 F 值···216
　　10.6.3　调整兰德系数···219
　　10.6.4　聚类指标示例代码···220
　　10.6.5　小结···222
10.7　加权 k-means 聚类算法···222
　　10.7.1　引例···222
　　10.7.2　加权 k-means 聚类算法思想···223
　　10.7.3　加权 k-means 聚类算法原理···224
　　10.7.4　加权 k-means 聚类算法迭代公式···224
　　10.7.5　从零实现加权 k-means 聚类算法···225
　　10.7.6　参数求解···226
　　10.7.7　小结···227

第1章

环 境 配 置

所谓工欲善其事必先利其器,因此接下来首先需要完成的任务就是将后续所要用到的环境进行配置。总体来讲配置过程主要可以分为两大部分:一是 Python 管理环境的安装和配置,另一个是开发环境 IDE 的安装和配置。

1.1 安装 Conda

作为在 Python 开发中一款优秀的包管理工具,Conda 一直以来有着其独特的优势,尤其是在机器学习和深度学习的开发中。例如最新版本的 Conda 在安装 TensorFlow-gpu 版本时,如果通过 conda install 命令进行安装,则它还能够自动根据 TensorFlow 的版本匹配好对应的 CUDA 驱动程序及 cuDNN 的版本号,这一点可谓十分友好,因此下面笔者就来介绍其基本的安装与使用。

1.1.1 Windows 环境

首先在官网[①]下载最新版 Windows 平台下的 Anaconda3 安装包,然后按照如下安装步骤进行即可。这里顺便提一下,安装 Anaconda 的目的主要是为了使用里面的 Conda 环境管理器,因此这里下载并安装的是 Miniconda[②]。Anaconda 和 Miniconda 本质上是一样的,Anaconda 拓展自 Miniconda,里面包含了更多的 Python 包,因此文件也比较大。由于后续需要创建自己的虚拟环境,所以可以下载更加小巧的 Miniconda(安装过程完全一样)。

1. 安装 Miniconda

双击扩展名为.exe 的安装包进行安装,如果后续无特殊说明,保持默认安装项并直接单击 Next 按钮即可,如图 1-1 所示。

2. 指定安装目录

在安装过程中还可以自定义安装路径,但一般情况下保持默认安装路径即可,如图 1-2 所示。

---

① https://www.anaconda.com/distribution/.
② https://docs.conda.io/en/latest/miniconda.html.

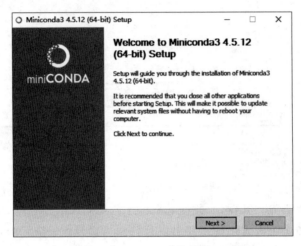

图 1-1 Miniconda 安装界面

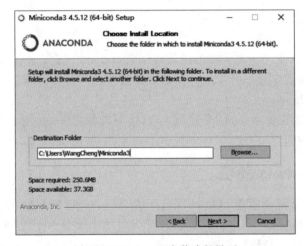

图 1-2 Miniconda 安装路径界面

3. 高级设置

当安装过程执行到这一步时,直接单击 Install 按钮即可,不用勾选任何复选框,如图 1-3 所示。

4. 安装完成

安装完成后,单击 Finish 按钮,如图 1-4 所示。接下来可以通过打开命令行,然后输入相关命令来测试是否安装成功。

5. 测试

当完成上述安装后,便可以在"开始"菜单栏中找到 Anaconda Prompt 命令行终端,单击此命令行终端,打开后输入 conda -V 命令,如果出现相关版本信息则表示安装成功,如图 1-5 所示。

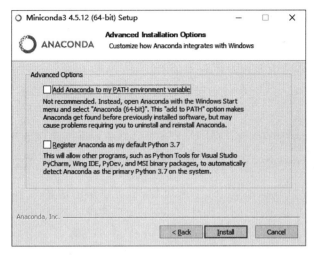

图 1-3 高级设置界面

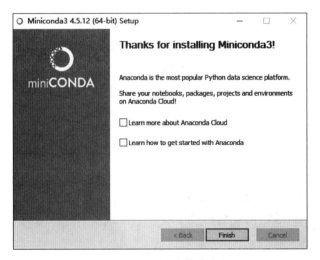

图 1-4 Miniconda 安装完成界面

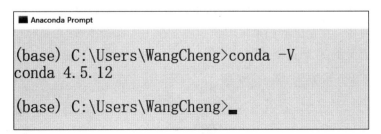

图 1-5 测试安装

1.1.2 Linux 环境

1. 下载 Miniconda

首先,需要在网址①中找到对应版本的 Miniconda 安装包,并复制对应的链接地址,然后通过 Linux 中的 wget 命令来完成安装包的下载,这里以下载最新版本的 Miniconda 为例,代码如下:

```
♯ 下载 Miniconda
wget https://repo.anaconda.com/miniconda/Miniconda3 - latest - Linux - x86_64.sh
```

如果由于网络原因不能完成上述下载过程,也可以从由清华大学维护的镜像中②找到相应的 Anaconda 的下载地址,然后同样以 wget 命令进行下载,代码如下:

```
♯ 下载 Anaconda
wget https://mirrors.tuna.tsinghua.edu.cn/anaconda/archive/Anaconda3 - 5.3.1 - Linux - x86_64.sh
```

2. 安装 Miniconda

在完成安装包下载后,打开命令行终端进入安装包所在的目录,然后通过 bash Miniconda3-latest-Linux-x86_64.sh 命令进行安装。如果下载的是 Anaconda,则对应安装命令为 bash Anaconda3-5.3.1-Linux-x86_64.sh,要注意区分。

在上述安装的过程中,一直按回车键即可。在遇到如图 1-6 所示的情况时,输入 yes,继续按回车键,直到安装结束。如果没有看到这一步也无妨,继续进行即可。

3. 测试

在安装结束后输入 conda -V 命令进行测试。如果出现如图 1-7 所示的版本提示信息,则表示安装成功。

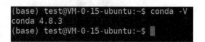

图 1-6　初始化 Conda 命令　　　　　　　　图 1-7　测试安装

但如果出现 conda: command not found 提示,则可试着执行命令 source ～/.bashrc,然后执行测试命令。在这之后如果依旧提示找不到 conda 命令,则可试试通过如下两行命令手动添加环境变量,代码如下:

```
echo 'export PATH = "/home/username/miniconda3/bin: $PATH"' >> ～/.bashrc
source ～/.bashrc
```

---

① https://repo.anaconda.com/miniconda/.
② https://mirrors.tuna.tsinghua.edu.cn/anaconda/archive/.

然后执行图 1-7 中的测试命令便能看到正确的版本提示信息了。同时需要注意的是，上述命令中的 username 和 miniconda3（如果主机安装的也是 miniconda3 则此处不需要更改）需要根据自己的实际情况确定。

1.2 替换源

在安装完成 Miniconda 后（无论是在哪个平台下），为了加快后续 Python 包安装过程中的下载速度，这里需要将默认的 conda 源和 pip 源替换成清华大学对应的镜像源。替换方式如下。

1. 替换 conda 源

打开命令行终端，然后依次输入的命令如下：

```
conda config -- add channels https://mirrors.tuna.tsinghua.edu.cn/anaconda/pkgs/free/
conda config -- add channels https://mirrors.tuna.tsinghua.edu.cn/anaconda/pkgs/main/
conda config -- set show_channel_URLs yes
```

2. 替换 pip 源

打开命令行终端，然后依次输入的命令如下：

```
pip install pip - U
pip config set global.index - URL https://pypi.tuna.tsinghua.edu.cn/simple
```

当然，如果只是临时使用某个 pip 源，则可以用如下方式进行 Python 包的安装：

```
pip install - i https://pypi.tuna.tsinghua.edu.cn/simple numpy
```

1.3 Conda 环境管理

由于在实际项目开发过程中，可能会根据情况使用不同版本的 Python 解释器或者一些相互不兼容的 Python 包。例如一个项目依赖的 Python 版本是 3.6 而另外一个项目依赖的版本却是 2.7，显然这两者不能同时存在于同一个环境中。此时，便可以通过 Conda 环境管理器进行创建与管理 Python 环境。接下来，笔者将会依次介绍虚拟环境的安装与使用。

1.3.1 虚拟环境安装

在完成 Miniconda 安装后，便可以通过使用 conda create -n env_name 命令来创建一个名为 env_name 的虚拟环境。同时，如果需要一个特定的 Python 版本，则可以通过命令 conda create -n env_name python＝3.6 来创建一个名为 env_name，并且 Python 版本为 3.6 的虚拟环境。

接下来,笔者以安装一个名为 py36,并且同时指定 Python 版本为 3.6 的过程为例进行演示。

1. 创建新环境

输入 conda create -n py36 python＝3.6 命令创建新环境,如图 1-8 所示。

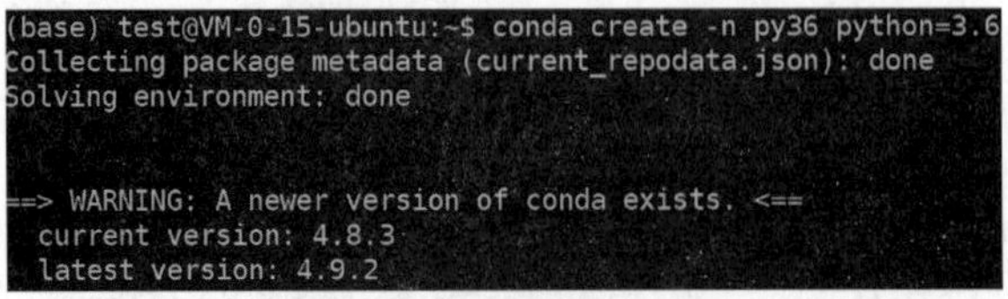

```
(base) test@VM-0-15-ubuntu:~$ conda create -n py36 python=3.6
Collecting package metadata (current_repodata.json): done
Solving environment: done

==> WARNING: A newer version of conda exists. <==
  current version: 4.8.3
  latest version: 4.9.2
```

图 1-8　虚拟环境创建

2. 继续安装

在执行上一步的命令后,便会看到如图 1-9 所示的提示内容,直接按回车键即可。同时从图 1-9 中可以看到,上一步的命令将会安装一个 Python 版本为 3.6.12 的虚拟环境。

```
pip              pkgs/main/linux-64::pip-20.3.3-py36h06a4308_0
python           pkgs/main/linux-64::python-3.6.12-hcff3b4d_2
readline         pkgs/main/linux-64::readline-8.0-h7b6447c_0
setuptools       pkgs/main/linux-64::setuptools-51.1.2-py36h06a4308_4
sqlite           pkgs/main/linux-64::sqlite-3.33.0-h62c20be_0
tk               pkgs/main/linux-64::tk-8.6.10-hbc83047_0
wheel            pkgs/main/noarch::wheel-0.36.2-pyhd3eb1b0_0
xz               pkgs/main/linux-64::xz-5.2.5-h7b6447c_0
zlib             pkgs/main/linux-64::zlib-1.2.11-h7b6447c_3

Proceed ([y]/n)?
```

图 1-9　Python 环境安装过程

3. 完成安装

如果出现如图 1-10 所示的提示,则表示安装成功。

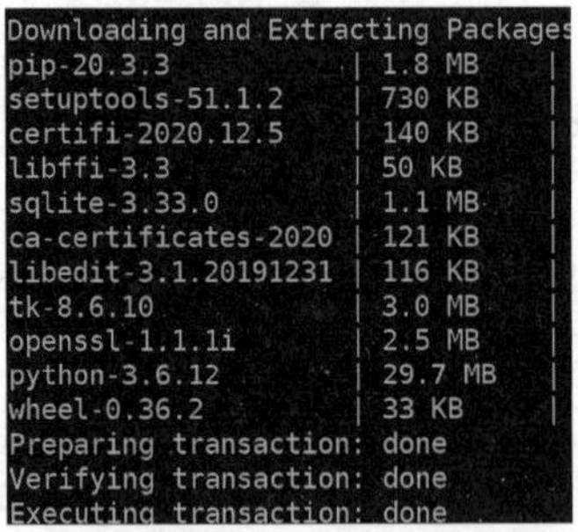

```
Downloading and Extracting Packages
pip-20.3.3           | 1.8 MB    |
setuptools-51.1.2    | 730 KB    |
certifi-2020.12.5    | 140 KB    |
libffi-3.3           | 50 KB     |
sqlite-3.33.0        | 1.1 MB    |
ca-certificates-2020 | 121 KB    |
libedit-3.1.20191231 | 116 KB    |
tk-8.6.10            | 3.0 MB    |
openssl-1.1.1i       | 2.5 MB    |
python-3.6.12        | 29.7 MB   |
wheel-0.36.2         | 33 KB     |
Preparing transaction: done
Verifying transaction: done
Executing transaction: done
```

图 1-10　安装完成

如果在后续使用过程中想再次更换某个虚拟环境中的 Python 版本,则可以先进入对应的虚拟环境,然后用以下命令来完成 Python 版本的更换,代码如下:

```
conda install python == 3.6.7
```

1.3.2 虚拟环境使用

在完成环境的创建后,可以通过命令 conda activate env_name 进入对应的虚拟环境。同时,还可以使用命令 conda env list 来列出当前存在的所有虚拟环境,可以通过命令 conda remove -n env_name --all 来删除名为 env_name 的虚拟环境。同时如果需要在对应的虚拟环境中安装相应的 Python 包,则可以使用 pip install package_name 命令来完成,如图 1-11 所示。最后,可以使用 conda deactivate 命令退出相应的虚拟环境。

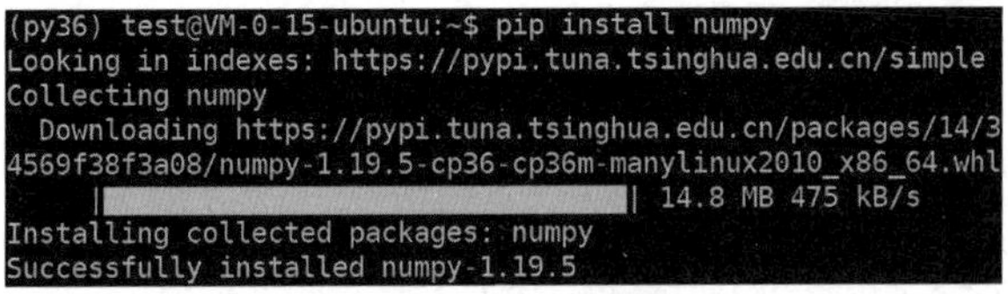

```
(py36) test@VM-0-15-ubuntu:~$ pip install numpy
Looking in indexes: https://pypi.tuna.tsinghua.edu.cn/simple
Collecting numpy
  Downloading https://pypi.tuna.tsinghua.edu.cn/packages/14/3
4569f38f3a08/numpy-1.19.5-cp36-cp36m-manylinux2010_x86_64.whl
  |                                    | 14.8 MB 475 kB/s
Installing collected packages: numpy
Successfully installed numpy-1.19.5
```

图 1-11 Python 包安装

同时,在本书中所使用的相关 Python 包的版本如下:

```
jieba == 0.42.1
matplotlib == 3.2.1
NumPy == 1.18.2
pandas == 1.1.5
scikit - learn == 0.24.0
```

如果需要安装指定版本号的 Python 包,则可以通过如下命令进行:

```
pip install jieba == 0.42.1
```

1.4 PyCharm 安装与配置

在 Python 开发中,最常用的 IDE 为 PyCharm,从名字也可以看出它是专门为 Python 开发而设计的。首先需要到 PyCharm 官网①下载离线安装包,如图 1-12 所示。

页面提供了两种版本:专业版和社区版,其主要区别是前者收费而后者免费。对于初学者来讲社区版就已经足够了。单击 Download 按钮,然后等待下载完成。

1. 安装 PyCharm

双击下载好的安装包,然后持续单击 Next 按钮。当执行到图 1-13 所示的界面时,可以勾选如图 1-13 所示的两个选项,然后继续单击 Next 按钮即可安装完成。

2. 配置 PyCharm

在安装完成后双击 PyCharm 图标,在第一次打开时可能会有如图 1-14 所示的提示。

---

① https://www.jetbrains.com/pycharm/download/#section=windows.

图 1-12 下载 PyCharm 安装包

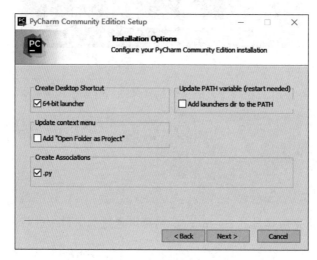

图 1-13 PyCharm 安装选择

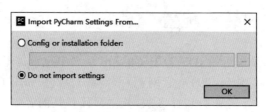

图 1-14 PyCharm 启动

此时选中 Do not import settings 单选按钮,单击 OK 按钮即可。最后,单击图 1-15 所示的 New Project 按钮以便创建一个新的工程。

按照如图 1-16 所示的内容输入相应的工程名称和选择对应的 Python 解释器。

通常图 1-16 中 Interpreter 的路径为 C:\Users\Username\miniconda3\envs\py36\python.exe,并且由于这里安装的是 Miniconda,所以路径里是 miniconda3,其具体的选择方法如图 1-17 所示。

图 1-15　创建新工程图

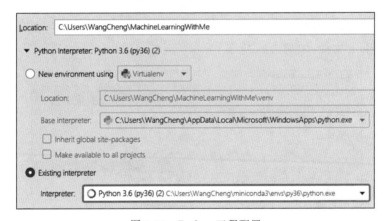

图 1-16　Python 工程配置

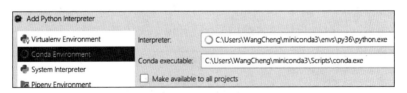

图 1-17　Python 解释器选择

　　在解释器选择完成后单击 OK 按钮,便能回到如图 1-16 所示的页面,最后单击 Create 按钮即可完成工程的创建。

3. 更换解释器

　　如果在后续过程中需要更换虚拟环境(解释器),则可先单击 File→Settings,再单击其中的 Project Interpreter,然后单击右上角的设置按钮,如图 1-18 所示。这样便可以回到如图 1-16 所示的相同的配置页面,最后选择相应的环境即可。

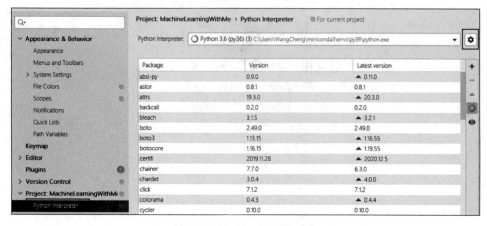

图 1-18　Python 解释器更换

4. 运行示例

将鼠标指针指向工程名,单击 New 选项,然后选择 Python File 子选项,输入文件名即可创建新的 Python 文件,如图 1-19 所示。

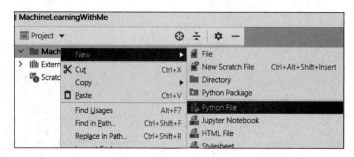

图 1-19　PyCharm 新建文件

在空白处输入代码后,右击,在弹出的快捷菜单中,选择 Run 'test'命令即可运行该程序,如图 1-20 所示。同时也可使用快捷键 Ctrl+Shift+F10 来运行该程序。

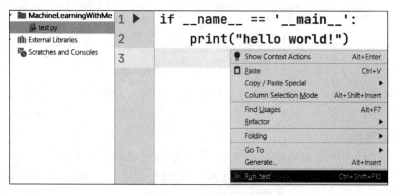

图 1-20　代码运行

1.5　小结

在本章中,笔者首先介绍了如何在 Windows 和 Linux 两种环境中安装和配置 Conda 管理器,接着介绍了如何一步步创建一个新的虚拟环境和安装 Python 包,最后介绍了如何下载并安装和配置 PyCharm 集成开发环境,同时还以一行简单的代码进行了示例。在第 2 章中,我们将开始正式学习机器学习中的第 1 个算法模型——线性回归。

第 2 章

线 性 回 归

经过第 1 章的介绍，我们已经完成了 Python 开发环境的安装与配置。现在，笔者就正式开始介绍第 1 个算法：线性回归（Linear Regression）。

整个线性回归的学习路线如图 2-1 所示。由于这是介绍的第 1 个算法，所以笔者会介绍很多基本的内容，导致看起来内容繁多，因此，对于整个线性回归的学习笔者将会通过 7 小节的内容进行介绍，但是，值得高兴的是只要完成了前面 4 个步骤的学习就基本上达到了第一阶段学习的要求。下面就正式开始介绍线性回归。

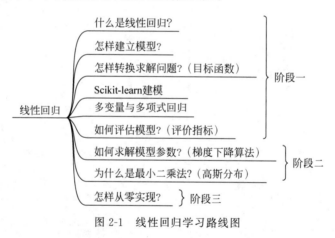

图 2-1 线性回归学习路线图

2.1 模型的建立与求解

2.1.1 理解线性回归模型

通常来讲，机器学习中的每个算法都是为了解决某一类问题而诞生的。换句话说，也就是在实际情况中存在一些问题能够通过线性回归来解决，例如对房价的预测，但是有人可能会问，为什么对于房价的预测就应该用线性回归，而不是其他算法模型呢？其原因就在于常识告诉我们房价是随着面积的增长而增长的，且总体上呈线性增长的趋势。那有没有当面积大到一定程度后价格反而降低,因此不符合线性增长的呢? 这当然也可能存在,但在实际处理中肯定会优先选择线性回归模型,当效果不佳时我们会尝试其他算法,因此,当学习过多个算法后,在得到某个具体的问题时,就需要考虑哪种模型更适合来解决这个问题了。

例如某市的房价走势如图 2-2 所示,其中横坐标为面积,纵坐标为价格,并且房价整体上呈线性增长的趋势。假如现在随意告诉你一个房屋的面积,要怎样才能预测(或者叫计算)出其对应的价格呢?

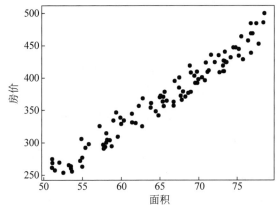

图 2-2　某市的房价走势图

2.1.2　建立线性回归模型

一般来讲,当我们得到一个实际问题时,首先会根据问题的背景结合常识选择一个合适的模型。同时,现在常识告诉我们房价的增长更优先符合线性回归这类模型,因此可以考虑建立一个如下所示的线性回归模型。

$$\hat{y} = h(x) = wx + b \tag{2-1}$$

其中 w 叫权重参数(Weight),b 叫偏置(Bias)或者截距(Intercept)。当通过某种方法求解得到未知参数 w 和 b 之后,也就意味着我们得到了这个预测模型,即给定一个房屋面积 x,就能够预测出其对应的房价 $\hat{y}$。

注意:在机器学习中所谓的模型,可以简单理解为一个函数。

2.1.3　求解线性回归模型

当建立好一个模型后,自然而然想到的就是如何通过给定的数据,也叫训练集(Training Data),来对模型 $h(x)$ 进行求解。在中学时期我们学过如何通过两个坐标点来求解过这两点的直线,可在上述的场景中这种做法显然是行不通的(因为所有的点并不在一条直线上),那有没有什么好的解决的办法呢?

此时就需要我们转换一下思路了,既然不能直接进行求解,那就换一种间接的方式。现在来想象一下,当 $h(x)$ 满足一个什么样的条件时,它才能称得上是一个好的 $h(x)$?回想一下求解 $h(x)$ 的目的是什么,不就是希望输入面积 x 后能够输出"准确"的房价 $\hat{y}$ 吗?既然直接求解 $h(x)$ 不好入手,那么我们就从"准确"来入手。

可又怎样来定义准确呢? 在这里,我们可以通过计算每个样本的真实房价与预测房价之间的均方误差来对"准确"进行刻画。

$$\begin{cases} J(w,b) = \dfrac{1}{2m} \sum_{i=1}^{m} (y^{(i)} - \hat{y}^{(i)})^2 \\ \hat{y}^{(i)} = h(x^{(i)}) = wx^{(i)} + b \end{cases} \tag{2-2}$$

其中,m 表示样本数数量;$x^{(i)}$ 表示第 i 个样本的面积,也就是第 i 个房屋的面积;$y^{(i)}$ 表示第 i 个房屋的真实价格;$\hat{y}^{(i)}$ 表示第 i 个房屋的预测价格。

由式(2-2)可知,当函数 $J(w,b)$ 取最小值时的参数 $\hat{w}$ 和 $\hat{b}$,就是要求的目标参数。为什么? 因为当 $J(w,b)$ 取最小值时就意味着此时所有样本的预测值与真实值之间的误差(Error)最小。如果极端一点,就是所有预测值都等同于真实值,那么此时的 $J(w,b)$ 就是 0 了。

因此,对于如何求解模型 $h(x)$ 的问题就转换成了如何最小化函数 $J(w,b)$ 的问题,而 $J(w,b)$ 也有一个专门的术语叫作目标函数(Objective Function)或者代价函数(Cost Function)抑或损失函数(Loss Function)。

至此,我们离第一阶段的学习目标就只差一步了,那就是如何通过开源框架进行建模求解,并进行预测。至于求解过程到底怎样及如何进行的,那就是第二阶段的任务了,下面开始完成第一阶段的最后一步。

2.1.4　sklearn 简介

如图 2-3 所示,scikit-learn 简称 sklearn[①]。它是一个开源的机器学习框架,常用的机器学习算法可以在里面找到,例如线性回归、逻辑回归、决策树等。同时,其 Python 化的设计风格对于 Python 用户来讲也十分友好且易于上手,并且每个算法都给了相应的示例及 API 文档,因此,对于入门机器学习来讲,利用 sklearn 进行建模是一个不二的选择。

图 2-3　sklearn 介绍

2.1.5　安装 sklearn 及其他库

在第 1 章内容中,笔者已经介绍了如何配置 Python 环境,下面就开始在第 1 章中所创

---

① PEDREGOSA. scikit-learn: Machine Learning in Python[J]. JMLR 12,2011: 2825-2830.

建的 Python 虚拟环境里安装所需要的包(库)。

1. 打开终端

如果是在 Windows 环境中,则应先单击"开始"按钮,然后找到 Anaconda Prompt 并打开,最后激活相应的 Python 虚拟环境即可。如果是在 Linux 环境中,则可直接打开命令行终端,然后激活相应的虚拟环境。

2. 安装 Python 包

为了完成整个线性回归的建模任务及结果的可视化,需要安装 sklearn 和 matplotlib 这两个 Python 包。如果之前在配置环境的时候,已将 pip 源地址替换为清华大学镜像,则下载的速度会更快,如图 2-4 所示。

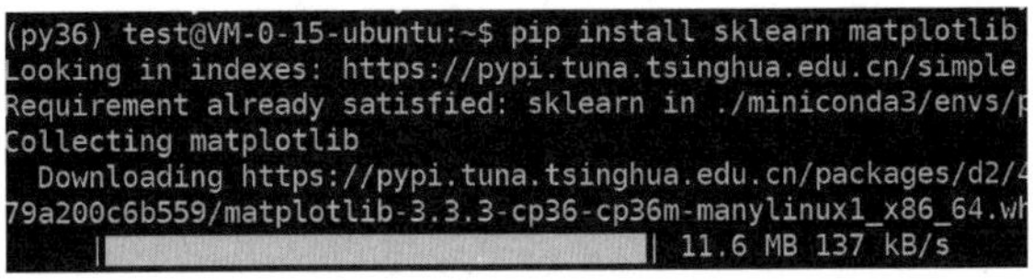

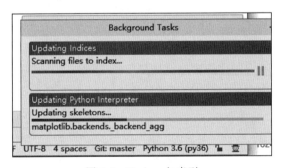

图 2-4　sklearn 安装

由于在安装相应的 Python 包后 PyCharm 会建立新的包索引,所以需要等待几分钟,如图 2-5 所示。

图 2-5　Python 包索引

2.1.6　线性回归示例代码

在安装完成相应的 Python 包后就可以正式地对线性回归进行建模与求解了,详细完整的代码见 Book/Chapter02/01_house_price_train. py 文件。

1. 导入包

首先需要将用到的相关 Python 包进行导入,代码如下:

```
import numpy as np
from sklearn.linear_model import LinearRegression
import matplotlib.pyplot as plt
```

2．制作样本（数据集）

制作用于训练模型的数据集，代码如下：

```
def make_data():
    np.random.seed(20)
    x = np.random.rand(100) * 30 + 50        #面积
    noise = np.random.rand(100) * 50
    y = x * 8 - 127 - noise                  #价格
    return x, y
```

在上述代码中，第 4 行的作用是在真实的房价中加入一定的噪声（误差）。

3．定义模型并求解

通过 sklearn 中的 LinearRegression 类来对线性回归模型的参数进行求解与预测，代码如下：

```
def main(x, y):
    model = LinearRegression()               #定义模型
    x = np.reshape(x, (-1, 1))
    model.fit(x, y)                          #求解模型
    y_pre = model.predict(x)                 #预测
    print(y_pre)
```

在上述代码中 np.reshape(x,(-1,1))表示把 x 变成[n,1]的形状，至于 n 到底是多少，将通过 np.reshape 函数自己推导出。例如 x 的 shape 为[4,5]，如果想把 a 改成[2,10]形状，则可以使用 a.reshape([2,10])，或者使用 a.reshape([2,-1])进行形状的变换。

4．运行结果

最后，调用定义好的函数运行程序，并输出最后训练得到的参数结果，代码如下：

```
if __name__ == '__main__':
    x, y = make_data()
    main(x, y)
#参数 w=[7.97699647],b=-154.31885006061555
#面积为 50 平方米的房价为 [244.53097351]
```

可以发现，其中参数 w＝7.97、b＝-154.32，这就意味着 h(x)＝7.97x-154.32。在这之后，便可以通过 h(x)来对新的输入进行预测了。同时，还能够根据求解后的模型画出对应拟合出的直线，如图 2-6 所示。

到此，便完成了对于线性回归第一阶段的学习。

2.1.7　小结

在本节内容中，笔者首先通过一个实际的场景介绍了什么是线性回归，接着介绍了如何

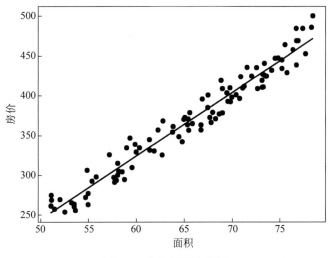

图 2-6　房价预测走势图

建立一个简单的线性模型,然后引导读者如何将模型的求解问题转换为目标函数的最小化问题,最后通过开源框架 sklearn 搭建了一个简单的线性回归模型并进行了求解。虽然内容不多,但是体现了整个线性回归算法的核心思想。

2.2　多变量线性回归

2.2.1　理解多变量

在 2.1 节的内容中,笔者详细地介绍了什么是线性回归及一个典型的应用场景,同时还介绍了如何通过开源的 sklearn 来搭建一个简单的线性回归模型。相信此时各位读者对于线性回归的核心思想已经有了一定的认识。接下来,我们将继续开始学习线性回归的后续内容。

在这里笔者还是继续以房价预测为例进行介绍。尽管影响房价的主要因素是面积,但是其他因素同样也可能影响房屋的价格。例如房屋到学校的距离、到医院的距离和到大型商场的距离等。虽然现实生活中一般不这么量化,但是开发商也总是会拿学区房做卖点,所以这时便有了影响房价的 4 个因素,而在机器学习中我们将其称为特征(Feature)或者属性(Attribute),因此,包含多个特征的线性回归就叫作多变量线性回归(Multiple Linear Regression)。

2.2.2　多变量线性回归建模

以波士顿房价数据集为例,其一共包含了 13 个特征属性,因此可以得到如下所示的线性回归模型。

$$h(x) = w_1 x_1 + \cdots + w_{13} x_{13} + b \tag{2-3}$$

并且同时,其目标函数为

$$\begin{cases} J(\boldsymbol{W}, b) = \dfrac{1}{2m} \sum_{i=1}^{m} (y^{(i)} - \hat{y}^{(i)})^2 \\ \hat{y}^{(i)} = h(x^{(i)}) = w_1 x_1^{(i)} + \cdots + w_{13} x_{13}^{(i)} + b \end{cases} \tag{2-4}$$

其中 $x_j^{(i)}$ 表示第 i 个样本的第 j 个特征属性;$\boldsymbol{W}$ 为一个向量,表示所有的权重;b 为一个标量,表示偏置。

由 2.1 节介绍的内容可知,只要通过某种方法最小化目标函数 $J(\boldsymbol{W}, b)$ 后,便可以求解出模型对应的参数。不过在这之前,我们先来看一下如何通过 sklearn 进行建模与求解。

2.2.3　多变量回归示例代码

下面依旧以 sklearn 进行多变量线性回归模型的建模与求解为例,完整代码见 Book/Chapter02/02_boston_price_train.py 文件。

1. 导入数据集

这里直接导入了一个 sklearn 内置的 Boston 房价数据集为例进行演示,代码如下:

```
from sklearn.datasets import load_boston
def load_data():
    data = load_boston()
    x = data.data
    y = data.target
    return x, y
```

2. 求解与结果

训练模型与输出相应的权重参数和预测值,代码如下:

```
def train(x, y):
    model = LinearRegression()
    model.fit(x, y)
    print("权重为", model.coef_, "偏置为", model.intercept_)
    print(f"第 12 个房屋的真实值为{x[12, :]},预测值为{model.predict(x[12, :].reshape(1, -1))}")
```

根据上述代码便完成了对于多变量线性回归模型的建立与求解,同时也得出了各个特征所对应的权重参数,但由于不易对高维数据进行可视化,所以这里只能从预测的结果来评判模型的好坏,具体的模型评估指标将在第 2.4 节中进行介绍。

2.3　多项式回归

2.3.1　理解多项式

在前面两个小节的内容中,笔者分别介绍了单变量线性回归和多变量线性回归,那什么是多项式回归呢？现在假定已知矩形的面积公式，而不知道求解梯形的面积公式，并且同时手上有若干个类似图 2-7 所示的梯形。已知梯形的上底和下底，并且上底均等于高。现在需要建立一个模型，当任意给定一个类似图 2-7 中的梯形时能近似地算出其面积。面对这样的问题该如何进行建模呢？

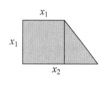

图 2-7　梯形

2.3.2　多项式回归建模

首先需要明确的是，即使直接建模成类似于 2.2 节中的多变量线性回归模型 $h(x)=w_1x_1+w_2x_2+b$ 也是可以的，只是效果可能不会太好。现在我们来分析一下，对于这个梯形，左边可以看成正方形，所以可以人为地构造第 3 个特征 $(x_1)^2$，而整体也可以看成长方形的一部分，则又可以人为地构造出 x_1x_2 这个特征，最后，整体还可以看成大正方形的一部分，因此还可以构造出 $(x_2)^2$ 这个特征。因此，我们便可以建立一个如式(2-5)所示的模型

$$h(x)=x_1w_1+x_2w_2+(x_1)^2w_3+x_1x_2w_4+(x_2)^2w_5+b \qquad (2\text{-}5)$$

此时有读者可能会问，式(2-5)中有的部分重复累加了，计算出来的面积岂不大于实际面积吗？这当然不会，因为每一项前面都有一个权重参数 w_i 做系数，只要这些权重有正有负，就不会出现大于实际面积的情况。同时，可以发现 $h(x)$ 中包含了 x_1x_2、$(x_1)^2$、$(x_2)^2$ 这些项，因此也将其称为多项式回归(Polynomial Regression)。

但是，只要进行如下替换，便可回到普通的线性回归：

$$h(x)=x_1w_1+x_2w_2+x_3w_3+x_4w_4+x_5w_5+b \qquad (2\text{-}6)$$

其中，$x_3=(x_1)^2$、$x_4=x_1x_2$、$x_5=(x_2)^2$，只是在实际建模时先要将原始两个特征的数据转化为 5 个特征的数据，同时在正式进行预测时，向模型 $h(x)$ 输入的也将是包含 5 个特征的数据。

2.3.3　多项式回归示例代码

要完成整个多项式回归的建模，首先需要对原始的特征进行转换，构造模型所需要的新特征，然后构造相应的数据集，最后进行模型的训练与预测。完整代码见 Book/Chapter02/03_trapezoid_polynomial_train.py 文件。

1. 特征转化

这里首先介绍一下 sklearn 中的多项式变换模块 PolynomialFeatures，它的作用便是对每个特征进行指定的幂次变换，代码如下：

```
from sklearn.preprocessing import PolynomialFeatures
a = [[3, 4], [2, 3]]
model = PolynomialFeatures(degree = 2, include_bias = False)
b = model.fit_transform(a)
print(b)
#输出结果为[[ 3.  4.  9.  12.  16.][ 2.  3.  4.  6.  9.]]
```

从输出结果可以看出,此时上述第 3~4 行代码的作用就是将原来的 2 个特征 x_1 和 x_2 变换为现在的 5 个特征 x_1、x_2、x_1^2、$x_1 x_2$ 和 x_2^2。

2. 构造数据集

构造训练模型时所需要用到的数据集,代码如下:

```
def make_data():
    np.random.seed(10)
    x1 = np.random.randint(5, 10, 50).reshape(50, 1)
    x2 = np.random.randint(10, 16, 50).reshape(50, 1)
    x,y = np.hstack((x1, x2)), 0.5 * (x1 + x2) * x1
    return x, y
```

在上述代码中,np.hstack((x1,x2))的作用是将两个 50 行 1 列的矩阵进行水平堆叠,这样便得到了一个 50 行 2 列的样本数据,其中第 1 列为上底,第 2 列为下底。

3. 建模求解与结果

首先对原始特征进行多项式构造处理,然后进行模型的训练,代码如下:

```
def train(x, y):
    poly = PolynomialFeatures(degree = 2, include_bias = False)
    x_mul = poly.fit_transform(x)
    model = LinearRegression()
    model.fit(x_mul, y)
    print("权重为", model.coef_) #[[0. 0. 0.5 0.5 0]]
    print("偏置为", model.intercept_) #[0.]
    print("上底为{},下底为{}的梯形的真实面积为{}".format(5,8,0.5 * (5 + 8) * 5))
    x_mul = poly.transform([[5, 8]])
    y_pred = model.predict(x_mul)
    print("上底为{},下底为{}的梯形的预测面积为{}".format(5, 8,y_pred ))
```

根据上述代码建模求解后,就能够预测得到上底为 5,下底为 8 的梯形面积为 32.5,其输出结果如下:

```
权重为 [[ - 6.178e - 15  - 5.122e - 16  5.0e - 01  5.0e - 01  - 9.714e - 17]]
偏置为 [0.]
上底为 5,下底为 8 的梯形的真实面积为 32.5
上底为 5,下底为 8 的梯形的预测面积为[[32.5]]
```

并且,根据求解得的权重和偏置可得

$$h(x) = x_1 \cdot 0 + x_2 \cdot 0 + x_3 \cdot 0.5 + x_4 \cdot 0.5 + x_5 \cdot 0 + b$$
$$= 0.5 \cdot (x_1)^2 + 0.5 \cdot x_1 \cdot x_2$$
$$= 0.5 \cdot x_1 (x_1 + x_2) \tag{2-7}$$

可以发现,此时模型居然已经自己总结(学习)出了梯形的面积计算公式。

2.3.4　小结

在本节内容中,笔者首先以两个示例来分别介绍了多变量线性回归和多项式回归,然后通过 sklearn 对模型进行了求解,最后,笔者通过一个梯形面积的求解示例和读者一起领略了算法的魅力所在。在 2.4 节中,笔者将开始对模型的评估进行介绍。

2.4　回归模型评估

在 2.1～2.3 节这 3 节内容中,笔者介绍了如何建模线性回归(包括多变量与多项式回归)及如何通过 sklearn 来搭建模型并求解,但是对于一个创建出来的模型应该怎样来对其进行评估呢? 换句话说,这个模型到底怎么样呢?

以最开始的房价预测为例,现在假设求解得到了图 2-8 所示的两个模型 $h_1(x)$ 与 $h_2(x)$,那么应该选哪一个呢? 抑或在不能可视化的情况下,应该如何评估模型的好与坏呢?

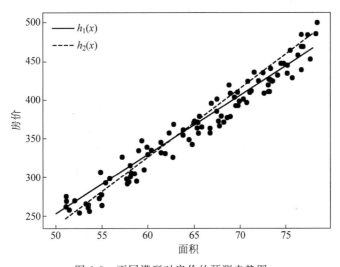

图 2-8　不同模型对房价的预测走势图

在回归任务(对连续值的预测)中,常见的评估指标(Metric)有平均绝对误差(Mean Absolute Error,MAE)、均方误差(Mean Square Error,MSE)、均方根误差(Root Mean Square Error,RMSE)、平均绝对百分比误差(Mean Absolute Percentage Error,MAPE)和决定系数(Coefficient of Determination)等,其中用得最为广泛的是 MAE 和 MSE。下面笔者依次来对这些指标进行一个大致的介绍,同时在所有的计算公式中,n 均表示样本数量、y_i 均表示第 i 个样本的真实值、$\hat{y_i}$ 均表示第 i 个样本的预测值。

2.4.1　常见回归评估指标

1. 平均绝对误差(MAE)

MAE 用来衡量预测值与真实值之间的平均绝对误差,定义如下:

$$\text{MAE} = \frac{1}{n}\sum_{i=1}^{n}\left|y_i - \hat{y}_i\right| \tag{2-8}$$

其中 $\text{MAE} \in [0, +\infty)$，其值越小表示模型越好，实现代码如下：

```
def MAE(y, y_pre):
    return np.mean(np.abs(y - y_pre))
```

2. 均方误差（MSE）

MSE 用来衡量预测值与真实值之间的误差平方，定义如下：

$$\text{MSE} = \frac{1}{n}\sum_{i=1}^{n}(y_i - \hat{y}_i)^2 \tag{2-9}$$

其中 $\text{MSE} \in [0, +\infty)$，其值越小表示模型越好，实现代码如下：

```
def MSE(y, y_pre):
    return np.mean((y - y_pre) ** 2)
```

3. 均方根误差（RMSE）

RMSE 是在 MSE 的基础之上取算术平方根而来，其定义如下：

$$\text{RMSE} = \sqrt{\frac{1}{n}\sum_{i=1}^{n}(y_i - \hat{y}_i)^2} \tag{2-10}$$

其中 $\text{RMSE} \in [0, +\infty)$，其值越小表示模型越好，实现代码如下：

```
def RMSE(y, y_pre):
    return np.sqrt(MSE(y, y_pre))
```

4. 平均绝对百分比误差（MAPE）

MAPE 和 MAE 类似，只是在 MAE 的基础上做了标准化处理，其定义如下：

$$\text{MAPE} = \frac{100\%}{n}\sum_{i=1}^{n}\left|\frac{y_i - \hat{y}_i}{y_i}\right| \tag{2-11}$$

其中 $\text{MAPE} \in [0, +\infty)$，其值越小表示模型越好，实现代码如下：

```
def MAPE(y, y_pre):
    return np.mean(np.abs((y - y_pre) / y))
```

5. R^2 评价指标

决定系数 R^2 是线性回归模型中 sklearn 默认采用的评价指标，其定义如下：

$$R^2 = 1 - \frac{\sum_{i=1}^{n}(y_i - \hat{y}_i)^2}{\sum_{i=1}^{n}(y_i - \bar{y})^2} \tag{2-12}$$

其中，$R^2 \in [0,1]$，其值越大表示模型越好，$\bar{y}$ 表示真实值的平均值，实现代码如下：

```
def R2(y, y_pre):
    u = np.sum((y - y_pre) ** 2)
    v = np.sum((y - np.mean(y_pre)) ** 2)
    return 1 - (u / v)
```

2.4.2 回归指标示例代码

有了这些评估指标后，在对模型训练时就可以选择其中的一些指标对模型的精度进行评估了。这里以前面波士顿房价的预测结果为例进行示例，完整代码见 Book/Chapter02/04_metrics_boston_price.py 文件，代码如下：

```
def train(x, y):
    model = LinearRegression()
    model.fit(x, y)
    y_pre = model.predict(x)
    print("MAE:{},MSE:{}".format(MAE(y, y_pre),MSE(y,y_pre)))
# MAE: 3.27, MSE:21.89
```

从上述代码的输出结果可以看到，此时模型对应的 MAE 和 MSE 评价指标分别为 3.27 和 21.89。

2.4.3 小结

在本节中，笔者详细地介绍了如何评价一个回归模型的优与劣，以及一些常用的评估指标和实现方法。最后，笔者还通过波士顿房价预测示例来展示了评价指标的用法。到此，对于线性回归模型在整个阶段一部分的内容就介绍完了。在 2.5 节中，笔者将介绍如何通过梯度下降算法来求解目标函数，以及这个目标函数的由来。

2.5 梯度下降

在 2.1.3 节中，笔者不假思索地直接给出了线性回归模型的目标函数 $J(w,b)$，但并没有给出严格的数学定义。同时，在求解的过程中也是直接通过开源框架 sklearn 实现，也不知道其内部的真正原理，因此，在这一节内容中我们将会仔细地学习目标函数的求解过程及最小二乘法。

根据前面的介绍可以知道，梯度下降算法的目的是用来最小化目标函数，也就是说梯度下降算法是一个求解的工具。当目标函数取到（或接近）全局最小值时，我们也就求解得到了模型所对应的参数。不过那什么又是梯度下降（Gradient Descent）呢？如图 2-9 所示，假设有一个山谷，并且你此时处于位置 A 处，那么请问以什么样的方向（角度）往前跳，你才能

最快地到达谷底 B 处呢?

图 2-9 彩图

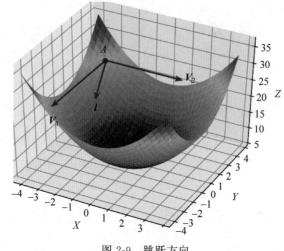

图 2-9 跳跃方向

现在大致有 3 个方向可以选择,沿着 Y 轴的 $\boldsymbol{V}_1$ 方向,沿着 X 轴的 $\boldsymbol{V}_2$ 方向及沿着两者间的 $\boldsymbol{l}$ 方向。其实不用问,大家都会选择 $\boldsymbol{l}$ 所在的方向往前跳第一步,然后接着选类似的方向往前跳第二步直到谷底。可为什么都应这样选呢? 答:这还用问一看就知,不信请读者自己试一试。

2.5.1　方向导数与梯度

由一元函数导数的相关知识可知,$f(x)$ 在 x_0 处的导数反映的是 $f(x)$ 在 $x=x_0$ 处时的变化率;$|f'(x_0)|$ 越大,也就意味着 $f(x)$ 在该处的变化率越大,即移动 Δx 后产生的函数增量 Δy 越大。同理,在二元函数 $z=f(x,y)$ 中,为了寻找 z 在 A 处的最大变化率,就应该计算函数 z 在该点的方向导数

$$\frac{\partial f}{\partial l}=\left\{\frac{\partial f}{\partial x},\frac{\partial f}{\partial y}\right\}\cdot\{\cos\alpha,\cos\beta\}=|\operatorname{grad}f|\cdot|\boldsymbol{l}|\cdot\cos\theta \tag{2-13}$$

其中,$\boldsymbol{l}$ 为单位向量;α 和 β 分别为 $\boldsymbol{l}$ 与 x 轴和 y 轴的夹角;θ 为梯度方向与 $\boldsymbol{l}$ 的夹角。

根据式(2-13)可知,要想方向导数取得最大值,那么 θ 必须为 0。由此可知,只有当某点处方向导数的方向与梯度的方向一致时,方向导数在该点才会取得最大的变化率。

在图 2-9 中,已知 $z=x^2+y^2+5$,A 的坐标为 $(-3,3,23)$,则 $\partial z/\partial x=2x$,$\partial z/\partial y=2y$。由此可知,此时在点 A 处梯度的方向为 $(-6,6)$,所以当你站在 A 点并沿各个方向往前跳跃同样大小的距离时,只有沿着 $(\sqrt{2}/2,-\sqrt{2}/2)$ 这个方向(进行了单位化,并且同时取了相反方向,因为这里需要的是负增量)才会产生最大的函数增量 Δz。

如图 2-10 所示,要想每次都能以最快的速度下降,则每次都必须向着梯度的反方向向前跳跃。

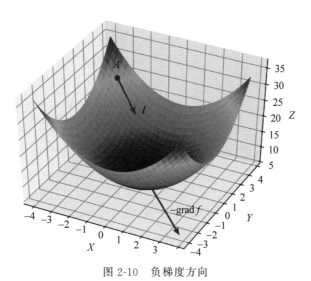

图 2-10　负梯度方向

2.5.2　梯度下降算法

介绍这么多总算是把梯度的概念讲清楚了,那么如何用具体的数学表达式进行描述呢? 总不能一个劲儿地喊它"跳"对吧。为了方便后面的表述及将读者带入一个真实求解的过程中,这里先将图 2-9 中的字母替换成模型中的参数进行表述。

现在有一个模型的目标函数 $J(w_1,w_2)=w_1^2+w_2^2+2w_2+5$(为了方便可视化,此处省略了参数 b,但是原理都一样),其中 w_1 和 w_2 为待求解的权重参数,并且随机初始化点 A 为初始权重值。下面就一步步地通过梯度下降算法进行求解。

如图 2-11 所示,设初始点 $A=(w_1,w_2)=(-2,3)$,则此时 $J(-2,3)=24$,并且点 A 第一次往前跳的方向为 $-\mathrm{grad}J=-(2w_1,2w_2+2)=(4,-8)$,即 $(1,-2)$ 这个方向。

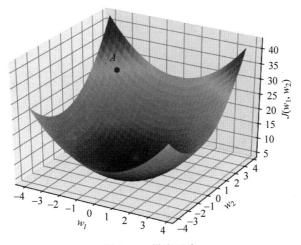

图 2-11　梯度下降

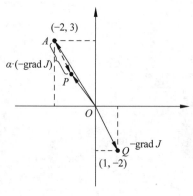

图 2-12 梯度计算

如图 2-12 所示，**OQ** 为平面上梯度的反方向，**AP** 为其平移后的方向，但是长度为之前的 α 倍，因此，根据梯度下降的原则，此时曲面上的 A 点就该沿着其梯度的反方向跳跃，而投影到平面则为 A 应该沿着 **AP** 的方向移动。假定曲面上从 A 点跳跃到了 P 点，那么对应在投影平面上就是图 2-12 中的 **AP** 部分，同时权重参数也从 A 的位置更新到了 P 点的位置。

从图 2-12 可以看出，向量 **AP**、**OA** 和 **OP** 三者的关系为

$$OP = OA - AP \qquad (2\text{-}14)$$

进一步，可以将式(2-14)改写成

$$OP = OA - \alpha \cdot \mathrm{grad} J \qquad (2\text{-}15)$$

又由于 **OP** 和 **OA** 本质上就是权重参数 w_1 和 w_2 更新后与更新前的值，所以便可以得出梯度下降的更新公式为

$$W = W - \alpha \cdot \frac{\partial J}{\partial W} \qquad (2\text{-}16)$$

其中，$W = (w_1, w_2)$；$\partial J / \partial W$ 为权重的梯度方向；α 为步长，用来放缩每次向前跳跃的距离。同时，将式(2-16)代入具体数值后可以得出，曲面上的点 A 在第一次跳跃后的着落点为

$$w_1 = w_1 - 0.1 \times 2 \times w_1 = -2 - 0.1 \times 2 \times (-2) = -1.6$$
$$w_2 = w_2 - 0.1 \times (2 \times w_2 + 2) = 3 - 0.1 \times (2 \times 3 + 2) = 2.2$$

此时，权重参数便从 $(-2, 3)$ 更新为 $(-1.6, 2.2)$。当然其目标函数 $J(w_1, w_2)$ 也从 24 更新为 16.8。至此，我们便详细地完成了 1 轮梯度下降的计算。当 A 跳跃到 P 之后，又可以再次利用梯度下降算法进行跳跃，直到跳到谷底（或附近）为止，如图 2-13 所示。

图 2-13 彩图

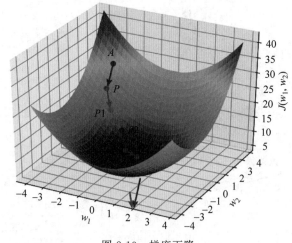

图 2-13 梯度下降

最后,根据上述原理,还可以通过实际的代码将整个过程展示出来,完整代码见 Book/Chapter02/05_gradient_descent_visualization. py 文件,代码如下:

```python
def gradient_descent():
    w1, w2 = -2, 3
    jump_points = [[w1, w2]]
    costs,step = [cost_function(w1, w2)],0.1
    print("P:({,{)".format(w1, w2), end = '')
    for i in range(20):
        gradients = compute_gradient(w1, w2)
        w1 = w1 - step * gradients[0]          #用来执行梯度下降过程
        w2 = w2 - step * gradients[1]
        jump_points.append([w1, w2])
        costs. append(cost_function(w1, w2))
        print("P{:({,{)".format(i + 1, round(w1,3), round(w2,3)), end = '')
    return jump_points, costs
```

通过上述 Python 代码便可以详细展示跳向谷底时每一次的落脚点,并且可以看到谷底的位置就在$(-0.023, -0.954)$附近,如图 2-14 所示。此致,笔者就介绍完了如何通过编码实现梯度下降算法的求解过程,等后续完成线性回归模型的推导后,我们再来自己编码完成线性回归模型的参数求解过程。

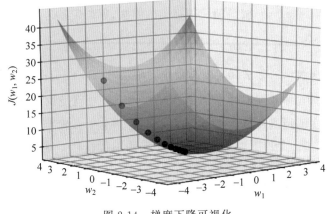

图 2-14 彩图

图 2-14 梯度下降可视化

2.5.3 小结

在本节中,笔者通过一个跳跃的例子详细地向大家介绍了什么是梯度,以及为什么要沿着梯度的反方向进行跳跃,然后通过图示导出了梯度下降的更新公式

$$W = W - \alpha \cdot \frac{\partial J}{\partial W} \tag{2-17}$$

在这里笔者又写了一遍梯度下降的更新公式是希望读者一定要记住这个公式,以及它

的由来。因为它同时也是目前求解神经网络参数的主要工具。同时,可以看出,通过梯度下降算法来求解模型参数需要完成的一个核心任务就是计算参数的梯度。最后,虽然公式介绍完了,但公式中的步长 α 也是一个十分重要的参数,这将在第 4 章中进行介绍。

2.6　正态分布

2.6.1　一个问题的出现

17、18 世纪曾是科学发展的黄金年代,微积分的发展和牛顿万有引力定律的建立,直接推动了天文学和测地学的迅猛发展。这些天文学和测地学的问题,无不涉及数据的多次测量、分析与计算。很多年以前,学者们就已经经验性地认为,对于有误差的测量数据,多次测量取算术平均是比较好的处理方法,并且这种做法现在我们依旧在使用。虽然当时缺乏理论上的论证,并且也不断地受到一些人的质疑,但取算术平均作为一种直观的方式,仍被使用了千百年。同时,算术平均在多年积累的数据处理经验中也得到相当程度的验证,被认为是一种良好的数据处理方法,但是在当时却没人能给出为什么。

1805 年,勒让德提出了一种方法来解决这个问题,其基本思想认为测量中存在误差,并且让所有的误差累积为 $\sum(\hat{y}-y)^2$,其中 $\hat{y}$ 为观测值,y 为理论值,然后通过最小化累积误差来计算得到理论值,即设真实值为 θ,$x_1,x_2,\cdots,x_n$ 分别为 n 次独立观测后的测量值,每次测量的误差为 $e_i=x_i-\theta$,按照勒让德提出的方法,累计误差为

$$E(\theta)=\sum_{i=1}^{n}e_i^2=\sum_{i=1}^{n}(x_i-\theta)^2 \tag{2-18}$$

可以看出勒让德给出的方法其实就是最小二乘法(Least Square)。通过对 $E(\theta)$ 求导后令其为 0,求解得到的结果正是算术平均 $\bar{x}=1/n\sum x_i$。也就是说,取所有观测结果的平均值来近似地代替真实值最终所产生的误差是最小的。由于算术平均是一个历经考验的方法,而以上的推理从另一个角度也说明了最小二乘法的优良性。这使当时的人们对于最小二乘法有了更强的信心。

从这里可以看出,这种做法的逻辑是,首先认为算术平均这种做法好但不知道为什么,然后有人提出了一种衡量误差的方法(最小二乘法),接着对误差最小化求解后发现其解正是算术平均,所以肯定了最小二乘的有用性,但事实上却没有说清楚算术平均为什么好,反而用算术平均的结果来肯定了最小二乘法的作用。

与此同时,伽利略在他著名的《关于两个主要世界系统的对话》中也对误差的分布做过一些定性的描述。这主要包括①误差是对称分布的;②大的误差出现频率低,小的误差出现频率高(这也很符合人们的认知常识)。用数学的语言描述,也就是说误差分布函数 $f(x)$ 关于 $x=0$ 对称分布,概率密度函数 $f(x)$ 随 $|x|$ 增大而减小,如图 2-15 所示。于是许多天文学家和数学家开始了寻找误差分布曲线的尝试,但最终都没能给出有用的结果。

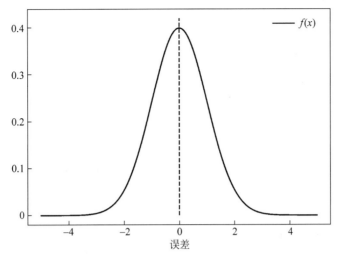

图 2-15 理想状态下误差分布图

2.6.2 正态分布

1801 年 1 月,天文学家朱塞普·皮亚齐发现了一颗从未见过的光度为 8 等的星在移动,这颗现在被称作谷神星(Ceres)的小行星在夜空中出现了 6 个星期,扫过八度角后就在太阳的光芒下没了踪影而无法观测。由于留下的观测数据有限难以计算出它的轨迹,所以天文学家们也因此无法确定这颗新星是彗星还是行星。不过这个问题很快成了学术界关注的焦点。高斯当时已经是很有名望的年轻数学家了,这个问题引起了他的兴趣。高斯以其卓越的数学才能创立了一种崭新的行星轨道的计算方法,一个小时之内就计算出了谷神星的轨道,并预言了它在夜空中出现的时间和位置。1801 年 12 月 31 日夜,德国天文爱好者奥伯斯,在高斯预言的时间里,用望远镜对准了这片天空,果然不出所料,谷神星出现了。

高斯为此名声大震,但是高斯当时拒绝透露计算轨道的方法,原因可能是高斯认为自己的方法理论基础还不够成熟。直到 1809 年高斯系统地完善了相关的数学理论后,才将他的方法公布于众,而其中使用的数据分析方法,就是以正态误差分布为基础的最小二乘法。那么高斯是如何推导出误差分布为正态分布的呢?

设真实值为 θ,$x_1, x_2, \cdots, x_n$ 分别为 n 次独立观测后的测量值[①],并且每次测量的误差为 $e_i = x_i - \theta$。高斯假设误差 e_i 的密度函数为 $f(x)$,并直接把 n 个误差同时出现的概率记为

$$L(\theta) = L(\theta; x_1, x_2, \cdots, x_n) = f(e_1)f(e_2)\cdots f(e_n) \tag{2-19}$$

接着取使 $L(\theta)$ 达到最大值时的 $\hat{\theta}$ 作为 θ 的估计值,即使式(2-20)成立时的 $\hat{\theta}$ 值。

---

① 靳志辉. 数学文化.4(2013),36-47.

$$L(\hat{\theta}) = \arg \max_{\theta} L(\theta) \tag{2-20}$$

现在我们把 $L(\theta)$ 称为样本的似然函数,而得到的估计值 $\hat{\theta}$ 称为 θ 的极大似然估计(Maximum Likelihood Estimate,MLE)。在这里高斯首次给出了极大似然的思想,这个思想后来被统计学家费希尔系统地发展成为参数估计中的极大似然估计理论。同时,所谓极大似然估计是指在已知样本结果的情况下,推断出最有可能使该结果出现的参数的过程。也就是说极大似然估计一个过程,它用来估计出某个模型的参数,而这些参数能使已知样本的结果最可能发生。

接下来高斯把整个问题的思考模式倒了过来,既然千百年来大家都认为算术平均是一个好的估计,那就认为极大似然估计导出的就应该是算术平均,所以高斯猜测误差分布导出的极大似然估计＝算术平均值,然后高斯就开始去寻找满足这样条件的误差密度函数 $f(x)$,即寻找这样的概率密度函数 $f(x)$,使极大似然估计的结果正好是算术平均 $\hat{\theta} = \bar{x}$。最后高斯应用数学技巧求解得到了这个函数 $f(x)$,并证明在所有的概率密度函数中,唯一满足这个性质的就是

$$f(x) = \frac{1}{\sqrt{2\pi}\sigma} e^{-\frac{x^2}{2\sigma^2}} \tag{2-21}$$

其中 $\sigma > 0$ 为常数,而这也就是正态分布。

进一步,高斯基于这个误差密度函数对最小二乘法给出了一个漂亮的解释。对于最小二乘公式中涉及的每个误差 e_i,由式(2-19)可知其对应的似然估计为

$$L(\theta) = \prod_{i=1}^{n} f(e_i) = \frac{1}{(\sqrt{2\pi}\sigma)^n} \exp\left(-\frac{1}{2\sigma^2}\sum_{i=1}^{n} e_i^2\right) \tag{2-22}$$

而要使 $L(\theta)$ 最大化,则必须使 $\sum_{i=1}^{n} e_i^2$ 取值最小,显然这正好就是最小二乘法的要求。可以看出,高斯这种做法的初始动机仍旧是以算术平均作为一种"公理",然后以此为基础做出假设并找到一种符合人们常识的误差密度函数,即正态分布。最后通过极大似然估计来印证了最小二乘法。

2.7　目标函数推导

经过前面几节内容的介绍,我们知道了什么是线性回归、怎样转换求解问题、如何通过 sklearn 进行建模求解及梯度下降法的原理与推导。同时,在 2.6 节中还通过一个故事来讲解了最小二乘法的来历,以及误差服从高斯分布的事实。下面,我们就来完成线性回归中的最后两个任务,线性回归的推导及 Python 代码的实现。

2.7.1　目标函数

根据前面的介绍,现在我们对线性回归的目标函数做如下定义:设样本为 $(x^{(i)}, y^{(i)})$,

对样本的观测(预测)值记为 $\hat{y}^{(i)} = \boldsymbol{W}^{\mathrm{T}}\boldsymbol{x}^{(i)} + b$,则有

$$y^{(i)} = \hat{y}^{(i)} + e^{(i)} \tag{2-23}$$

其中 $e^{(i)}$ 表示第 i 个样本预测值与真实值之间的误差,$\boldsymbol{W}$ 和 $\boldsymbol{x}^{(i)}$ 均为一个列向量,b 为一个标量,同时由于误差 $e^{(i)}$ 独立同分布于均值为 0 的高斯分布[1],于是有

$$f(e^{(i)}) = \frac{1}{\sqrt{2\pi}\sigma}\exp\left[-\frac{(e^{(i)}-0)^2}{2\sigma^2}\right] \tag{2-24}$$

接着将式(2-23)代入式(2-24)有

$$f(e^{(i)}) = \frac{1}{\sqrt{2\pi}\sigma}\exp\left[-\frac{(y^{(i)}-\hat{y}^{(i)})^2}{2\sigma^2}\right] \tag{2-25}$$

此时需要注意式(2-25)的右边部分(从右往左看),站在 $y^{(i)}$ 的角度看显然是随机变量 $y^{(i)}$ 服从于以 $\hat{y}^{(i)}$ 为均值的正态分布[2](想想正态分布的表达式)。又由于此时的密度函数与参数 $\boldsymbol{W}$、b 和 $\boldsymbol{x}^{(i)}$ 有关(随机变量 $y^{(i)}$ 是 $\boldsymbol{x}^{(i)}$、$\boldsymbol{W}$ 和 b 下的条件分布),于是有

$$p(y^{(i)} \mid \boldsymbol{x}^{(i)}; \boldsymbol{W}, b) = \frac{1}{\sqrt{2\pi}\sigma}\exp\left[-\frac{(y^{(i)}-\hat{y}^{(i)})^2}{2\sigma^2}\right] \tag{2-26}$$

到目前为止,也就是说此时真实值 $y^{(i)}$ 服从于均值为 $\hat{y}^{(i)}$,方差为 σ^2 的正态分布。同时,由于 $\hat{y}^{(i)}$ 是依赖于参数 $\boldsymbol{W}$ 和 b 的变量,那么什么样的一组参数 $\boldsymbol{W}$ 和 b 能够使已知的真实值最容易发生呢?此时就需要用到极大似然估计进行参数估计

$$L(\theta) = \prod_{i=1}^{m} p(y^{(i)} \mid \boldsymbol{x}^{(i)}; \boldsymbol{W}, b) = \prod_{i=1}^{m} \frac{1}{\sqrt{2\pi}\sigma}\exp\left[-\frac{(y^{(i)}-\hat{y}^{(i)})^2}{2\sigma^2}\right] \tag{2-27}$$

为了便于求解,可以在等式(2-27)的两边同时取自然对数

$$
\begin{aligned}
\log L(\boldsymbol{W}, b) &= \log\left\{\prod_{i=1}^{m} \frac{1}{\sqrt{2\pi}\sigma}\exp\left[-\frac{(y^{(i)}-\hat{y}^{(i)})^2}{2\sigma^2}\right]\right\} \\
&= \sum_{i=1}^{m} \log\left\{\frac{1}{\sqrt{2\pi}\sigma}\exp\left[-\frac{(y^{(i)}-\hat{y}^{(i)})^2}{2\sigma^2}\right]\right\} \\
&= \sum_{i=1}^{m} \left[\log\frac{1}{\sqrt{2\pi}\sigma} - \frac{(y^{(i)}-\hat{y}^{(i)})^2}{2\sigma^2}\right] \\
&= m\cdot\log\frac{1}{\sqrt{2\pi}\sigma} - \frac{1}{\sigma^2}\frac{1}{2}\sum_{i=1}^{m}(y^{(i)}-\hat{y}^{(i)})^2
\end{aligned}
\tag{2-28}
$$

由于 $\max L(\boldsymbol{W}, b)$ 等价于 $\max \log L(\boldsymbol{W}, b)$,所以

$$\max \log L(\boldsymbol{W}, b) \Leftrightarrow \min \frac{1}{\sigma^2}\frac{1}{2}\sum_{i=1}^{m}(y^{(i)}-\hat{y}^{(i)})^2$$

$$\Leftrightarrow \min \frac{1}{2}\sum_{i=1}^{m}(y^{(i)}-\hat{y}^{(i)})^2 \tag{2-29}$$

---

[1]　Andrew Ng,Machine Learning,Stanford University,CS229,Spring 2019.

[2]　Machine Learning-MT 2016 3. Maximum Likelihood.

于是得到目标函数

$$J(\boldsymbol{W}, b) = \frac{1}{2m} \sum_{i=1}^{m} (y^{(i)} - \hat{y}^{(i)})^2 \tag{2-30}$$

2.7.2 求解梯度

设 $y^{(i)}$ 表示第 i 个样本的真实值；$\hat{y}^{(i)}$ 表示第 i 个样本的预测值；$\boldsymbol{W}$ 表示权重(列)向量，W_j 表示其中的一个分量；X 表示数据集，形状为 $m \times n$，m 为样本个数，n 为特征维度；$\boldsymbol{x}^{(i)}$ 为一个(列)向量，表示第 i 个样本，$x_j^{(i)}$ 为第 j 维特征。

由此可以写出目标函数为

$$J(\boldsymbol{W}, b) = \frac{1}{2m} \sum_{i=1}^{m} (y^{(i)} - \hat{y}^{(i)})^2 = \frac{1}{2m} \sum_{i=1}^{m} [y^{(i)} - (\boldsymbol{W}^{\mathrm{T}} \boldsymbol{x}^{(i)} + b)]^2 \tag{2-31}$$

目标函数关于 W_j 的梯度求解过程为

$$\frac{\partial J}{\partial W_j} = \frac{\partial}{\partial W_j} \frac{1}{2m} \sum_{i=1}^{m} [y^{(i)} - (W_1 x_1^{(i)} + W_2 x_2^{(i)} \cdots W_n x_n^{(i)} + b)]^2$$

$$= \frac{1}{m} \sum_{i=1}^{m} [y^{(i)} - (W_1 x_1^{(i)} + W_2 x_2^{(i)} \cdots W_n x_n^{(i)} + b)] \cdot (-x_j^{(i)})$$

$$= \frac{1}{m} \sum_{i=1}^{m} [y^{(i)} - (\boldsymbol{W}^{\mathrm{T}} \boldsymbol{x}^{(i)} + b)] \cdot (-x_j^{(i)}) \tag{2-32}$$

目标函数关于 b 的梯度求解过程为

$$\frac{\partial J}{\partial b} = \frac{\partial}{\partial b} \frac{1}{2m} \sum_{i=1}^{m} [y^{(i)} - (\boldsymbol{W}^{\mathrm{T}} \boldsymbol{x}^{(i)} + b)]^2$$

$$= -\frac{1}{m} \sum_{i=1}^{m} [y^{(i)} - (\boldsymbol{W}^{\mathrm{T}} \boldsymbol{x}^{(i)} + b)] \tag{2-33}$$

此时便得到了目标函数关于参数的梯度计算公式

$$J(\boldsymbol{W}, b) = \frac{1}{2m} \sum_{i=1}^{m} [y^{(i)} - (\boldsymbol{W}^{\mathrm{T}} \boldsymbol{x}^{(i)} + b)]^2 \tag{2-34}$$

$$\frac{\partial J}{\partial W_j} = \frac{1}{m} \sum_{i=1}^{m} [y^{(i)} - (\boldsymbol{W}^{\mathrm{T}} \boldsymbol{x}^{(i)} + b)] \cdot (-x_j^{(i)}) \tag{2-35}$$

$$\frac{\partial J}{\partial b} = -\frac{1}{m} \sum_{i=1}^{m} [y^{(i)} - (\boldsymbol{W}^{\mathrm{T}} \boldsymbol{x}^{(i)} + b)] \tag{2-36}$$

在推导得到每个参数的梯度更新公式后，就能根据梯度下降算法来对迭代的对参数值进行更新，直到目标函数收敛。到此，对于整个线性回归部分阶段二的内容就介绍完了，下面继续来看最后一个阶段的内容。

2.7.3 矢量化计算

为了在编程时高效地计算，需要对式(2-34)~式(2-36)进行矢量化，代码如下：

```
y_hat = np.matmul(X, W) + b
J(W,b) = 0.5 * (1 / m) * np.sum((y - y_hat) ** 2)
grad_w = - 1/m * np.matmul(X.T,(y - y_hat))
grad_b = - 1/m * np.sum(y - y_hat)
```

同时,这里有一个小技巧值得分享。当我们在矢量化公式时,如果不知道哪个变量该放在哪个位置或者要不要进行转置,则可带上变量的维度一起进行计算。例如根据式(2-34)～式(2-36)可以看出 W_j 的梯度计算公式大致的格式,所以矢量化后的结果也差不多是那种格式。同时 W 的形状是$[n,1]$,而真实值减去预测值后的形状为$[m,1]$,因此在和 X 计算后为了得到 W 的形状,只能是一个$[n,m]$的矩阵乘以$[m,1]$的矩阵才可能得到那样的结果。故,应该把 X 的转置放在前面。

2.7.4 从零实现线性回归

下面笔者依旧以波士顿房价预测模型为例,通过手动编写代码进行模型的建模与求解,完整代码见 Book/Chapter02/06_boston_price_train.py 文件。

1. 定义预测函数

首先需要定义一个预测函数,也就是 2.2 节内容中所介绍的 $y = w_1 x_1 + w_2 x_2 \cdots w_n x_n + b$。为了同时对输入的所有样本进行计算,一般以两个矩阵相乘的方式进行,代码如下:

```
def prediction(X, W, bias):                    # 预测
    return np.matmul(X, W) + bias # [m,n] @ [n,1] = [m,1]
```

2. 定义目标函数

为了方便在训练结束后(或者训练时)观察目标函数的收敛情况,所以通常会计算每一次参数更新后的损失值,代码如下:

```
def cost_function(X, y, W, bias):                    # 代价函数
    m, n = X.shape
    y_hat = prediction(X, W, bias)
    return 0.5 * (1 / m) * np.sum((y - y_hat) ** 2)
```

3. 定义梯度下降

在这里,需要完成模型训练时的核心部分,也就是整个梯度下降的过程,代码如下:

```
def gradient_descent(X, y, W, bias, alpha):
    m, n = X.shape
    y_hat = prediction(X, W, bias)
    grad_w = - (1 / m) * np.matmul(X.T, (y - y_hat))
    grad_b = - (1 / m) * np.sum(y - y_hat)
    W = W - alpha * grad_w
    bias = bias - alpha * grad_b
    return W, bias
```

可以看到,对于梯度的求解就是式(2-34)～式(2-36)矢量化后的形式,然后运用梯度下降算法对参数更新即可。

4. 训练模型

在定义完训练过程中所需要的相关函数后,接着就可以初始化相关权重和变量并通过梯度下降算法进行参数的更新,代码如下:

```python
def train(X, y, ite = 200):
    m, n = X.shape  # 506,13
    W, b,alpha,costs = np.random.randn(n, 1),0.1,0.2,[]
    for i in range(ite):
        costs.append(cost_function(X, y, W, b))
        W, b = gradient_descent(X, y, W, b, alpha)
    y_pre = prediction(X, W, b)
    return costs
```

最后,可以通过如下所示的过程来完成整个模型的训练,代码如下:

```python
if __name__ == '__main__':
    x, y = load_data()
    train_by_sklearn(x, y)
    costs = train(x, y)
# 输出结果如下
MSE: 21.894831181729206
MSE: 21.901070160392404
```

同时,笔者在这里也加入了通过 sklearn 训练后的模型的 MSE 评估值。可以看出,我们自己实现的模型与 sklearn 中的线性回归模型在 MSE 上几乎没有任何差别。大约在 25 次迭代后目标函数就开始进入收敛状态,如图 2-16 所示。

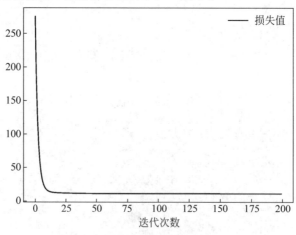

图 2-16 目标函数收敛曲线

2.7.5 小结

通过本节内容的学习,对于线性回归的主要内容就此结束了。对于其他细枝末节的地方(例如学习率的选择、特征标准化等),将在后续模型改善部分再进行介绍。

总结一下,如图 2-17 所示,在本章中笔者首先介绍了线性回归模型第一阶段的主要内容,至此可以大致知道得到一个问题后应如何通过开源的 sklearn 库进行线性回归建模。虽然阶段一的内容并没有从数学的角度来完成对于线性回归的论证,但是其包含了学习一个算法并快速入门的路线及方法,然后笔者接着介绍了梯度下降算法、误差的正态分布特性和目标函数的推导,完成了线性回归第二阶段的学习。这个阶段一般是算法从数学层面上的理论依据,尤其是统计机器学习更依赖于这个过程,但是这部分内容通常来讲有一定的难度,例如第 9 章 SVM 的求解过程。最后,笔者通过本节的内容完成了线性回归模型源码的实现,也就是第三阶段的学习内容。

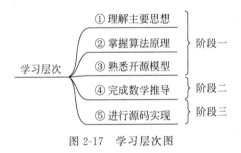

图 2-17　学习层次图

第 3 章

逻 辑 回 归

在第 2 章中,笔者详细地介绍了线性回归模型,从本章开始将继续介绍下一个经典的机器学习算法——逻辑回归(Logistic Regression)。如图 3-1 所示,此图为逻辑回归模型学习的大致路线,其同样也分为 3 个阶段。在第 1 个阶段结束后,我们也就大致掌握了逻辑回归的基本原理。下面就开始正式进入逻辑回归模型的学习。

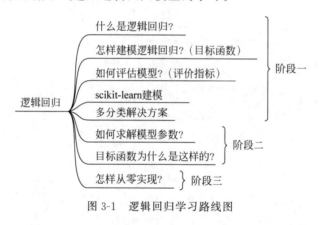

图 3-1 逻辑回归学习路线图

3.1 模型的建立与求解

3.1.1 理解逻辑回归模型

通常来讲,一个新算法的诞生要么用来改善已有的算法模型,要么就是首次提出用来解决一个新的问题,而逻辑回归模型恰恰属于后者,它是用来解决一类新的问题——分类(Classification)。什么是分类问题呢?

现在有两堆样本点,需要建立一个模型来对新输入的样本进行预测,判断其应该属于哪个类别,即二分类问题(Binary Classification),如图 3-2 所示。对于这个问题的描述用线性回归来解决肯定是不行的,因为两者本就属于不同类型的问题。退一步讲,即使用线性回归来建模得到的估计也就是一条向右倾斜的直线,而我们这里需要的却是一条向左倾斜的且位于两堆样本点之间的直线。同时,回归模型的预测值都位于预测曲线附近,而无法做到区分直线两边的东西。既然用已有的线性回归解决不了,那么我们可不可以在此基础上做一点改进以实现分类的目的呢? 答案是当然可以。

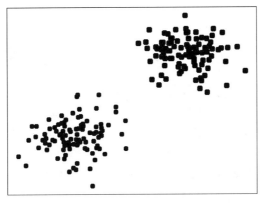

图 3-2 分类任务

3.1.2 建立逻辑回归模型

既然是解决分类问题,那么完全可以通过建立一个模型用来预测每个样本点属于其中一个类别的概率 p,如果 $p>0.5$,我们就可以认为该样本点属于这个类别,这样就能解决上述的二分类问题了。该怎样建立这个模型呢?

在前面的线性回归中,通过建模 $h(x)=wx+b$ 来对新样本进行预测,其输出值为可能的任意实数,但此处既然要得到一个样本所属类别的概率,那最直接的办法就是通过一个函数 $g(z)$,将 $h(x)$ 映射至 $[0,1]$ 的范围即可。由此,便得到了逻辑回归中的预测模型

$$\hat{y}=h(x)=g(wx+b) \tag{3-1}$$

其中,w 和 b 为未知参数;$h(x)$ 称为假设函数(Hypothesis)。当 $h(x)$ 大于某个值(通常设为 0.5)时,便可以认为样本 x 属于正类,反之则认为属于负类。同时,也将 $wx+b=0$ 称为两个类别间的决策边界(Decision Boundary)。当求解得到 w 和 b 后,也就意味着得到了这个分类模型。

注意:回归模型一般来讲是指对连续值进行预测的一类模型,而分类模型则是指对离散值(类标)预测的一类模型,但是由于历史的原因虽然逻辑回归被称为回归,但它却是一个分类模型,这算是一个例外。

3.1.3 求解逻辑回归模型

当建立好模型之后就需要找到一种方法来求解模型中的未知参数。同线性回归一样,此时也需要通过一种间接的方式,即通过目标函数来刻画预测标签(Label)与真实标签之间

的差距。当最小化目标函数后,便可以得到需要求解的参数 w 和 b。

同样,笔者先给出逻辑回归中的目标函数(第二阶段再讲解来历):

$$\begin{cases} J(w,b) = -\dfrac{1}{m}\Big[\displaystyle\sum_{i=1}^{m} y^{(i)}\log h(x^{(i)}) + (1-y^{(i)})\log_2(1-h(x^{(i)}))\Big] \\ h(x^{(i)}) = g(wx^{(i)}+b) \end{cases} \tag{3-2}$$

其中,m 表示样本总数,$x^{(i)}$ 表示第 i 个样本,$y^{(i)}$ 表示第 i 个样本的真实标签,$h(x^{(i)})$ 表示第 i 个样本为正类的预测概率。

由式(3-2)可以知道,当函数 $J(w,b)$ 取得最小值的参数 $\hat{w}$ 和 $\hat{b}$,也就是我们要求的目标参数。原因在于,当 $J(w,b)$ 取得最小值时就意味着此时所有样本的预测标签与真实标签之间的差距最小,这同时也是最小化目标函数的意义,因此,对于如何求解模型 $h(x)$ 的问题就转化为如何最小化目标函数 $J(w,b)$ 的问题。

至此,对逻辑回归算法第一阶段核心内容的学习也就只差一步之遥了,也就是评价指标及通过开源的框架来建模并进行预测。

3.1.4　逻辑回归示例代码

首先,为了便于后续的可视化过程及了解分类的实质,笔者这里首先采用人为的方式来构造一个数据集并以此进行模型的训练,然后通过 sklearn 中的 LogisticRegression 来完成模型的求解。完整代码见 Book/Chapter03/01_decision_boundary.py 文件。

1. 构造数据集

这里需要用到 sklearn 中的 make_blobs()方法来构造数据集,代码如下:

```
from sklearn.datasets import make_blobs
def make_data():
    centers = [[1, 1], [2, 2]]                          # 指定中心
    x, y = make_blobs(n_samples = 200, centers = centers,
                cluster_std = 0.2, random_state = np.random.seed(10))
    index_pos, index_neg = (y == 1), (y == 0)
    x_pos, x_neg = x[index_pos], x[index_neg]
```

在上述代码中,第 2 行用来指定生成两个样本堆的中心,第 3～4 行则是根据指定的中心点生成两个不同类别的样本堆,其中 n_samples 表示样本的数量,cluster_std 表示样本间的标准差(值越小,样本点分布就越集中),random_state 表示用来指定一个固定的随机种子,以使每次产生相同的样本点。

在这之后,就能生成一个数据集了,如图 3-3 所示。

2. 训练模型

接着通过 LogisticRegression 来完成模型的训练和预测,代码如下:

```
from sklearn.linear_model import LogisticRegression
def decision_boundary(x, y):
```

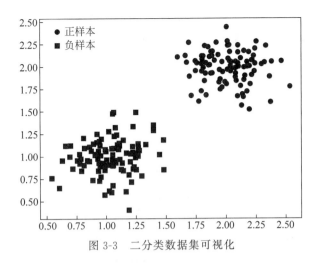

图 3-3　二分类数据集可视化

```
model = LogisticRegression()
model.fit(x, y)
pred = model.predict([[1, 0.5], [3, 1.5]])
print("样本点(1,0.5)所属的类标为{}\n"
    "样本点(3,1.5)所属的类标为{}".format(pred[0], pred[1]))
```

　　在完成模型的训练之后,便可以绘制出模型所训练得到的决策面,用于样本点的分类,如图 3-4 所示。

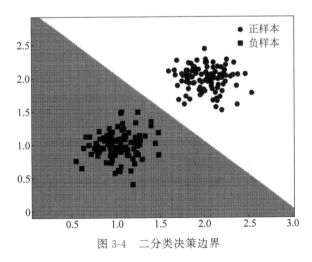

图 3-4　二分类决策边界

3.1.5　小结

　　在本节中,笔者首先通过一个例子引入了什么是分类,然后介绍了为什么不能用线性回归模型进行建模的原因。其次,通过对线性回归的改进得到逻辑回归模型,并直接地给出了逻辑回归模型的目标函数。最后通过开源的 sklearn 框架搭建了一个简单的逻辑回归模型,并对决策面进行了可视化。虽然内容不多,也不复杂但却包含了逻辑回归算法的核心思想。同时,余下的内容也会在后续的章节中进行介绍。

3.2 多变量与多分类

3.2.1 多变量逻辑回归

如同多变量线性回归一样,所谓多变量逻辑回归其实就是一个样本点有多个特征属性,然后通过建立一个多变量的逻辑回归模型来完成分类任务。实际上在现实情况中,几乎没有一个模型是单变量的,即每个样本点都有多个特征。由于这是我们学习的第 2 个机器学习算法,所以在这里再对多变量进行一次说明。在后续的算法介绍中,将不再单独提及"多变量模型"这一叫法,所有模型的输入都是一个向量(Vector)。

$$\hat{y} = h(x) = g(w_1 x_1 + w_2 x_2 + \cdots + w_n x_n + b) \tag{3-3}$$

如式(3-3)所示,此函数为一个多变量逻辑回归模型的假设函数,其后续的所有步骤(求解、预测等)并没有任何的变化与不同,仅仅有了更多的特征属性。

3.2.2 多分类逻辑回归

在 3.1 节中对于逻辑回归的介绍都仅仅局限在二分类任务中,但是在实际任务里,更多则是多分类的任务场景,也就是说最终的分类结果中类别数会大于 2。对于这样的问题该如何解决呢?

通常情况下在用逻辑回归处理多分类任务时,都会采样一种称为 One-vs-all(也叫作 One-vs-rest)的方法,两者的缩写分别为 ova 与 ovr。这种策略的核心思想就是每次将其中一个类和剩余的其他类看作一个二分类任务进行训练,最后在预测过程中选择输出概率值最大那个类作为该样本点所属的类别。

如图 3-5 所示,此图为一个可视化的数据集,它一共包含 3 个类别。

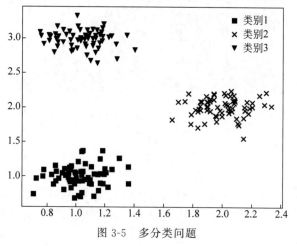

图 3-5　多分类问题

当利用 One-vs-all 的分类思想来解决图 3-5 中的多分类问题时,可以可视化成如图 3-6 所示的情况。

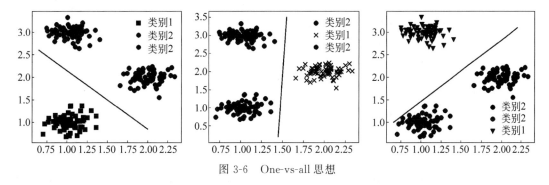

图 3-6 One-vs-all 思想

在图 3-6 中,以从左往右的划分方式划分数据集,然后分别训练 3 个二分类的逻辑回归模型 $h_1(x)$、$h_2(x)$ 和 $h_3(x)$,分别表示样本 x 属于第 1、第 2 和第 3 共 3 个类别的概率,最后在预测的时候只要选择概率最大时分类模型所对应的类别即可。

3.2.3 多分类示例代码

在 sklearn 中,可以借助 LogisticRegression 类中的 multi_class＝'ovr'参数来完成整个多分类的建模任务,完整代码见 Book/Chapter03/02_one_vs_all_train. py 文件。

1. 载入数据集

在这里,笔者同样使用了 sklearn 中内置的一个分类数据集 iris 进行示例。首先需要载入这个数据集,代码如下:

```
from sklearn.datasets import load_iris
def load_data():
    data = load_iris()
    x, y = data.data, data.target
    return x, y
```

iris 数据集一共包含 3 个类别,每个类别中有 50 个样本,并且每个样本有 4 个特征维度。同时,sklearn 中也内置了很多丰富的其他数据集来方便初学者使用,具体信息可以参见官网①。

2. 训练模型

在数据集载入完成后,便可以通过 sklearn 中的 LogisticRegression 完成整个建模求解过程,代码如下:

① https://scikit-learn.org/stable.

```
def train(x, y):
    model = LogisticRegression(multi_class = 'ovr')
    model.fit(x, y)
    print("得分: ", model.score(x, y))
#得分:0.95
```

到此,对于多变量逻辑回归的分类方法与建模过程就介绍完了。不过细心的读者可能会发现,上面代码中的最后一行输出了一个 0.95 的得分,它表示什么含义呢?这里的 0.95 其实指的模型分类的准确率,意思是有 95% 的样本被模型正确分类了,具体计算原理可见 3.3 节内容。

3.2.4 小结

在本节内容中,笔者首先介绍了什么是多变量逻辑回归,同时还提到对于"多变量"这个说法在以后均不会刻意提及,因为在现实中几乎不存在一个只包含一个变量的任务场景。其次,笔者还以图示的方式介绍了如何用 One-vs-all 的思想来用逻辑回归模型解决多分类的任务场景。最后,借助开源库 sklearn 也完成了整个建模过程的示例。接下来,我们将开始学习分类模型中的常见评估指标。

3.3 常见的分类评估指标

如同回归模型一样,对于任何分类模型来讲同样需要通过一些评价指标来衡量模型的优与劣。在分类任务中,常见的评价指标有准确率(Accuracy)、精确率(Precision)、召回率(Recall)与 F 值(F_{score}),其中应用最为广泛的是准确率,接着是召回率。为了能够使读者更容易地理解与运用这 4 种评价指标,下面笔者将会由浅入深地从二分类到多分类的场景来对这 4 种指标进行介绍。

3.3.1 二分类场景

首先以一个猫狗图片识别的任务场景为例,假设现在有一个猫狗图片分类器对 100 张图片进行分类,分类结果显示有 38 张图片是猫,62 张图片是狗。经过与真实标签对比后发现,38 张猫的图片中有 20 张是分类正确的,62 张狗的图片中有 57 张是分类正确的。

根据上述这一情景,便可以得到一张如图 3-7 所示的矩阵,称为混淆矩阵(Confusion Matrix)。

真实	预测	
	猫	狗
猫	20	5
狗	18	57

真实	预测	
	P	N
P	TP	FN
N	FP	TN

图 3-7　二分类混淆矩阵

如何来读这个混淆矩阵呢？读的时候首先横向看，然后纵向看。例如读 TP 的时候，首先横向表示真实的正样本，其次是纵向表示预测的正样本，因此 TP 表示的就是将正样本预测为正样本的个数，即预测正确，因此，同理共有以下 4 种情况。

（1）True Positive(TP)：表示将正样本预测为正样本，即预测正确。

（2）False Negative(FN)：表示将正样本预测为负样本，即预测错误。

（3）False Positive(FP)：表示将负样本预测为正样本，即预测错误。

（4）True Negative(TN)：表示将负样本预测为负样本，即预测正确。

如果此时突然问 FP 表示什么含义，又该怎样迅速地反映出来呢？我们知道 FP(False Positive)从字面意思来看表示的是错误的正类，也就是说实际上它并不是正类，而是错误的正类，即实际上为负类，因此，FP 表示的就是将负样本预测为正样本的含义。再看一个 FN，其字面意思为错误的负类，也就是说实际上它表示的是正类，因此 FN 的含义就是将正样本预测为负样本。

定义完上述 4 个类别的分类情况后就能定义出各种场景下的计算指标，如式(3-4)～式(3-7)所示。

$$Accuracy = \frac{TP + TN}{TP + FP + FN + TN} \tag{3-4}$$

$$Precision = \frac{TP}{TP + FP} \tag{3-5}$$

$$Recall = \frac{TP}{TP + FN} \tag{3-6}$$

$$F_{score} = (1 + \beta^2) \frac{Precision \cdot Recall}{\beta^2 \cdot Precision + Recall} \tag{3-7}$$

注意：当 F_{score} 中 $\beta = 1$ 时称为 F_1 值，同时 F_1 也是用得最多的 F_{score} 评价指标。

可以看出准确率是最容易理解的，即所有预测对的数量，除以总的数量。同时还可以看到，精确率计算的是预测对的正样本在整个预测为正样本中的比重，而召回率计算的是预测对的正样本在整个真实正样本中的比重，因此一般来讲，召回率越高也就意味着这个模型寻找正样本的能力越强（例如在判断是否为癌细胞的时候，寻找正样本癌细胞的能力就十分重要），而 F_{score} 则是精确率与召回率的调和平均，但值得注意的是，通常在绝大多数任务中并不会明确哪一类别是正样本，哪一类别又是负样本，所以对于每个类别来讲都可以计算其各项指标，但是准确率只有一个。

在得到式(3-4)～式(3-7)中各项评价指标的计算公式后，便可以分别计算出 3.3.1 节一开始的示例场景中，猫狗分类模型的各项评估值。

1. 准确率

$$Accuracy = \frac{20 + 57}{20 + 18 + 5 + 57} = 0.77$$

2. F 值

对于类别猫来讲,有

$$\text{Precision} = \frac{20}{20+18} = 0.53$$

$$\text{Recall} = \frac{20}{20+5} = 0.8$$

$$F_1 = \frac{2 \times 0.53 \times 0.8}{0.53+0.8} = 0.63$$

对于类别狗来讲,有

$$\text{Precision} = \frac{57}{57+5} = 0.92$$

$$\text{Recall} = \frac{57}{57+18} = 0.76$$

$$F_1 = \frac{2 \times 0.92 \times 0.76}{0.92+0.76} = 0.83$$

到这里,对于 4 种指标各自的原理及计算方式已经介绍完了,但是如果要来衡量整体的精确率、召回率或者 F 值又该怎么处理呢? 对于分类结果整体的评估值,常见的做法有两种: 第一种是取算术平均;第二种是加权平均[①]。

1. 算术平均

所谓算术平均也叫作宏平均(Macro Average),也就是等权重地对各类别的评估值进行累加求和。例如对于上述两个类别来讲,其精确率、召回率和 F_1 值分别为

$$\text{Precision} = \frac{1}{2} \times 0.53 + \frac{1}{2} \times 0.92 = 0.725$$

$$\text{Recall} = \frac{1}{2} \times 0.8 + \frac{1}{2} \times 0.76 = 0.78$$

$$F_1 = \frac{1}{2} \times 0.63 + \frac{1}{2} \times 0.83 = 0.73$$

2. 加权平均

所谓加权平均也就是以不同的加权方式来对各类别的评估值进行累加求和。这里只介绍一种用得最多的加权方式,即按照各类别样本数在总样本中的占比进行加权。对于图 3-7 中的分类结果来讲,加权后的精确率、召回率和 F_1 值分别为

$$\text{Precision} = \frac{25}{100} \times 0.53 + \frac{75}{100} \times 0.92 = 0.82$$

$$\text{Recall} = \frac{25}{100} \times 0.8 + \frac{75}{100} \times 0.76 = 0.77$$

$$F_1 = \frac{25}{100} \times 0.63 + \frac{75}{100} \times 0.83 = 0.78$$

---

① PEDREGOSA. scikit-learn: Machine Learning in Python[J]. JMLR 12,2011: 2825-2830.

3.3.2　二分类指标示例代码

在弄清分类任务中各项指标的计算原理后,就可以选择其中的一些指标对模型的精度进行评估。从式(3-4)～式(3-7)可知,计算各项评估指标的关键就在于如何从分类结果中构造一个混淆矩阵。对于评估矩阵的构造,这里可以借助 sklearn 中提供的 confusion_matrix 方法进行实现。完整代码见 Book/Chapter03/03_confusion_matrix.py 文件。

1. 载入数据集

在这里,同样也使用 sklearn 中内置的一个分类数据集 breast_cancer 进行示例。首先需要载入这个数据集,代码如下:

```
from sklearn.datasets import load_breast_cancer
def load_data():
    data = load_breast_cancer()
    x, y = data.data, data.target
    return x, y
```

breast_cancer 数据集一共包含 2 个类别(正样本与负样本),其中负样本 212 个,正样本 357 个,并且每个样本有 30 个特征维度。

2. 指标计算

根据前面介绍的计算原理,可以实现各项指标的计算过程,代码如下:

```
def get_acc_rec_pre_f(y_true, y_pred, beta = 1.0):
    (tn, fp), (fn, tp) = confusion_matrix(y_true, y_pred)
    p1, p2 = tp / (tp + fp), tn / (tn + fn)
    r1, r2 = tp / (tp + fn), tn / (tn + fp)
    f_beta1 = (1 + beta ** 2) * p1 * r1 / (beta ** 2 * p1 + r1)
    f_beta2 = (1 + beta ** 2) * p2 * r2 / (beta ** 2 * p2 + r2)
    m_p,m_r, m_f = 0.5 * (p1+p2),0.5 * (r1 + r2),0.5 * (f_beta1 + f_beta2)
    count = np.bincount(y_true)
    w1, w2 = count[1]/sum(count), count[0]/sum(count)          #计算加权平均
    w_p, w_r,w_f = w1 * p1+w2 * p2, w1 * r1+w2 * r2, w1 * f_beta1+w2 * f_beta2
    print(f"算术平均:精确率为{m_p},召回率为{m_r},F值为{m_f}")
    print(f"加权平均:精确率为{w_p},召回率为{w_r},F值为{w_f}")
```

在上述代码中,第 2 行用来构造混淆矩阵,第 3～4 行分别用来计算两种类别各自的精确率和召回率,第 5～6 行分别用来计算两种类别的 F 值,第 7 行用来计算各个指标的算术平均,第 8～10 行用来计算各个指标的加权平均。

3. 训练模型

在完成上面两个步骤后,便可以通过 LogisticRegression 来完成整个建模的求解过程,并输出对应的评价指标,代码如下:

```
def train(x, y):
    model = LogisticRegression()
    model.fit(x, y)
    y_pred = model.predict(x)
    print("准确率: ", model.score(x, y))
    get_acc_rec_pre_f(y, y_pred)
```

运行上述代码后,便能够得到如下所示的评估结果,如下:

```
准确率: 0.95
算术平均: 精确率为 0.95,召回率为 0.94,F 值为 0.94
加权平均: 精确率为 0.95,召回率为 0.95,F 值为 0.95
```

3.3.3　多分类场景

在 3.3.1 节中,笔者详细地介绍了在二分类场景下各种评价指标的计算方法,但是在现实场景情况里更多的场景便是多分类场景,并且通常也会采用召回率、精确率或者 F 值作为评价指标。此时各个指标又该怎么计算呢? 在接下来的这节内容中,笔者将会针对多分类的任务场景来介绍这些指标的计算方法。

假设有以下三分类任务的预测值与真实值,代码如下:

```
y_true = [1, 1, 1, 0, 0, 0, 2, 2, 2, 2]
y_pred = [1, 0, 0, 0, 2, 1, 0, 0, 2, 2]
```

根据这一结果,便可以得到一个混淆矩阵,如图 3-8 所示。

真实	预测		
	0	1	2
0	1	1	1
1	2	1	0
2	2	0	2

图 3-8　多分类混淆矩阵

如图 3-8 所示,由于是多分类,所以也就不止正样本和负样本两个类别,此时这个表该怎么读呢? 方法还是同 3.3.1 节中的一样,先横向看,再纵向看。例如第 1 行灰色单元格中的 1 表示的就是将真实值 0 预测为 0 的个数(预测正确),接着右边的 1 表示的就是将真实值 0 预测为 1 的个数,第 2 行灰色单元格中的 1 表示的就是将真实值 1 预测为 1 的个数,第 3 行灰色单元格中的 2 表示的就是将真实值 2 预测为 2 的个数。也就是说只有这个对角线上的值才表示模型预测正确的样本的数量。接下来开始对每个类别的各项指标进行计算。

1. 对于类别 0 来讲

在上面笔者介绍过,精确率计算的是预测对的正样本在整个预测为正样本中的比重。根据图 3-8 可知,对于类别 0 来讲,预测对的正样本(类别 0)的数量为 1,而整个预测为正样本的数量为 5,因此,类别 0 对应的精确率为

$$\text{Precision} = \frac{1}{1+2+2} = 0.2$$

同时,召回率计算的是预测对的正样本在整个真实正样本中的比重。根据图 3-8 可知,对于类别 0 来讲,预测对的正样本(类别 0)的数量为 1,而整个真实正样本 0 的个数为 3(图 3-8 中第 2 行的 3 个 1),因此,对于类别 0 来讲其召回率为

$$\text{Recall} = \frac{1}{1+1+1} = 0.33$$

因此,其 F_1 值为

$$F_1 = \frac{2 \times 0.2 \times 0.33}{0.2 + 0.33} = 0.25$$

2. 对于类别 1 来讲

对于类别 1 来讲,预测对的正样本(类别 1)的数量为 1,而整个预测为类别 1 的样本数量为 2,因此,其精确率为

$$\text{Precision} = \frac{1}{1+1+0} = 0.5$$

同理,其召回率和 F_1 值分别为

$$\text{Recall} = \frac{1}{1+2} = 0.33$$

$$F_1 = \frac{2 \times 0.5 \times 0.33}{0.5 + 0.33} = 0.40$$

3. 对于类别 2 来讲

$$\text{Precision} = \frac{2}{1+0+2} = 0.67$$

$$\text{Recall} = \frac{2}{2+0+2} = 0.50$$

$$F_1 = \frac{2 \times 0.67 \times 0.50}{0.67 + 0.50} = 0.57$$

最后,对于 3 个类别来讲其加权后的准确率、召回率和 F_1 值分别为

1. 算术平均

$$\text{Precision} = \frac{1}{3} \times (0.20 + 0.50 + 0.67) = 0.46$$

$$\text{Recall} = \frac{1}{3} \times (0.33 + 0.33 + 0.50) = 0.39$$

$$F_1 = \frac{1}{3} \times (0.25 + 0.40 + 0.57) = 0.41$$

2. 加权平均

$$\text{Precision} = \frac{3}{10} \times 0.2 + \frac{3}{10} \times 0.50 + \frac{4}{10} \times 0.67 = 0.48$$

$$\text{Recall} = \frac{3}{10} \times 0.33 + \frac{3}{10} \times 0.33 + \frac{4}{10} \times 0.50 = 0.40$$

$$F_1 = \frac{3}{10} \times 0.25 + \frac{3}{10} \times 0.40 + \frac{4}{10} \times 0.57 = 0.42$$

3.3.4　多分类指标示例代码

对于这部分代码的实现，从上面的计算过程可以发现，最重要的是要计算并得到这个混淆矩阵，但是对于多分类任务来讲，后续实现代码也略显繁杂，不过各位读者可以仿照 3.3.2 节中的代码自己编码实现。不过这里可以直接借助 sklearn 中的 classification_report 模块完成所有的计算过程，代码如下：

```
from sklearn.metrics import classification_report
y_true = [1, 1, 1, 0, 0, 0, 2, 2, 2, 2]
y_pred = [1, 0, 0, 0, 2, 1, 0, 0, 2, 2]
print(classification_report(y_true, y_pred))
```

在运行上述代码后，便可以得到如下所示的结果：

	precision	recall	f1 - score	support	
0	0.20	0.33	0.25	3	#分别表示精确率、召回率、F 值
1	0.50	0.33	0.40	3	
2	0.67	0.50	0.57	4	
accuracy			0.40	10	#模型准确率
macro avg	0.46	0.39	0.41	10	#算术平均(宏平均)
weighted avg	0.48	0.40	0.42	10	#加权平均

3.3.5　小结

在本节中，笔者首先介绍了二分类任务场景下混淆矩阵的构造及对应的含义，接着介绍了如何通过混淆矩阵来计算分类模型中的各项评估指标，然后介绍了在多分类任务下混淆矩阵的构造及对应各项指标的计算方法，最后还通过 sklearn 中的 confusion_matrix 和 classification_report 模块来示例完成了所有的计算过程。接下来让我们开始学习逻辑回归模型中最后两个阶段的内容。

3.4 目标函数推导

在前面 3 节的内容中,笔者详细地介绍了什么是逻辑回归、如何进行多分类及分类任务对应的评价指标等,即完成了前面阶段一的学习,但是到目前为止仍旧有一些问题没有解决,映射函数 $g(z)$ 是什么样的? 逻辑回归的目标函数是怎么来的? 如何自己求解并实现逻辑回归? 只有在这 3 个问题得到解决后,整个逻辑回归算法的主要内容才算学习完了。

3.4.1 映射函数

前面笔者只是介绍了通过一个函数 $g(z)$ 将特征的线性组合 $z = Wx + b$ 映射到区间 $[0,1]$,那么这个 $g(z)$ 是什么样的呢? 如图 3-9 所示,这便是 $g(z)$ 的函数图形,其也被称为 Sigmoid() 函数。

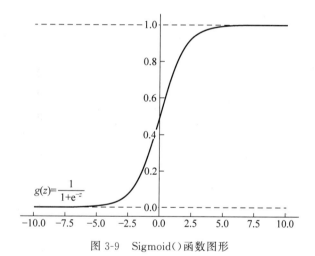

图 3-9　Sigmoid() 函数图形

Sigmoid() 函数的数学定义如下

$$g(z) = \frac{1}{1 + e^{-z}} \tag{3-8}$$

其中 $z \in [-\infty, +\infty]$,而之所以选择 Sigmoid() 的原因在于:①其连续光滑且处处可导;②Sigmoid() 函数关于点 $(0,0.5)$ 中心对称;③Sigmoid() 函数的求导过程简单,其最后的求导结果为 $g'(z) = g(z)(1 - g(z))$。

根据式(3-8)可以得出其实现代码如下:

```
def g(z):
    return 1 / (1 + np.exp(-z))
```

可以看到对于 Sigmoid() 的实现也非常简单,1 行代码就能完成。

3.4.2 概率表示

在介绍完 Sigmoid() 函数后就需要弄清楚逻辑回归中的目标函数到底是怎么得来的。此时,可以设

$$\begin{cases} P(y=1 \mid x ; \boldsymbol{W}, b) = h(\boldsymbol{x}) \\ P(y=0 \mid x ; \boldsymbol{W}, b) = 1 - h(\boldsymbol{x}) \\ h(\boldsymbol{x}) = g(z) = g(\boldsymbol{W}^{\mathrm{T}} \boldsymbol{x} + b) \end{cases} \tag{3-9}$$

其中 $\boldsymbol{W}$ 和 $\boldsymbol{x}$ 均为一个列向量,$P(y=1 \mid x ; \boldsymbol{W}, b) = h(\boldsymbol{x})$ 的含义为当给定参数 $\boldsymbol{W}$ 和 b 时,样本 $\boldsymbol{x}$ 属于 $y=1$ 这个类别的概率为 $h(\boldsymbol{x})$。此时可以发现,对于每个样本来讲都需要前面两个等式来衡量每个样本所属类别的概率,为了更加方便地表示每个样本所属类别的概率,可以改写为如下形式:

$$p(y \mid \boldsymbol{x} ; \boldsymbol{W}, b) = (h(\boldsymbol{x}))^{y} (1 - h(\boldsymbol{x}))^{1-y} \tag{3-10}$$

这样一来,不管样本 $\boldsymbol{x}$ 属于哪个类别,都可以通过式(3-10)进行概率计算。

进一步,我们知道在机器学习中是通过给定训练集,即 $(\boldsymbol{x}^{(i)}, y^{(i)})$ 来求得其中的未知参数 $\boldsymbol{W}$ 和 b。换句话说,对于每个给定的 $\boldsymbol{x}^{(i)}$,我们已经知道了其所属的类别 $y^{(i)}$,即 $y^{(i)}$ 的这样一个分布结果我们是知道的。那么什么样的参数 $\boldsymbol{W}$ 和 b 能够使已知的 $y^{(1)}, y^{(2)}, \cdots, y^{(m)}$ 这样一个结果(分布)最容易出现呢?也就是说给定什么样的参数 $\boldsymbol{W}$ 和 b,使当输入 $\boldsymbol{x}^{(1)}$, $\boldsymbol{x}^{(2)}, \cdots, \boldsymbol{x}^{(m)}$ 这 m 个样本时,最能够产生已知类别标签 $y^{(1)}, y^{(2)}, \cdots, y^{(m)}$ 这一结果呢?

3.4.3 极大似然估计

上面绕来绕去说了这么多,其目的只有一个,即为什么要用似然函数进行下一步计算。由 3.4.2 节内容分析可知,为了能够使 $y^{(1)}, y^{(2)}, \cdots, y^{(m)}$ 这样一个结果最容易出现,应该最大化如下似然函数[①]

$$L(\boldsymbol{W}, b) = \prod_{i=1}^{m} p(y^{(i)} \mid \boldsymbol{x}^{(i)} ; \boldsymbol{W}, b) = \prod_{i=1}^{m} (h(\boldsymbol{x}^{(i)}))^{y^{(i)}} (1 - h(\boldsymbol{x}))^{1-y^{(i)}} \tag{3-11}$$

对式(3-11)两边同时取自然对数有

$$\ell(\boldsymbol{W}, b) = \log L(\boldsymbol{W}, b) = \sum_{i=1}^{m} \left[y^{(i)} \log h(\boldsymbol{x}^{(i)}) + (1 - y^{(i)}) \log(1 - h(\boldsymbol{x}^{(i)})) \right] \tag{3-12}$$

注意:$\log a^{b} c^{d} = \log a^{b} + \log c^{d} = b \log a + d \log c$

由于我们的目标是最大化式(3-11),也就等价于最大化式(3-12),因此当式(3-12)取得最大值时,其所对应的参数 $\boldsymbol{W}$ 和 b 就是逻辑回归模型所需要求解的参数。由此便得到了逻辑回归算法的目标函数

---

① Andrew Ng, Machine Learning, Stanford University, CS229, Spring 2019.

$$J(\boldsymbol{W},b) = -\frac{1}{m}\sum_{i=1}^{m}\left[y^{(i)}\log h(\boldsymbol{x}^{(i)}) + (1-y^{(i)})\log(1-h(\boldsymbol{x}^{(i)}))\right] \tag{3-13}$$

从式(3-13)可以发现我们在前面加了一个负号,因此求解逻辑回归的最终目的就变成了最小化式(3-13)。

3.4.4 求解梯度

在求解线性回归中,笔者首次引入并讲解了梯度下降算法,知道可以通过梯度下降算法来最小化某个目标函数。当目标函数取得(或接近)其函数最小值时,我们便得到了目标函数中对应的未知参数。由此可知,欲通过梯度下降算法来最小化函数式(3-13),则必须先计算并得到其关于各个参数的梯度,所以接下来就需要求解并得到目标函数关于各个参数的梯度。

目标函数 $J(\boldsymbol{W},b)$ 对 W_j 的梯度为

$$\begin{aligned}
\frac{\partial J}{\partial W_j} &= -\frac{\partial}{\partial W_j}\frac{1}{m}\sum_{i=1}^{m}\left[y^{(i)}\log h(\boldsymbol{x}^{(i)}) + (1-y^{(i)})\log(1-h(\boldsymbol{x}^{(i)}))\right]\\
&= -\frac{1}{m}\sum_{i=1}^{m}\left[y^{(i)}\frac{h'(\boldsymbol{x}^{(i)})}{h(\boldsymbol{x}^{(i)})} + (1-y^{(i)})\frac{-h'(\boldsymbol{x}^{(i)})}{1-h(\boldsymbol{x}^{(i)})}\right]\\
&= -\frac{1}{m}\sum_{i=1}^{m}\left[y^{(i)}\frac{g(z^{(i)})(1-g(z^{(i)}))}{g(z^{(i)})}x_j^{(i)} - (1-y^{(i)})\frac{g(z^{(i)})(1-g(z^{(i)}))}{1-g(z^{(i)})}x_j^{(i)}\right]\\
&= -\frac{1}{m}\sum_{i=1}^{m}\left[y^{(i)}(1-g(z^{(i)})) - (1-y^{(i)})g(z^{(i)})\right]x_j^{(i)}\\
&= -\frac{1}{m}\sum_{i=1}^{m}\left[y^{(i)} - h(\boldsymbol{x}^{(i)})\right]x_j^{(i)}
\end{aligned} \tag{3-14}$$

目标函数 $J(\boldsymbol{W},b)$ 对 b 的梯度为

$$\begin{aligned}
\frac{\partial J}{\partial b} &= -\frac{\partial}{\partial b}\frac{1}{m}\sum_{i=1}^{m}\left[y^{(i)}\log h(\boldsymbol{x}^{(i)}) + (1-y^{(i)})\log(1-h(\boldsymbol{x}^{(i)}))\right]\\
&= -\frac{1}{m}\sum_{i=1}^{m}\left[y^{(i)}\frac{h'(\boldsymbol{x}^{(i)})}{h(\boldsymbol{x}^{(i)})} + (1-y^{(i)})\frac{-h'(\boldsymbol{x}^{(i)})}{1-h(\boldsymbol{x}^{(i)})}\right]\\
&= -\frac{1}{m}\sum_{i=1}^{m}\left[y^{(i)}\frac{g(z^{(i)})(1-g(z^{(i)}))}{g(z^{(i)})} - (1-y^{(i)})\frac{g(z^{(i)})(1-g(z^{(i)}))}{1-g(z^{(i)})}\right]\\
&= -\frac{1}{m}\sum_{i=1}^{m}\left[y^{(i)}(1-g(z^{(i)})) - (1-y^{(i)})g(z^{(i)})\right]\\
&= -\frac{1}{m}\sum_{i=1}^{m}\left[y^{(i)} - h(\boldsymbol{x}^{(i)})\right]
\end{aligned} \tag{3-15}$$

进一步,对式(3-13)、式(3-14)、式(3-15)矢量化可得

```
J(W,b) = -1/m * np.sum(y * np.log(h_x) + (1 - y) * np.log(1 - h_x))
grad_w = (1 / m) * np.matmul(X.T, (h_x - y)) #[n,m] @ [m,1]
grad_b = (1 / m) * np.sum(h_x - y)
```

在求得各个参数的梯度计算公式后,便可以通过 Python 自己实现整个逻辑回归的建模与求解过程。

3.4.5 从零实现二分类逻辑回归

这里依旧以 breast_cancer 这个二分类数据集为例来建立逻辑回归模型,完整代码见 Book/Chapter03/04_implementation.py 文件。

1. 预测函数

在实现整个逻辑回归的建模与求解过程前,首先需要完成假设函数和预测函数的编码,代码如下:

```
def hypothesis(X, W, bias):
    z = np.matmul(X, W) + bias
    h_x = sigmoid(z)
    return h_x
```

如上代码便是假设函数的实现,其中第 2 行代码是样本和权重的线性组合,第 3 行代码通过映射函数将线性组合后的结果映射到[0,1]的概率值。接着便是根据一个阈值(这里默认设置为 0.5,也可以设置为其他值)将概率值转化为具体对应的类别,代码如下:

```
def prediction(X, W, bias, thre = 0.5):
    h_x = hypothesis(X, W, bias)
    y_pre = (h_x > thre) * 1        #将大于阈值的 True 和 False 结果转换为 1 和 0 的标签结果
    return y_pre
```

2. 目标函数

为了更好地观察目标函数的收敛,同样需要计算每次参数更新后的损失值,具体实现代码如下:

```
def cost_function(X, y, W, bias):
    m, n = X.shape
    h_x = hypothesis(X, W, bias)
    cost = np.sum(y * np.log(h_x) + (1 - y) * np.log(1 - h_x))
    return - cost / m
```

3. 梯度下降

为了对整个模型进行求解,因此需要编程实现整个梯度下降的计算过程,代码如下:

```
def gradient_descent(X, y, W, bias, alpha):
    m, n = X.shape
    h_x = hypothesis(X, W, bias)
    grad_w = (1 / m) * np.matmul(X.T, (h_x - y)) #[n,m] @ [m,1]
    grad_b = (1 / m) * np.sum(h_x - y)
    W = W - alpha * grad_w                    #梯度下降
```

```
bias = bias - alpha * grad_b          #梯度下降
return W, bias
```

在上述代码中,第6~7行用来执行梯度下降的过程。

4. 训练模型

在完成上述各部分函数的实现后便可以实现整个模型的训练过程,代码如下:

```
def train(X, y, ite = 200):
    m, n = X.shape #506,13
    W = np.random.uniform(-0.1, 0.1, n).reshape(n, 1)
    b,alpha, costs = 0.1, 0.08, []
    for i in range(ite):
        costs.append(cost_function(X, y, W, b))
        W, b = gradient_descent(X, y, W, b, alpha)
    y_pre = prediction(X, W, b)
    return costs
```

在上述代码中,第2行用来随机初始化权重参数,然后通过梯度下降进行迭代更新,第6行用来保存参数在每一次迭代更新后计算出来的损失值,并进行了返回。最后,该模型经过200次迭代后,准确率能够达到0.98左右。

根据返回后的损失值,还能画出整个训练过程中模型的收敛情况,如图3-10所示。

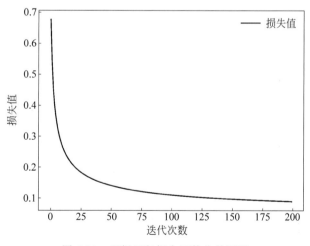

图 3-10   逻辑回归损失函数收敛图形

从图3-10可以看出,模型大概大约在第100次迭代后就慢慢进入了收敛阶段。

3.4.6   从零实现多分类逻辑回归

在3.4.5节内容中,笔者从零开始实现了整个二分类逻辑回归的建模与求解过程。在接下来的这一小节中,笔者将继续介绍如何从零开始实现一个多分类的逻辑回归模型。完整代码见 Book/Chapter03/05_implementation_multi_class.py 文件。

1．载入数据集

由于是多分类任务，所以这里使用的是 sklearn 中的一个 3 分类数据集 iris，具体信息在 3.2.6 节中已经介绍过，这里就不再赘述了，载入的代码如下：

```
from sklearn.datasets import load_iris
def load_data():
    data = load_iris()
    x, y = data.data, data.target
    return x, y
```

2．定义二分类器

根据 3.2.2 节的内容可知，One-vs-all 的本质就是训练多个二分类器，然后用每个二分类器来对样本进行分类，因此这里需要定义一个函数来完成二分类器的训练，最后通过多次调用这个函数实现多个二分类模型的训练，代码如下：

```
def train_binary(X, y, iter = 200):
    m, n = X.shape #506,13
    W = np.random.randn(n, 1)
    b,alpha,costs = 0.3,0.5,[]
    for i in range(iter):
        costs.append(cost_function(X, y, W, b))
        W, b = gradient_descent(X, y, W, b, alpha)
    return costs, W, b
```

从上述代码可以看出，其整体上同 3.4.5 节中训练模型部分的代码一致，只是这里还额外地返回了训练好的参数。

3．训练多分类模型

在完成上述两部分的代码后就可以进行整个多分类模型的训练了，代码如下：

```
def train(x, y, iter = 1000):
    class_type = np.unique(y)
    costs, W, b = [], [], []
    for c in class_type:
        label = (y == c) * 1
        tmp = train_binary(x, label, iter = iter)
        costs.append(tmp[0])
        W.append(tmp[1])
        b.append(tmp[2])
    y_pre = prediction(x, W, b)
    print(classification_report(y, y_pre))
    return costs
```

在上述代码中,第 2 行用来判断数据集中一共有多少个类别,即需要训练多少个二分类器,第 4 行用来循环训练多个二分类器,第 7～9 行用来记录每个模型训练后的损失值和对应的权重参数。待整个模型训练完成后,便能够得到如图 3-11 所示的模型收敛图形。

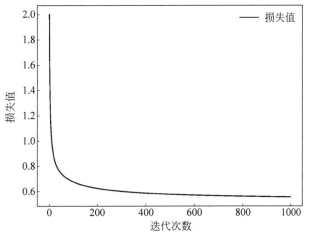

图 3-11 多分类模型收敛图形

从图 3-11 可以看出,整个模型大约在第 400 次迭代后就进入了收敛状态,最终也得到了大约 0.96 的准确率。

3.4.7 小结

在本节中,笔者首先介绍了逻辑回归中的映射函数(Sigmoid()函数)和样本分类时的概率表示,接着介绍了如何通过极大似然估计来推导并得到逻辑回归模型的目标函数,然后介绍了如何根据得到的目标函数来推导各个参数关于目标函数的梯度,最后,分别从零开始介绍了如何实现二分类模型和多分类逻辑回归模型。

总结一下,如图 3-12 所示,在本章中笔者首先通过一个示例引入了什么是分类模型,并通过在线性回归的基础上一步步地引出了什么是逻辑回归模型,然后笔者介绍了逻辑回归从建模到利用开源库进行求解的整个过程,接着介绍了如何通过逻辑回归来完成多分类任务及分类任务中常见的 4 种评价指标,并完成了阶段一的学习。最后,笔者通过本节的内容详细介绍了逻辑回归算法目标函数的推导及梯度的迭代公式等,还动手从 0 开始实现了逻辑回归的分类代码,进一步完成了后面两个阶段的学习。到此,对于逻辑回归的主要内容也就介绍完毕了。

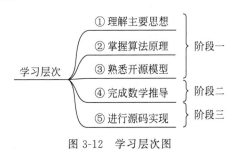

图 3-12 学习层次图

不过尽管如此,仍然还有一些提升模型性能的方法(例如数据集划分、正则化等)没有阐述,这些内容笔者将在第 4 章中进行详细介绍。

第 4 章

模型的改善与泛化

经过前面两章内容的学习,我们已经完成了对线性回归和逻辑回归核心内容的学习,但是一些涉及模型改善(Optimization)与泛化(Generalization)的内容并没有进行介绍。在第4章中,笔者将以线性回归和逻辑回归为例(同样可以运用到后续介绍的其他算法模型中),介绍一些机器学习中常用的模型和数据处理的技巧,以及尽可能地说清楚为什么要这么做的原因。由于这部分的内容略微有点杂乱,所以笔者将按照如图 4-1 所示的顺序来递进地进行介绍,同时再辅以示例进行说明。不过在正式开始继续介绍后续内容之前,我们先来看一看机器学习中的几个基本概念。

图 4-1　学习路线图

4.1　基本概念

在经过前面两章内容的介绍后,相信读者对于机器学习这个概念已经有了一定感官上的认识。不过到底什么是机器学习呢?

1. 机器学习

关于到底什么是机器学习(Machine Learning),可能不同的人会有不同的理解,自然也就产生了不同的定义。下面笔者主要介绍一下计算领域内两位大师对于什么是机器学习所给出的定义。

第一位是人工智能先驱亚瑟·塞缪尔(Arthur Samuel),他在 1959 年创造了"机器学习"一词①。塞缪尔认为,所谓机器学习是指:计算机能够具备根据现有数据构建一套不需

---

① 　https://en.wikipedia.org/wiki/Machine_learning.

要进行显式编程的算法模型来对新数据进行预测的能力。这里所谓不需要进行显式编程是区别于传统程序算法需要人为指定程序的执行过程。

第二位是卡内基梅隆大学的计算机科学家汤姆·迈克尔·米切尔（Tom Michael Mitchell），他给出了一个相较于塞缪尔更加正式与学术的定义。米切尔认为，如果计算机程序能够在任务 T 中学得经验 E，并且通过指标 P 进行评价，同时根据经验 E 还能够提升程序在任务 T 的评价指标 P，这就是机器学习[①]。这段话对于初学者来讲稍微有点拗口，其实际想要表达的就是，如果一个计算机程序能够自己根据数据样本学习，以此获得经验并逐步提高最终的表现结果，则这个过程就被称为机器学习。

可以看出，两位大师虽然在对机器学习进行定义时用了不同的语言进行描述，但是从本质上来讲他们说的都是一回事，即能让计算机根据现有的数据样本自己"学"出一套规则来的过程。

2. 有监督学习

有监督学习（Supervised Learning）也叫作有指导学习，它是指模型在训练过程中需要通过真实值来对训练过程进行指导的学习过程。在有监督模型的训练过程中，每次输入模型的都是形如 (x, y) 这样的样本对，而模型最终学到的就是从输入 x 到输出 y 这样的映射关系。例如在前面两章中介绍的线性回归和逻辑回归，以及后面会陆续介绍的 K 近邻、朴素贝叶斯、决策树和支持向量机等都是典型的有监督学习模型，因为这些模型在训练过程中都需要通过真实值来指导模型进行学习。

3. 无监督学习

无监督学习（Unsupervised Learning）也叫作无指导学习，它是指模型在训练过程中不需要通过真实值来对训练过程进行指导的学习过程。在无监督模型的训练过程中，模型仅仅需要输入特征变量便可以进行学习，而模型最终学到的就是输入特征中所潜在的某种模式（Pattern）。例如在第 10 章中将要介绍的聚类算法就是一类典型的无监督学习模型。

4. 小结

在本节中，笔者首先介绍了什么是机器学习这一基本概念，并引述了计算机领域中两位大师分别对机器学习一词的定义，然后介绍了机器学习算法中的两个基本分类，即有监督学习和无监督学习，并同时介绍了两者之间的区别。在介绍完这几个基本概念后，下面将正式开始介绍模型改善与泛化的常用方法。

4.2 特征标准化

什么是特征标准化（Standardization）呢？为什么特征需要进行标准化？在回答这两个问题之前，笔者先来介绍一下什么是等高线。

[①] The Discipline of Machine Learning，Tom M. Mitchell，July 2006 CMU-ML-06-108.

4.2.1　等高线

如图 4-2 所示,上面部分为 $J(w_1,w_2)=w_1^2+w_2^2+5$ 的函数图形,而下面部分则为函数 $J(w_1,w_2)$ 的等高线。也就是说,其实等高线就是函数 $J(w_1,w_2)$ 向下的垂直投影,而所谓等高指的就是投影中任意一个环所代表的函数值均相等。反映在 3D 图形上就是,在曲面上总能找到一个闭环,使环上每一点的函数值 $J(w_1,w_2)$ 都相等,即距离谷底的高度都相同。

图 4-2 彩图

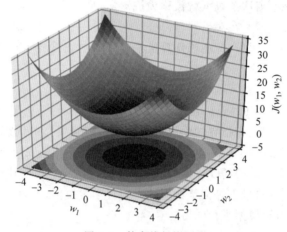

图 4-2　等高线投影图形

如图 4-3 所示,同样为函数 $J(w_1,w_2)=w_1^2+w_2^2+5$ 的等高线图,只不过这次将它展示在二维平面。在图 4-3 中,任意一个环所代表的是不同 (w_1,w_2) 取值下相等的函数值,同时可以看到中心点为 $J(0,0)$ 对应的函数值为 5,通常这是通过梯度下降进行求解的最优点。

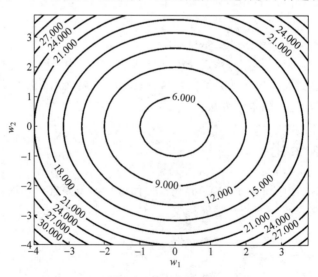

图 4-3　等高线图形

4.2.2 梯度与等高线

由于梯度的方向始终与等高线保持垂直,所以理想情况下不管随机初始点选在何处,我们都希望梯度下降算法能沿着类似如图 4-4 左边所示的方式达到最低点,而非右边的情形。

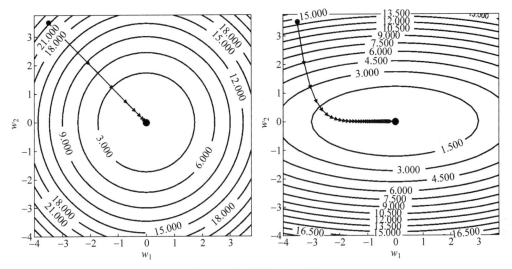

图 4-4 梯度下降方向图形

可以看出,若同时使用梯度下降算法来优化图 4-4 左右两边所代表的目标函数,则显然在左边的情形下能够以更快的速度收敛得到最优解。同时,从右图可以看出,若 w_1 和 w_2 分别增加相同的若干个单位,则增加 w_2 所带来的函数增量要远大于 w_1。例如,当初始点($w_1=0, w_2=0$)时,w_1 从 0 变化至 3 的函数增量 $J(3,0)$ 要远远小于 w_2 从 0 变化至 3 的函数增量 $J(0,3)$,前者约等于 1.5,而后者约等于 12。什么样的目标函数会使等高线呈现出椭圆形的环状现象呢?答案就是,若不同特征维度之间的范围差异过大便会出现如图 4-4 右边所示的椭圆形等高线,具体分析将在 4.2.3 节中进行介绍。

在本节内容伊始,笔者便直接给出了梯度垂直于等高线的结论,下面先来大致分析一下梯度为什么会垂直于等高线。

设 $f(x,y)=c$ 为平面上任意曲线,又由于曲线 $F(x,y)=f(x,y)-c=0$ 的法向量为 $\boldsymbol{n}=\{F_x, F_y\}=\Delta F$。故,曲线 $F(x,y)$ 的法向量为 $\boldsymbol{m}=\{f_x, f_y\}$。可以发现,曲线 $F(x,y)$ 也就是 $f(x,y)=c$ 的法向量 $\boldsymbol{m}$ 正好就是曲线 $f(x,y)=c$ 对应的梯度,所以可以得出梯度垂直于曲线(等高线)的结论。

如图 4-5 所示,已知曲线 $f(x,y)=(x-2)^2+y^2-1=0$,因此其在 P 点的梯度 $\boldsymbol{m}=\{2(x-2), 2y\}|_p$。

又因为曲线 $y=\sqrt{1-(x-2)^2}$ 在 P 的斜率为

$$k=\frac{2-x}{\sqrt{1-(x-2)^2}} \tag{4-1}$$

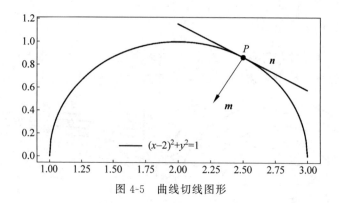

图 4-5　曲线切线图形

将 $y = \sqrt{1-(x-2)^2}$ 代入式(4-1)得

$$k = (2-x)/y \tag{4-2}$$

所以曲线 $y = \sqrt{1-(x-2)^2}$ 过点 P 切线的一个方向向量为 $\boldsymbol{n} = \{(y, 2-x)\}|_P$。

注：若直线斜率为 k，则它的一个方向向量为 $(1, k)$。

由此可得

$$\boldsymbol{m} \cdot \boldsymbol{n} = \{2(x-2), 2y\}|_P \cdot \{(y, 2-x)\}|_P = 0 \tag{4-3}$$

所以有 $\boldsymbol{m} \perp \boldsymbol{n}$，即曲线 $f(x, y) = (x-2)^2 + y^2 - 1 = 0$ 在任意一点的梯度 $\boldsymbol{m}$ 均垂直于曲线 $f(x, y)$，因此，只有每次均沿着垂直于等高线的方向移动才能以最快的速度到达或远离原点，如图 4-6 所示。

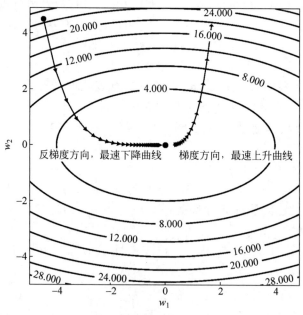

图 4-6　最速上升下降图形

4.2.3 标准化方法

1. 线性回归

以线性回归为例,假设某线性回归模型为 $\hat{y} = w_1 x_1 + w_2 x_2$,且 $x_1 \in [0, 1]$,$x_2 \in [10, 100]$,则此时便有以下目标函数(暂时忽略 b):

$$J(w_1, w_2) = \frac{1}{2} \sum_{i=1}^{m} \left[y^{(i)} - (w_1 x_1^{(i)} + w_2 x_2^{(i)}) \right]^2 \tag{4-4}$$

从式(4-4)可以看出,由于 $x_2 \gg x_1$,所以当 w_1 和 w_2 产生相同的增量时,后者能产生更大的函数变化值,而这就引发了如图 4-4 右边所示"椭圆形"的环状等高线。

2. 逻辑回归

从上面的分析可以得知,在线性回归中若各个特征变量之间的取值范围差异较大,则会导致目标函数收敛速度慢等问题。换句话说哪怕所有的特征变量取值都在类似的范围,便不会出现这类问题。在逻辑回归中又会有什么样的影响呢?由于在逻辑回归中,特征组合的加权和会作用于 Sigmoid() 函数,所以影响目标函数收敛的因素除了上述因素外,更主要的还会取决于 z 的大小。

如图 4-7 所示,黑色实线为 $g(z)$ 的函数图像,黑色虚线为 $g(z)'$ 的函数图形。可以明显地看出,当 $z < -5$ 或者 $z > 5$ 时,$g(z)' \approx 0$,这就意味着此时目标函数关于各个参数的梯度趋于 0,从而使参数在梯度下降过程中无法得到更新(或更新非常缓慢)。

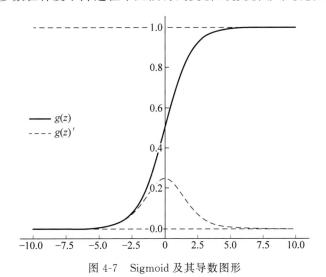

图 4-7 Sigmoid 及其导数图形

综上所述,在进行建模之前都应该对数据进行标准化。常见的标准化方法有很多种,这里暂时只介绍机器学习中应用最广泛的一种标准化方法,其标准化方法为

$$x' = \frac{x - \mu}{\sigma} \tag{4-5}$$

其中 μ 表示每一列特征的平均值，σ 表示每一列特征的标准差。在进行标准化后，将使每一列特征的均值都为 0，方差都为 1。其实现代码如下：

```
def standarlization(X):
    mean = X.mean(axis = 0)
    std = X.std(axis = 0)
    return (X - mean) / std
```

读者可自行通过所提供的示例代码将特征标准化与未标准化后预测的结果进行对比，完整代码见 Book/Chapter04/01_standarlization_reg.py 文件。

4.2.4 特征组合与映射

在 2.3.1 节中介绍线性回归时，笔者通过一个预测梯形面积的示例来解释了特征组合的作用（丰富特征属性以便提高预测精度），但其实还可以从另外一个角度来理解特征组合。线性回归和逻辑回归从本质上讲都属于线性模型，因此对于基本的线性回归模型和逻辑回归模型来讲，其分别只能用于预测线性变化的实数和线性可分的类别，即对于如图 4-8 所示的两种任务，两个基本模型均不能够完成。

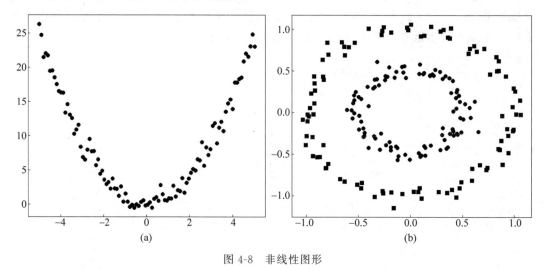

图 4-8　非线性图形

所谓特征映射是指将原来的特征属性通过某种方式，将其映射到高维空间的过程。当原有的特征被映射到高维空间后，就可能存在一个线性的超平面能够对数据进行很好拟合[1]，因此，对于图 4-8 中所示的两种情形都可以通过 2.3 节介绍的方法将其映射为多项式特征后进行建模，如将 x_1 和 x_2 映射为 $x_1, x_2, x_1 x_2, x_1^2, x_2^2$ 等，但是对于上面的两个例子来讲，只需将原始特征映射至最高 2 次多项式就能完成相应的任务。

---

[1]　Andrew Ng，Machine Learning，Stanford University，CS229，Spring 2019.

1. 非线性回归

对于图 4-8 左边这个示例,首先需要构造一个模拟的数据集,然后将整个特征维度映射为二次多项式,最后进行回归即可拟合。完整代码见 Book/Chapter04/02_visualization_pol_reg.py 文件。在拟合完成后便可以得到如图 4-9 所示的结果。

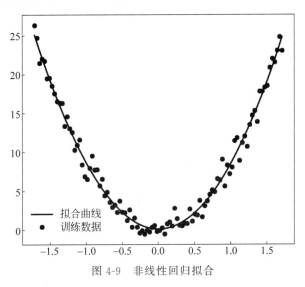

图 4-9　非线性回归拟合

2. 非线性分类

对于图 4-8(b)的示例,首先同样需要构造一个模拟的数据集,然后将整个特征维度映射为二次多项式,最后进行拟合。完整代码见 Book/Chapter04/03_visualization_pol_cla.py 文件。在拟合完成后便可以得到如图 4-10 所示的结果。

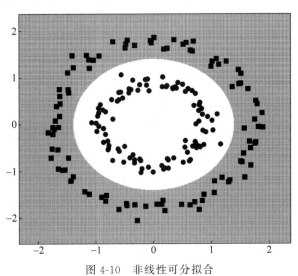

图 4-10　非线性可分拟合

其中灰色与白色部分的交界处便是决策边界。

4.2.5 小结

在本节中,笔者先介绍了什么是等高线及梯度与等高线之间的关系,然后介绍了为什么要对数据进行标准化及一种常用的标准化方法,最后从另外一个角度介绍了特征组合与映射,以此来解决非线性的回归与分类问题。

4.3 过拟合

4.3.1 模型拟合

在 4.2 节中,笔者介绍了为什么要对特征维度进行标准化,以及不进行标准化会带来什么样的后果。接下来,笔者继续介绍其他的改善模型的方法和策略。

在 2.5 节内容中,笔者首次引入了梯度下降算法,以此来最小化线性回归中的目标函数,并且在经过多次迭代后便可以得到模型中对应的参数。此时可以发现,模型的参数是一步一步根据梯度下降算法更新而来,直至目标函数收敛,也就是说这是一个循序渐进的过程,因此,这一过程也被称作拟合(Fitting)模型参数的过程,当这个过程执行结束后就会产生多种拟合后的状态,例如过拟合(Overfitting)和欠拟合(Underfitting)等。

在线性回归中笔者介绍了几种评估回归模型常用的指标,但现在有一个问题:当 MAE 或者 RMSE 越小时就代表模型越好吗? 还是说在某种条件下其越小就越好呢? 细心的读者可能一眼便明了,肯定是有条件下的越小所对应的模型才越好。那这其中到底是怎么回事呢?

假设现在有一批样本点,它本是由函数 $\sin(x)$ 生成(现实中并不知道的),但由于其他因素的缘故,使我们得到的样本点并没有准确地落在曲线 $\sin(x)$ 上,而是分布在其附近,如图 4-11 所示。

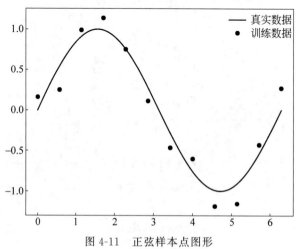

图 4-11 正弦样本点图形

　　如图 4-11 所示,黑色圆点为训练集,黑色曲线为真实的分布曲线。现在需要根据训练集来建立并训练模型,然后得到相应的预测函数。假如分别用 degree＝1、5、10 来对这 12 个样本点进行建模(degree 表示多项式的最高次数),那么便可以得到如图 4-12 所示的结果。

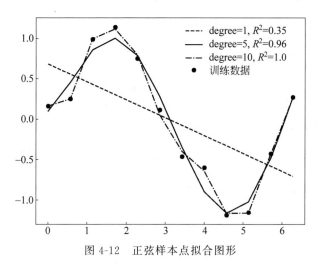

图 4-12　正弦样本点拟合图形

　　从图 4-12 中可以看出,随着多项式次数的增大,R^2 指标的值也越来越大(R^2 的值越大预示着模型就越好),并且当次数设置为 10 的时候,R^2 达到了 1.0,但是最后就应该选 degree＝10 对应的这个模型吗?

　　假如不知过了多久,突然一名客户要买你的这个模型进行商业使用,同时客户为了评估这个模型的效果自己又带来了一批新的含标签的数据(虽然这个模型已经用 R^2 测试过,但客户并不会完全相信,万一你对这个模型作弊呢)。于是你拿着客户的新数据(也是由 $\sin(x)$ 所生成的),然后分别用上面的 3 个模型进行预测,并得到了如图 4-13 所示的可视化结果。

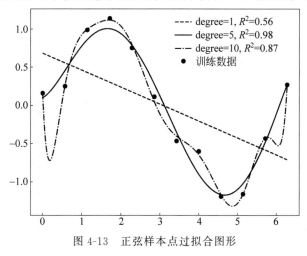

图 4-13　正弦样本点过拟合图形

此时令你感到奇怪的是,为什么当 degree＝5 时的结果居然会好于 degree＝10 时模型的结果,问题出在哪里? 其原因在于,当第一次通过这 12 个样本点进行建模时,为了尽可能地使"模型好(表现形式为 R^2 尽可能大)"而使用了非常复杂的模型,尽管最后每个训练样本点都"准确无误"地落在了预测曲线上,但是这却导致最后模型在新数据上的预测结果严重地偏离了其真实值。

4.3.2　过拟合与欠拟合

在机器学习中,通常将建模时所使用的数据叫作训练集(Training Dataset),例如图 4-11 中的 12 个样本点。将测试时所使用的数据集叫作测试集(Testing Dataset)。同时把模型在训练集上产生的误差叫作训练误差(Training Error),把模型在测试集上产生的误差叫作泛化误差(Generalization Error),最后也将整个拟合模型的过程称作训练(Training)[①]。

进一步讲,将 4.3.1 节中 degree＝10 时所产生的现象叫作过拟合(Overfitting),即模型在训练集上的误差很小,但在测试集上的误差却很大,也就是泛化能力弱;相反,将其对立面 degree＝1 时所产生的现象叫作欠拟合(Underfitting),即模型训练集和测试集上的误差都很大;同时,将 degree＝5 时的现象叫作恰拟合(Goodfitting),即模型在训练集和测试集上都有着不错的效果。

同时,需要说明的是,在 4.3.1 节中笔者仅仅以多项式回归为例来向读者直观地介绍了什么是过拟合与欠拟合,但并不代表这种现象只出现在线性回归中,事实上所有的机器学习模型都会存在着这样的问题,因此一般来讲,所谓过拟合现象指的是模型在训练集上表现很好,而在测试集上表现却糟糕,欠拟合现象是指模型在两者上的表现都十分糟糕,而过拟合现象是指模型在训练集上表现良好(尽管可能不如过拟合时好),但同时在测试集上也有着不错的表现。

4.3.3　解决欠拟合与过拟合问题

1. 如何解决欠拟合问题

经过上面的描述我们已经对欠拟合有了一个直观的认识,所谓欠拟合就是训练出来的模型根本不能较好地拟合现有的训练数据。要解决欠拟合问题相对来讲较为简单,主要分为以下 3 种方法:

(1) 重新设计更为复杂的模型,例如在线性回归中可以增加特征映射多项式的次数。

(2) 设计新的特征,收集或设计更多的特征维度作为模型的输入,即根据已有特征数据组合设计得到更多新的特征,这有点类似于上一点。

(3) 减小正则化系数,当模型出现欠拟合现象时,可以通过减小正则化中的惩罚系数来减缓欠拟合现象,这一点将在 4.4 节中进行介绍。

---

① Ian Goodfellow,Yoshua Bengio,Aaron Courville.深度学习[M].赵申剑,黎彧君,符天凡,等译.北京:人民邮电出版社,2007.

2．如何解决过拟合问题

对于如何有效地缓解模型的过拟合现象，常见的做法主要分为以下 4 种方法：

（1）收集更多数据，这是一个最为有效但实际操作起来又是最为困难的一种方法。训练数据越多，在训练过程中也就越能够纠正噪声数据对模型所造成的影响，使模型不易过拟合，但是对于新数据的收集往往有较大的困难。

（2）降低模型复杂度，当训练数据过少时，使用较为复杂的模型极易产生过拟合现象，例如 4.3.1 节中的示例，因此可以通过适当减少模型的复杂度来达到缓解模型过拟合的现象。

（3）正则化方法，在出现过拟合现象的模型中加入正则化约束项，以此来降低模型过拟合的程度，这部分内容将在 4.4 节中进行介绍。

（4）集成方法，将多个模型集成在一起，以此来达到缓解模型过拟合的目的，这部分内容将在第 8 章中进行介绍。

3．如何避免过拟合

为了避免训练出来的模型产生过拟合现象，在模型训练之前一般会将获得的数据集划分成两部分，即训练集与测试集，且两者一般为 7：3 的比例。其中训练集用来训练模型（降低模型在训练集上的误差），然后用测试集来测试模型在未知数据上的泛化误差，观察是否产生了过拟合现象[①]。

但是由于一个完整的模型训练过程通常会先用训练集训练模型，再用测试集测试模型，而绝大多数情况下不可能第一次就选择了合适的模型，所以又会重新设计模型（如调整多项式次数等）进行训练，然后用测试集进行测试，因此在不知不觉中，测试集也被当成了训练集在使用，所以这里还有另外一种数据的划分方式，即训练集、验证集（Validation Data）和测试集，且一般为 7：2：1 的比例，此时的测试集一般通过训练集和验证集选定模型后做最后测试所用。

实际训练中应该选择哪种划分方式呢？这一般取决于训练者对模型的要求程度。如果要求严苛就划分为 3 份，如果不那么严格，则可以划分为 2 份，也就是说这两者并没硬性的标准。

4.3.4　小结

在这节中，笔者首先介绍了什么是拟合，进而介绍了拟合后带来的 3 种状态，即欠拟合、恰拟合与过拟合，其中恰拟合的模型是我们最终所需要的结果。接着，笔者介绍了解决欠拟合与过拟合的几种方法，其中解决过拟合的两种具体方法将在后续的内容中分别进行介绍。最后，笔者还介绍了两种方法来划分数据集，以尽可能避免产生模型过拟合的现象。

---

① Andrew Ng，Machine Learning，Stanford University，CS229，Spring 2019.

4.4　正则化

从 4.3 节的内容可以知道,模型产生过拟合的现象表现为在训练集上误差较小,而在测试集上误差较大,并且笔者还讲到,之所以会产生过拟合现象是由于训练数据中可能存在一定的噪声,而我们在训练模型时为了尽可能地做到拟合每个样本点(包括噪声),往往就会使用复杂的模型。最终使训练出来的模型在很大程度上受到了噪声数据的影响,例如真实的样本数据可能更符合一条直线,但是由于个别噪声的影响使训练出来的是一条曲线,从而使模型在测试集上表现糟糕,因此,可以将这一过程看作由糟糕的训练集导致了糟糕的泛化误差,但仅仅从过拟合的表现形式来看糟糕的测试集(噪声多)也可能导致糟糕的泛化误差。在接下来的内容中,笔者将分别从这两个角度来介绍一下正则化(Regularization)方法中最常用的 ℓ_2 正则化是如何来解决这一问题的。

这里还是以线性回归为例,我们首先来看一下在线性回归的目标函数后面再加上一个 ℓ_2 正则化项的形式。

$$J = \sum_{i=1}^{m} \left[y^{(i)} - \left(\sum_{j=1}^{n} x_j^{(i)} w_j + b \right) \right]^2 + \frac{\lambda}{2n} \sum_{j=1}^{n} (w_j)^2 ; \quad \lambda > 0 \tag{4-6}$$

在式(4-6)中的第 2 项便是新加入的 ℓ_2 正则化项(Regularization Term),那它有什么作用呢? 根据 2.1.3 节中的内容可知,当真实值与预测值之间的误差越小(表现为损失值趋于0),也就代表着模型的预测效果越好,并且可以通过最小化目标函数来达到这一目的。由式(4-6)可知,为了最小化目标函数 J,第 2 项的结果也必将逐渐地趋于 0。这使最终优化求解得到的 w_j 均会趋于 0 附近,进而得到一个平滑的预测模型。这样做的好处是什么呢?

4.4.1　测试集导致糟糕的泛化误差

所谓测试集导致糟糕的泛化误差是指训练集本身没有多少噪声,但由于测试集含有大量噪声,使训练出来的模型在测试集上没有足够的泛化能力,而产生了较大的误差。这种情况可以看作模型过于准确而出现了过拟合现象。正则化方法是怎样解决这个问题的呢?

$$y = \sum_{j=1}^{n} x_j w_j + b \tag{4-7}$$

假如式(4-7)所代表的模型就是根据式(4-6)中的目标函数训练而来的,此时当新输入样本(含噪声)的某个特征维度由训练时的 x_j 变成了现在的 $(x_j + \Delta x_j)$,那么其预测输出就由训练时的 y 变成了现在的 $y + \Delta x_j w_j$,即产生了 $\Delta x_j w_j$ 的误差,但是,由于 w_j 接近于 0 附近,所以这使模型最终只会产生很小的误差。同时,如果 w_j 越接近于 0,则产生的误差就会越小,这意味着模型越能够抵抗噪声的干扰,在一定程度上越能提升模型的泛化能力[1]。

---

[1]　Hung-yi Lee, MachineLearning, National Taiwan University, 2020, Spring.

　　由此便可以知道,通过在原始目标函数中加入正则化项,便能够使训练得到的参数趋于平滑,进而能够使模型对噪声数据不再那么敏感,缓解了模型过拟合的现象。

4.4.2　训练集导致糟糕的泛化误差

　　所谓糟糕的训练集导致糟糕的泛化误差是指,由于训练集中包含了部分噪声,导致我们在训练模型的过程中为了能够尽可能地最小化目标函数而使用了较为复杂的模型,使最终得到的模型并不能在测试集上有较好的泛化能力,但这种情况完全是因为模型不合适而出现了过拟合的现象,而这也是最常见的过拟合的原因。ℓ_2 正则化方法又是怎样解决在训练过程中就能够降低对噪声数据的敏感度的呢? 为了便于后面的理解,我们先从图像上来直观地理解一下正则化到底对目标函数做了什么。

　　如图 4-14 所示,左右两边黑色实线为原始目标函数,黑色虚线为加了 ℓ_2 正则化后的目标函数。可以看出黑色实线的极值点均发生了明显改变,并且不约而同地都更靠近原点。

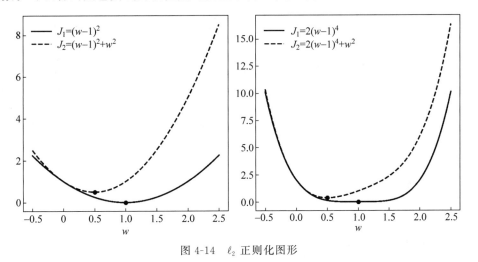

图 4-14　ℓ_2 正则化图形

　　再来看一张包含两个参数的目标函数在加入 ℓ_2 正则化后的结果,如图 4-15 所示。

　　如图 4-15 所示,图中黑色虚线为原始目标函数的等高线,黑色实线为施加正则化后目标函数的等高线。可以看出,目标函数的极值点同样也发生了变化,从原始的 $(0.5, 0.5)$ 变成了 $(0.0625, 0.25)$,而且也更靠近原点(w_1 和 w_2 变得更小了)。到此我们似乎可以发现,正则化能够使原始目标函数极值点发生改变,并且同时还有使参数趋于 0 的作用。事实上也正是因为这个原因才使 ℓ_2 正则化具有缓解过拟合的作用,但原因在哪里呢?

　　以目标函数 $J_1 = 1/6(w_1 - 0.5)^2 + (w_2 - 0.5)^2$ 为例,其取得极值的极值点为 $(0.5, 0.5)$,且 J_1 在极值点处的梯度为 $(0, 0)$。当对其施加正则化 $R = (w_1^2 + w_2^2)$ 后,由于 R 的梯度方向是远离原点的(因为 R 为一个二次曲面),所以给目标函数加入正则化,实际上等价于给目标函数施加了一个远离原点的梯度。通俗点讲,正则化给原始目标函数的极值点施加了一个远离原点的梯度(甚至可以想象成施加了一个力的作用),因此,这也就意味着对于

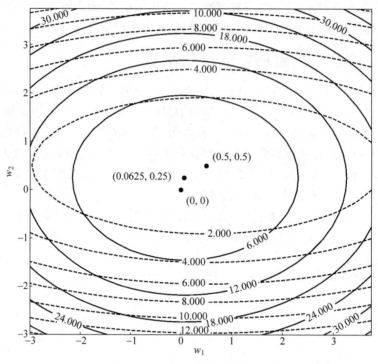

图 4-15 ℓ_2 正则化投影图形

施加正则化后的目标函数 $J_2 = J_1 + R$ 来讲，J_2 的极值点$(0.0625, 0.25)$相较于 J_1 的极值点$(0.5, 0.5)$更加靠近于原点，而这也就是 ℓ_2 正则化本质之处。

假如有一个模型 A，它在含有噪声的训练集上表示异常出色，使目标函数 $J_1(\hat{w})$ 的损失值等于 0(也就是拟合到了每个样本点)，即在 $w = \hat{w}$ 处取得了极值。现在，我们在 J_1 的基础上加入 ℓ_2 正则化项构成新的目标函数 J_2，然后来分析一下通过最小化 J_2 求得的模型 B 到底产生了什么样的变化。

$$\begin{cases} J_1 = \sum_{i=1}^{m} \left[y^{(i)} - \left(\sum_{j=1}^{n} x_j^{(i)} w_j + b \right) \right]^2 \\ J_2 = J_1 + \dfrac{\lambda}{2n} \sum_{j=1}^{n} (w_j)^2, \quad \lambda > 0 \end{cases} \tag{4-8}$$

从式(4-8)可知，由于 J_2 是由 J_1 加正则化项构成的，同时根据先前的铺垫可知，J_2 将在离原点更近的极值点 $w = \tilde{w}$ 处取得 J_2 的极值，即通过最小化含正则化项的目标函数 J_2，将得到 $w = \tilde{w}$ 这个最优解，但是需要注意，此时的 $w = \tilde{w}$ 将不再是 J_1 的最优解，即 $J_1(\tilde{w}) \neq 0$，因此通过最小化 J_2 求得的最优解 $w = \tilde{w}$ 将使 $J_1(\tilde{w}) > J_1(\hat{w})$，而这就意味着模型 B 比模型 A 更简单了，也就代表着从一定程度上缓解了 A 的过拟合现象。

同时，由式(4-6)可知，通过增大参数 λ 的取值可以对应增大正则化项所对应的梯度，而这将使最后求解得到更加简单的模型(参数值更加趋近于 0)。也就是 λ 越大,一定程度上越能缓解模型的过拟合现象,因此,参数 λ 又叫作惩罚项(Penalty Term)或者惩罚系数。

最后,从上面的分析可知,在第一种情况中 ℓ_2 正则化可以看作使训练好的模型不再对噪声数据那么敏感,而对于第二种情况来讲,ℓ_2 正则化则可以看作使模型不再那么复杂,但其实两者的原理归结起来都是一回事,那就是通过较小的参数取值,使模型变得更加简单。

另外值得注意的一点是,很多读者对于复杂模型存在着一个误解。认为高次数多项式表示的模型一定比低次数多项式表示的模型复杂,例如 5 次多项式就要比 2 次多项式复杂,但高次项代表的仅仅是更大的模型空间,其中既包含了复杂模型,同时也包含了简单模型。只需将复杂模型对应位置的权重参数调整到更接近于 0 便可以对其进行简化。如图 4-16 所示,如果仅从幂次来看,两个模型同样"复杂",但实际上虚线对应模型的复杂度要远大于实线对应模型的复杂度。

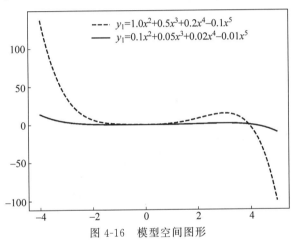

图 4-16　模型空间图形

4.4.3　正则化中的参数更新

在给目标函数施加正则化后也就意味着其关于参数的梯度发生了变化。不过幸运的是正则化是被加在原有目标函数中,因此其关于参数 $\boldsymbol{W}$ 的梯度也只需加上惩罚项中对应参数的梯度,同时关于偏置 b 的梯度并没有改变。下面笔者就总结一下线性回归和逻辑回归算法加上 ℓ_2 正则化后的变化。

1. 线性回归

$$J(\boldsymbol{W},b)=\frac{1}{2m}\sum_{i=1}^{m}\left[y^{(i)}-(\boldsymbol{W}^{\mathrm{T}}x^{(i)}+b)\right]^2+\frac{\lambda}{2n}\sum_{j=1}^{n}W_j^2 \tag{4-9}$$

$$\frac{\partial J}{\partial W_j}=\frac{1}{m}\sum_{i=1}^{m}\left[y^{(i)}-(\boldsymbol{W}^{\mathrm{T}}x^{(i)}+b)\right]\cdot(-x_j^{(i)})+\frac{\lambda}{n}W_j \tag{4-10}$$

$$\frac{\partial J}{\partial b}=-\frac{1}{m}\sum_{i=1}^{m}\left[y^{(i)}-(\boldsymbol{W}^{\mathrm{T}}x^{(i)}+b)\right] \tag{4-11}$$

可以发现,在梯度的求解公式中仅仅在 W_j 的梯度后加入了新的一项。

2．逻辑回归

$$J(\boldsymbol{W},b) = -\frac{1}{m}\sum_{i=1}^{m}\left[y^{(i)}\log_2 h(x^{(i)}) + (1-y^{(i)})\log_2(1-h(x^{(i)}))\right] + \frac{\lambda}{2n}\sum_{j=1}^{n}W_j^2 \quad (4\text{-}12)$$

$$\frac{\partial J}{\partial W_j} = -\frac{1}{m}\sum_{i=1}^{m}\left[y^{(i)} - h(x^{(i)})\right]x_j^{(i)} + \frac{\lambda}{n}W_j \quad (4\text{-}13)$$

$$\frac{\partial J}{\partial b} = -\frac{1}{m}\sum_{i=1}^{m}\left[y^{(i)} - h(x^{(i)})\right] \quad (4\text{-}14)$$

从式(4-12)~式(4-14)可以看出,在逻辑回归的梯度求解公式中也仅仅在 W_j 的后面加入了新的一项。同时可以发现,由于在施加了 ℓ_2 后,其目标函数关于 W_j 的梯度增加的都是相同的部分,因此,此时的梯度下降公式为

$$\boldsymbol{W} = \boldsymbol{W} - \alpha\left(\frac{\partial J}{\partial \boldsymbol{W}} + \frac{\lambda}{n}\boldsymbol{W}\right) = \left(1 - \alpha\,\frac{\lambda}{n}\right)\boldsymbol{W} - \alpha\,\frac{\partial J}{\partial \boldsymbol{W}} \quad (4\text{-}15)$$

从式(4-15)可以看出,相较于之前的梯度下降更新公式, ℓ_2 正则化会令权重 $\boldsymbol{W}$ 先自身乘以小于 1 的系数,再减去不含惩罚项的梯度。这将使模型参数在迭代训练的过程中以更快的速度趋近于 0,因此 ℓ_2 正则化又叫作权重衰减(Weight Decay)法[①]。

4.4.4　正则化示例代码

在介绍完 ℓ_2 正则化的原理后,下面以加入正则化的线性回归模型为例进行示例。完整代码见 Book/Chapter04/04_regularized_regression.py 文件。

1．制作数据集

由于这里要模拟模型的过拟合现象,所以需要先制作一个容易导致过拟合的数据集,例如特征数量远大于训练样本数量。具体代码如下:

```
def make_data():
    n_train, n_test, n_features = 50, 100, 100
    w, b = np.ones((n_features, 1)) * 0.2, 2
    x = np.random.normal(size=(n_train + n_test, n_features)) #
    y = np.matmul(x, w) + b                                    # 用来生成正确标签
    y += np.random.normal(scale=0.2, size=y.shape)
```

在上述代码中,第 3 行代码用来初始化权重和偏置,第 5~6 行用来随机生成样本的输入特征,同时再加上相应的噪声。

2．定义目标函数

为了后续方便观察模型的收敛情况,需要定义包含正则化项的目标函数,代码如下:

---

① 阿斯顿·张,李沐,扎卡里·C.立顿,等.动手学深度学习[M].北京:人民邮电出版社,2019.

```
def cost_function(X, y, W, bias, lam):
    m, n = X.shape
    y_hat = prediction(X, W, bias)
    J = 0.5 * (1 / m) * np.sum((y - y_hat) ** 2)
    Reg = lam / (2 * n) * np.sum(W ** 2)              #正则化项
    return J + Reg
```

在上述代码中,第 4 行就是普通线性回归中的目标函数,第 5 行表示正则化项,最后返回原始目标函数加上正则化项的结果。

3. 定义梯度下降

加入正则化后,只需要在参数 W_j 的梯度后加上对应正则化方法的梯度,代码如下:

```
def gradient_descent(X, y, W, bias, alpha, lam):
    m, n = X.shape
    y_hat = prediction(X, W, bias)
    grad_w = - (1 / m) * np.matmul(X.T, (y - y_hat)) + (lam / n) * W
    grad_b = - (1 / m) * np.sum(y - y_hat)
    W = W - alpha * grad_w
    bias = bias - alpha * grad_b
    return W, bias
```

整体上与 2.7.4 节中定义的梯度下降代码一样,仅仅在普通线性回归梯度的最后加上了正则化项对应的梯度。

在定义完上述各个函数后,便可以用来训练带正则化项和不带正则化项(lam 参数设为 0)的线性回归模型。如图 4-17 所示,左边为未添加正则化项时训练误差和测试误差的走势。可以明显看出模型在测试集上的误差远大于在训练集上的误差,这就是典型的过拟合现象。右图为使用正则化后模型的训练误差和测试误差,可以看出虽然训练误差有些许增加,但是测试误差得到了很大程度上的降低[①]。这就说明正则化能够很好地缓解模型的过拟合现象。

4.4.5　小结

在这节内容中,笔者首先通过示例详细介绍了如何通过 ℓ_2 正则化方法来缓解模型的过拟合现象,以及介绍了为什么 ℓ_2 正则能够使模型变得更简单,其次笔者介绍了加入正则化后原有梯度更新公式的变化之处,其仅仅加上了正则化项对应的梯度,最后笔者通过一个示例来展示了 ℓ_2 正则化的效果,但与此同时,这里笔者只是介绍了使用最为频繁的 ℓ_2 正则化,例如还有 ℓ_1 正则化等,读者可以自行查阅。

---

① 阿斯顿・张,李沐,扎卡里・C.立顿,等.动手学深度学习[M].北京:人民邮电出版社,2019.

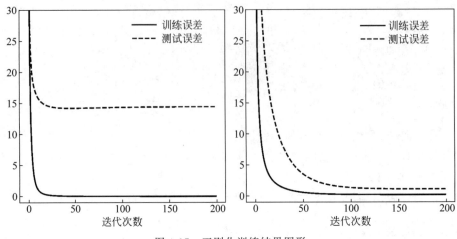

图 4-17　正则化训练结果图形

4.5　偏差、方差与交叉验证

在第 4.4 节中,笔者介绍了什么是正则化,以及正则化为什么能够缓解过拟合的原理。同时我们知道,越是复杂的模型越可能产生过拟合的现象,这也就为模型在其他未知数据集上的预测带来了误差,但是这些误差来自哪里,又是怎么产生的呢? 知道这些误差的来源后对改善我们的模型有什么样的帮助呢? 接下来笔者就来介绍关于误差分析及模型选择的若干方法。

4.5.1　偏差与方差定义

在机器学习的建模中,模型普遍的误差来自于偏差(Bias)或方差(Variance)。什么是偏差与方差呢?

如图 4-18 所示[①],假设你拿着一把枪射击红色的靶心,在你连打数十枪后出现了以下 4 种情况:

(1) 所有子弹都密集打在靶心旁边的位置,这就是典型的方差小(子弹很集中),偏差大(距离靶心甚远)。

(2) 子弹都散落在靶心周围的位置,这就是典型的方差大(子弹很散乱),偏差小(都在靶心附近)。

(3) 子弹都散落在靶心旁边的位置,这就是典型的方差大(子弹散乱),偏差大(距离靶心甚远)。

(4) 所有子弹都密集打在了红色靶心的位置,这就是典型的方差小(子弹集中),偏差

① 图片来自 http://scott.fortmann-roe.com/docs/BiasVariance.html.

小(都在靶心位置)。

　　由此可知,偏差描述的是预测值的期望与真实值之间的差距,即偏差越大,越偏离真实值,如图 4-18 第 2 行所示。方差描述的是预测值之间的变化范围(离散程度),也就是离其期望值的距离,即方差越大,数据的分布越分散,如图 4-18 右列所示。

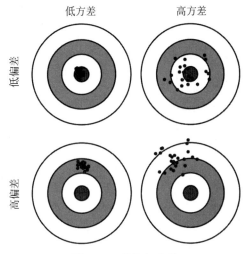

图 4-18　偏差与方差

4.5.2　模型的偏差与方差

　　上面介绍了什么是偏差与方差,那么这 4 种情况又对应于机器学习中的哪些场景呢?通常来讲,一个简单的模型会带来比较小的方差(Low Variance),而复杂的模型会带来比较大的方差(High Variance)。这是由于简单的模型不容易受到噪声的影响,而复杂的模型(例如过拟合)容易受到噪声的影响而产生较大的误差。一个极端的例子,$\hat{y}=C$ 这个模型不管输入是什么,输出都是常数 C,那么其对应的方差就会是 0。对于偏差来讲,一个简单的模型容易产生较高的偏差(High Bias),而复杂的模型容易产生较低的偏差(Low Bias),这是由于越复杂的模型越容易拟合更多的样本。

　　如图 4-19 所示为模型的偏差、方差与模型复杂度的变化情况。从图中可以看出,方差随着模型的复杂度增大而上升,偏差与之恰好相反。同时,如果一个模型的主要误差来自于较大的方差,则这个模型呈现出的就是过拟合的现象,而当一个模型的主要误差来自于较大的偏差时,此时模型呈现出的就是欠拟合现象。

　　总结来讲,模型的高方差与高偏差分别对应于过拟合与欠拟合。如果一个模型不能很好地拟合训练样本,则此时模型呈现的就是高偏差(欠拟合)的状态。如果能够很好地拟合训练样本,但是在测试集上有较大的误差,这就意味着此时模型出现了高方差(过拟合)的状态,因此,当模型出现这类情况时,我们完全可以按照前面处理过拟合与欠拟合的方法对模型进行改善,然后在这两者之间寻找平衡。

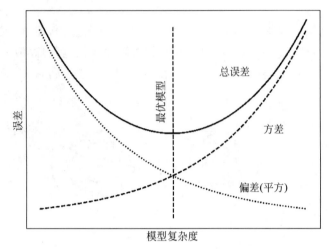

图 4-19　模型偏差与方差

4.5.3　超参数选择

在之前的介绍中,我们知道了模型中的权重参数可以通过训练集利用梯度下降算法求解得到,但超参数又是什么呢? 所谓超参数(Hyper Parameter)是指那些不能通过数据集训练得到的参数,但它的取值同样会影响最终模型的效果,因此同样重要。到目前为止,我们一共接触过了 3 个超参数,只是第一次出现的时候笔者并没有提起其名字,在这里再做一个细致的总结。这 3 个超参数分别是:惩罚系数 λ、学习率 α 及特征映射时多项式的次数,其中最为重要的是前面两个。

1. 惩罚系数 λ

从 4.4 节内容中对正则化的介绍中可知,λ 越大也就意味着对模型的惩罚力度越大,最终训练得到的模型也就相对越简单,因此,在模型的训练过程中,也需要选择一个合适的 λ 来使模型的泛化功能尽可能好。

2. 学习率 α

在介绍线性回归的求解过程中,笔者首次介绍了梯度下降算法,如式(4-16)所示。

$$\boldsymbol{W} = \boldsymbol{W} - \alpha \cdot \frac{\partial J}{\partial \boldsymbol{W}} \tag{4-16}$$

并且讲过,α 的作用是用来控制每次向前跳跃的距离,较大的 α 可以更快地跳到谷底并找到最优解,但是过大的 α 同样能使目标函数在峡谷的两边来回振荡,以至于需要多次迭代才可以得到最优解(甚至可能得不到最优解)。

如图 4-20 所示为相同模型采用不同学习率后,经梯度下降算法在同一初始位置优化后的结果,其中黑色五角星表示全局最优解(Global Optimum),ite 表示迭代次数。

从图 4-20 可以看出,当学习率为 0.4 时,模型大概在迭代 12 次后就基本达到了全局最优解。当学习率为 3.5 时,模型在大约迭代 12 次后同样能够收敛于全局最优解附近,但是,

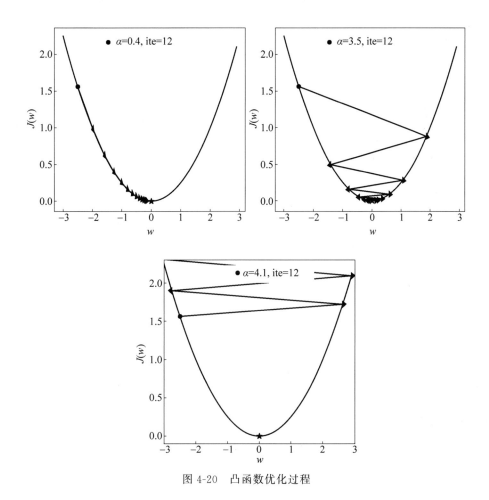

图 4-20　凸函数优化过程

当学习率为 4.1 时,此时的模型已经处于了发散状态。可以发现,由于模型的目标函数为凸形函数(例如线性回归),所以尽管使用了较大的学习率 3.5,目标函数依旧能够收敛,但在后面的学习过程中,遇到更多的情况便是非凸型的目标函数,此时的模型对于学习率的大小将会更加敏感。

　　如图 4-21 所示为一个非凸形的目标函数,三者均从同一初始点开始进行迭代优化,只是各自采用了不同的学习率。其中黑色五角星表示全局最优解,ite 表示迭代次数。

　　从图 4-21 可以看出,当采用较小的学习率 0.02 时,模型在迭代 20 次后陷入了局部最优解(Local Optimum),并且可以知道此时无论再继续迭代多少次,其依旧会收敛于此处,因为它的梯度已经开始接近于 0,而使参数无法得到更新。当采用较大一点的学习率 0.4 时,模型在迭代 4 次后便能收敛于全局最优解附近。当采用学习率为 0.6 时,模型在这 20 次的迭代过程中总是来回振荡,并且没有一次接近于全局最优解。

　　从上面两个示例的分析可以得出,学习率的大小对于模型的收敛性及收敛速度有着严重的影响,并且非凸函数在优化过程中对于学习率的敏感性更大。同时值得注意的是,所谓

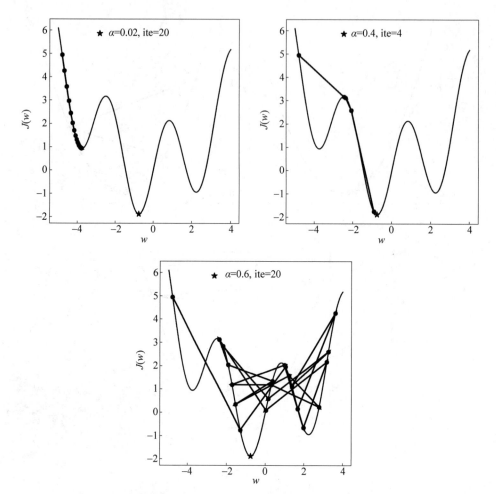

图 4-21　非凸形函数优化过程

学习率过大或者过小,在不同模型间没有可比性。例如在上面凸函数的图示中学习率为 0.4 时可能还算小,但是在非凸函数的这个例子中 0.4 已经算是相对较大了。

　　经过上面的介绍,我们明白了超参数对于模型最终的性能有着重要的影响。那到底应该如何选择这些超参数呢? 对于超参数的选择,首先可以列出各个参数的备选取值,例如 $\alpha=[0.001,0.03,0.1,0.3,1]$, $\lambda=[0.1,0.3,1,3,10]$,然后根据不同的超参数组合训练得到不同的模型(例如这里就有 25 个备选模型),然后通过 4.5.4 节所介绍的交叉验证来确立模型。不过这一整套的步骤 sklearn 也有现成的类方法可供使用,并且使用起来也非常方便,在 4.6 节中将会通过一个详细的示例进行说明。不过随着介绍的模型越来越复杂,就会出现更多的超参数组合,训练一个模型也会花费一定的时间,因此,对于模型调参的一个基本要求就是要理解各个参数的含义,这样才可能更快地排除不可能的参数取值,以便于更快地训练出可用的模型。

4.5.4 模型选择

当在对模型进行改善时,自然而然地就会出现很多备选模型,而我们的目的便是尽可能地选择一个较好的模型,以达到低偏差与低方差之间的平衡。该如何选择一个好的模型呢?通常来讲有两种方式:第一种就是 4.3.3 节中介绍过的将整个数据集划分成 3 部分的方式;第二种则是使用 K 折交叉验证(K-Fold Cross Validation)[①]的方式。对于第一种方法,其步骤为先在训练集上训练不同的模型,然后在验证集上选择其中表现最好的模型,最后在测试集上测试模型的泛化能力,但是这种做法的缺点在于,对于数据集的划分可能恰好某一次划分出来的测试集含有比较怪异的数据,导致模型表现出来的泛化误差也很糟糕,此时就可以通过 K 折交叉验证来解决。

如图 4-22 所示,以 3 折交叉验证为例,首先需要将整个完整的数据集分为训练集与测试集两部分,并且同时再将训练集划分成 3 份,每次选择其中两份作为训练数据,另外一份作为验证数据进行模型的训练与验证,最后选择平均误差最小的模型。

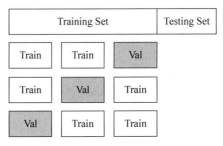

图 4-22　交叉验证划分图

假设现在有 4 个不同的备选模型,其各自在不同验证集上的误差如表 4-1 所示。根据得到的结果,可以选择平均误差最小的模型 2 作为最终选择的模型,然后将其用于整个大的训练集训练一次,最后用测试集测试其泛化误差。当然,还有一种简单的交叉验证方式,即一开始并不划分出测试集,而是直接将整个数据划分成为 K 份进行交叉验证,然后选择平均误差最小的模型即可。整个详细的示例过程将在 4.6 节内容中进行介绍。

表 4-1　3 折交叉验证划分表

划分方式			模型 1	模型 2	模型 3	模型 4
Train	Train	Val	0.4	0.3	0.55	0.5
Train	Val	Train	0.3	0.45	0.35	0.35
Val	Train	Train	0.5	0.35	0.3	0.3
平均误差			0.4	0.37	0.4	0.38

① Hung-yi Lee,Machine Learning,National Taiwan University,2020,Spring.

4.5.5　小结

在本节内容中,笔者首先通过一个例子直观地介绍了什么是偏差与方差,以及在机器学习中当模型出现高偏差与高方差时所对应的现象和处理方法,然后介绍了什么是超参数,以及超参数能够给模型带来什么样的影响,最后介绍了在改善模型的过程中如何通过 K 折交叉验证进行模型的选择。在 4.6 节内容中,笔者将通过一个真实的例子对上述过程进行完整介绍。

4.6　实例分析手写体识别

经过前面几节的介绍,我们对模型的改善与泛化已经有了一定的认识。下面笔者就通过一个实际的手写体分类任务进行示范,介绍一下常见的操作流程。同时顺便介绍一下 sklearn 和 matplotlib 中常见方法的使用,完整代码见 Book/Chapter04/05_digits_classification.py 文件。

4.6.1　数据预处理

在 4.1.3 节中,笔者详细介绍了为何需要对输入特征进行标准化操作,以及一种常见的标准化方法。接下来,就来看一下标准化在模型训练过程中的具体流程。

1. 载入数据集

首先,需要载入在训练模型时所用到的数据集。这里以 sklearn 中常见的手写体数据集 load_digits 为例,代码如下:

```python
def load_data():
    data = load_digits()
    x, y = data.data, data.target
```

load_digits 数据集一共包含 1797 个样本共 10 个类别,每个样本包含 64 个特征维度。在载入完成后还可以对其进行可视化,如图 4-23 所示。

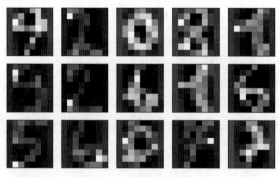

图 4-23　手写体可视化

2．划分数据集

其次，在开始进行标准化之前，需要将数据集分割成训练集和测试集两部分，这里可以借助 sklearn 中的 train_test_split 方法来完成，代码如下：

```
from sklearn.model_selection import train_test_split
def load_data():
    # 此处接"1.载入数据集"中代码
    x_train, x_test, y_train, y_test = \
                    train_test_split(x, y, test_size = 0.3, random_state = 20)
```

在上述代码中，第 5 行中 test_size=0.3 表示测试集的比例为 30%，random_state=20 表示设置一种状态值，它的作用是使每次划分的结果都一样，同时也可以设置其他值。同时，在 sklearn 中对于包含随机操作的函数或者方法，一般都有这个参数，固定下来的目的是便于其他人复现你的结果。

3．对训练集标准化

然后，对训练集进行标准化，并保存标准化过程中计算得到的相关参数。例如在以 4.2.3 节中的方法进行标准化时，就需要保存每个维度对应的均值 μ 和标准差 σ。这里可以借助 sklearn 中的 StandardScaler 方法来完成，代码如下：

```
from sklearn.preprocessing import StandardScaler
def load_data():
    # 此处接"2.划分数据集"中代码
    ss = StandardScaler()
    x_train = ss.fit_transform(x_train)
```

在上述代码中，第 4 行用来定义 4.2.3 节中的标准化方法，第 5 行先计算每个维度需要用到的均值和方差，然后对每个维度进行标准化，同时，第 5 行也可以分开来写，代码如下：

```
def load_data():
    # 此处接"2.划分数据集"中代码
    ss = StandardScaler()
    ss.fit(x_train)                    # 先计算每 3 个维度需要用到的均值和方差
    x_train = ss.transform(x_train)    # 再对每个维度进行标准化
```

4．对测试集标准化

最后，利用在训练集上计算得到的参数，对测试集（及未来的新数据）进行标准化，代码如下：

```
def load_data():
    # 此处接"3.对训练集标准化"中代码
    x_test = ss.transform(x_test)
```

这里只能使用 .transform() 方法来对测试集进行标准化,因为在第 3 步中已经在训练集上得到了标准化所需要用到的参数(均值和方差)。如果这里再使用 .fit_transform() 方法进行标准化,则是根据测试集中的参数来对测试集进行标准化,而这将严重影响模型在未来新数据上的泛化能力。

注意:无论用什么方法对数据集进行标准化,都必须遵循上述的 4 个步骤。

4.6.2 模型选择

正如 4.5 节中的介绍,不同的模型实际上是根据选择不同的超参数所形成的,因此,选择模型的第一步就是确定好有哪些可供选择的超参数,以及每个超参数可能的取值。由于此处将采用逻辑回归算法对图片进行分类,所以目前涉及的超参数仅有学习率和惩罚系数。下面就根据 4.5 节中介绍的方法来一步步完成模型的选择过程。

1. 列举超参数

根据分析,这里需要列出学习率和惩罚系数的可能取值,代码如下:

```
learning_rates = [0.001, 0.03, 0.01, 0.03, 0.1, 0.3, 1, 3]
penalties = [0, 0.01, 0.03, 0.1, 0.3, 1, 3]
```

在这里,取值方法一般来讲可以每次扩大 3 倍,但是也可以每次都增加相同的步长(例如 0.002),只不过这样需要花费更多的时间来遍历所有可能的超参数组合,具体可以视情况而定。

2. 定义模型

在列举出所有参数的可能取值后,需要遍历所有的参数组合,代码如下:

```
from sklearn.linear_model import SGDClassifier
for learning_rate in learning_rates:
    for penalty in penalties:
        print(f"训练模型: learning_rate = {learning_rate}, penalty = {penalty}")
        model = SGDClassifier(loss = 'log', penalty = 'l2', learning_rate = 'constant', eta0 =
            learning_rate, alpha = penalty)
```

在上述代码中,第 5 行使用的是 sklearn 中的 SGDClassifier 类来建立逻辑回归模型。它与第 3 章中所介绍的 LogisticRegression 的区别在于,前者并没有通过梯度下降进行参数求解,而后者使用的便是梯度下降算法进行求解。同时,在 SGDClassifier 中可以通过 loss = 'log' 来指定为逻辑回归,通过 penalty = 'l2' 来指定为 ℓ_2 正则化,通过 learning_rate = 'constant' 来指定使用自定义的学习率,即根据 eta0 = learning_rate 来设定,因为默认 SGDClassifier 中的学习率都是根据训练过程动态适应的,通过 alpha = penalty 来指定相应的惩罚系数。

3. 交叉验证

根据不同的超参数组合定义得到不同的模型后,需要对训练集进行划分以实现模型的交叉验证。在这里可以借助 sklearn 中的 KFold()方法来对训练集进行划分，代码如下：

```
from sklearn.model_selection import KFold
model = …… 此处接"2.定义模型"中代码
kf = KFold(n_splits = k, shuffle = True, random_state = 10)
for train_index, dev_index in kf.split(X):
    X_train, X_dev = X[train_index], X[dev_index]
    y_train, y_dev = y[train_index], y[dev_index]
    model.fit(X_train, y_train)
    s = model.score(X_dev, y_dev)
```

在上述代码中，第 3 行用来生成交叉验证时样本对应的索引，其中 n_splits＝k 表示使用 k 折交叉验证，shuffle＝True 表示在划分时对训练集进行随机打乱，第 4 行用来取每一次交叉验证时样本的索引，即根据这些索引获取每次对应的训练集和验证集。最后调用模型中的.fit()方法进行训练。

当执行完上述代码后，便能够得到如下所示的运行结果：

```
正在训练模型：learning_rate = 0.001, penalty = 0
正在训练模型：learning_rate = 0.001, penalty = 0.01
……
正在训练模型：learning_rate = 3, penalty = 3
最优模型：[0.9554322392967812, 0.03, 0]
```

经过交叉验证选择完模型后可以发现，当学习率为 0.03，惩罚系数为 0 时对应的模型为最优模型。同时，由于备选的学习率有 8 个，备选的惩罚系数有 7 个，并且这里采用了 5 折交叉验证，因此一共就需要拟合 280 次模型。

4.6.3　模型测试

通过交叉验证选择完模型后，就可以再用完整的训练集对该模型进行训练，然后在测试集上测试其泛化误差，代码如下：

```
model = SGDClassifier(loss = 'log', penalty = 'l2', learning_rate = 'constant',
eta0 = 0.03, alpha = 0.0)
model.fit(x_train, y_train)
y_pred = model.predict(x_test)
print(classification_report(y_test, y_pred))
```

在运行完上述代码后，便能够得到如下结果：

precision	recall	f1 - score	support
accuracy		0.96	540
macro avg	0.96	0.96	0.96	540
weighted avg	0.96	0.96	0.96	540

到此,对于一个模型从数据预处理到模型选择,再到模型测试的全部流程就介绍完了。不过上述过程在模型选择部分需要自己手动划分数据集以便进行交叉验证后选择模型,这样看起来稍微有点烦琐,不过好在 sklearn 已经将上述过程进行了封装,只需几行代码就能实现上述完整过程。这部分内容将在第 5 章中进行介绍。

4.6.4　小结

在本节中,笔者首先通过逻辑回归算法进行了手写体分类的示例,介绍了如何对数据集进行预处理及其对应的完整流程,接着介绍了如何对备选模型进行选择,包括列举超参数、定义模型及进行交叉验证等步骤,最后介绍了如何测试最优模型的泛化误差。

总结一下,在本章中笔者首先介绍了什么是特征标准化、为什么需要特征标准化及一种常见的特征标准化方法,接着介绍了什么是过拟合与欠拟合、如何通过 ℓ_2 正则化方法来缓解模型的过拟合现象及 ℓ_2 正则化背后的原理,然后介绍了什么是模型的偏差与方差及模型如何对模型进行选择的方法,最后通过一个完整的手写体识别示例展示了从数据预处理(包括载入数据、划分数据和标准化数据)到模型选择(包括列举模型参数、定义模型和交叉验证),再到模型测试的完整流程。对于这部分内容的介绍就先告一段落。不过在后续章节的介绍中,笔者也会继续补充相关提高模型性能的方法与技巧。

第 5 章

K 近 邻

在前几章中，笔者分别介绍了线性回归、逻辑回归及模型的改善与泛化。从这章开始，我们将继续学习下一个新的算法模型——*K* 近邻（*K*-Nearest Neighbor，*K*-NN）。什么是 *K* 近邻呢？

5.1 *K* 近邻思想

某一天，你和几位朋友准备去外面聚餐，但是就晚上吃什么菜一直各持己见。最后，无奈的你提出用少数人服从多数人的原则进行选择。于是你们每个人都将自己想要吃的东西写在了纸条上，最后的统计情况是：3 个人赞成吃火锅、2 个人赞成吃炒菜、1 个人赞成吃自助。当然，最后你们一致同意按照多数人的意见去吃了火锅。那这个吃火锅和 *K* 近邻有什么关系呢？吃火锅确实跟 *K* 近邻没关系，但是整个决策的过程却完全体现了 *K* 近邻算法的决策过程。

5.2 *K* 近邻原理

5.2.1 算法原理

如图 5-1 所示，黑色样本点为原始的训练数据，并且包含了 0、1、2 这 3 个类别（分别为图中不同形状的样本点）。现在得到一个新的样本点（图中黑色倒三角），需要对其所属类别进行分类。*K* 近邻是如何对其进行分类的呢？

首先 *K* 近邻会确定一个 *K* 值，然后选择离自己（黑色倒三角样本点）最近的 *K* 个样本点，最后根据投票的规则（Majority Voting Rule）确定新样本所属的类别。如图 5-1 所示，示例中选择了离三角形样本点最近的 14 个样本点（正方形 4 个、圆形 7 个、星形 3 个），并且在图中，离三角形样本点最近的 14 个样本中最多的为圆形样本，所以 *K* 近邻算法将把新样本归类为类别 1。

因此，对于 *K* 近邻算法的原理可以总结为如下 3 个步骤：

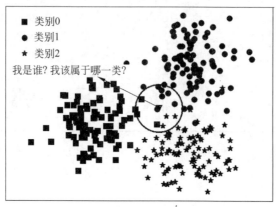

图 5-1　K 近邻原理示意图

1. 确定一个 K 值

用于选择离自己(三角形样本点)最近的样本数。

2. 选择一种度量距离

用来计算并得到离自己最近的 K 个样本,示例中采用了应用最为广泛的欧氏距离。

3. 确定一种决策规则

用来判定新样本所属类别,示例中采用了基于投票的分类规则。

可以看出,K 近邻分类的 3 个步骤其实对应了 3 个超参数的选择,但是,通常来讲,对于决策规则的选择基本上采用了基于投票的分类规则,因此下面对于这个问题也就不再进行额外讨论了。

5.2.2　K 值选择

K 值的选择会极大程度上影响 K 近邻的分类结果。如图 5-2 所示,可以想象,如果在分类过程中选择较小的 K 值,则会使模型的训练误差减小从而使模型的泛化误差增大,也就是模型过于复杂而产生了过拟合现象。当选择较大的 K 值时,将使模型趋于简单,容易发生欠拟合的情况。极端情况下,如果直接将 K 值设置为样本总数,则无论新输入的样本点位于什么地方,模型都会简单地将它预测为训练样本最多的类别,并且恒定不变,因此,对于 K 值的选择,依然建议使用第 4 章所介绍的交叉验证方法进行选择。

5.2.3　距离度量

在样本空间中,任意两个样本点之间的距离都可以看作两个样本点之间相似性的度量。两个样本点之间的距离越近,也就意味着这两个样本点越相似。在第 10 章介绍聚类算法时,同样也会用到样本点间相似性的度量。同时,不同的距离度量方式将会产生不同的距离,进而最后产生不同的分类结果。虽然一般情况下 K 近邻使用的是欧氏距离,但也可以是其他距离,例如更一般的 L_p 距离或者 Minkowski 距离[1]。

---

① 李航.统计学习方法[M].2 版.北京:清华大学出版社,2019.

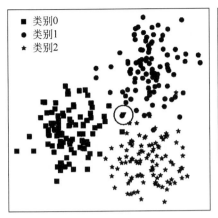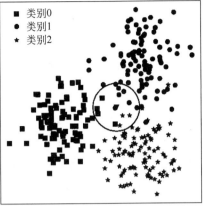

图 5-2　*K* 值选择图形

设训练样本 $X=\{x^{(1)},x^{(2)},\cdots,x^{(n)}\}$，其中 $x^{(i)}=\{x_1^{(i)},x_2^{(i)},\cdots,x_m^{(i)}\}\in \mathbf{R}^m$，即每个样本包含 m 个特征维度，则 L_p 距离定义为

$$L_p(x^{(i)},x^{(j)})=\Big(\sum_{k=1}^m |x_k^{(i)}-x_k^{(j)}|^p\Big)^{\frac{1}{p}};\quad p\geqslant 1 \tag{5-1}$$

（1）当 $p=1$ 时称为曼哈顿（Manhattan Distance），即

$$L_1(x^{(i)},x^{(j)})=\sum_{k=1}^m |x_k^{(i)}-x_k^{(j)}| \tag{5-2}$$

从式（5-2）可以看出，曼哈顿距离计算的是各个维度之间距离的绝对值累加和。

（2）当 $p=2$ 时称为欧氏距离（Euclidean Distance），即

$$L_2(x^{(i)},x^{(j)})=\Big(\sum_{k=1}^m |x_k^{(i)}-x_k^{(j)}|^2\Big)^{\frac{1}{2}} \tag{5-3}$$

（3）当 $p=\infty$ 时，它是各个坐标距离中的最大值，即

$$L_\infty(x^{(i)},x^{(j)})=\max_k |x_k^{(i)}-x_k^{(j)}| \tag{5-4}$$

当然，p 同样能取其他任意的正整数，然后按照式（5-1）进行计算即可。

例如现有二维空间的 3 个样本点 $x^{(1)}=(0,0)$、$x^{(2)}=(4,0)$、$x^{(3)}=(3,3)$，则其在不同取值 p 下，距离样本点 $x^{(1)}$ 最近邻的点为

$$\begin{aligned}
L_1(x^{(1)},x^{(2)})&=|0-4|+|0-0|=4\\
L_1(x^{(1)},x^{(3)})&=|0-3|+|0-3|=6\\
L_2(x^{(1)},x^{(2)})&=\sqrt{(0-4)^2+(0-0)^2}=4\\
L_2(x^{(1)},x^{(3)})&=\sqrt{(0-3)^2+(0-3)^2}\approx 4.2\\
L_\infty(x^{(1)},x^{(2)})&=\max\{|0-4|,|0-0|\}=4\\
L_\infty(x^{(1)},x^{(3)})&=\max\{|0-3|,|0-3|\}=3
\end{aligned} \tag{5-5}$$

由式（5-5）可知，当 $p=1$、2、∞ 时，离样本点 $x^{(1)}$ 最近的样本点分别是 $x^{(2)}$、$x^{(2)}$、$x^{(3)}$。

5.3 sklearn 接口与示例代码

5.3.1 sklearn 接口介绍

在正式介绍如何使用 sklearn 库完成 K 近邻的建模任务前,笔者先来总结一下 sklearn 的使用方法,这样更加有利于对后续内容的学习。

根据第 2、3、4 章中的示例代码可以发现,sklearn 在实现各类算法模型时基本上遵循了统一的接口风格,这使我们在刚开始学习的时候很容易入门。总结起来,在 sklearn 中对于各类模型的使用,基本上遵循着以下 3 个步骤。

1. 建立模型

这一步通常来讲在对应的路径下导入我们需要用到的模型类,例如可以通过代码来导入一个基于梯度下降算法优化的分类器,代码如下:

```
from sklearn.linear_model import SGDClassifier
```

在导入模型类后,需要通过传入模型对应的参数来实例化这个模型,例如可以通过代码实例化一个逻辑回归模型,代码如下:

```
model = SGDClassifier(loss = 'log',  penalty = 'l2', alpha = 0.5)
```

同时,由于 sklearn 在迭代更新中可能会更改一些接口的名称或者位置,所以具体的路径信息可以查看官方的 API 说明文档[①]。

2. 训练模型

在 sklearn 中,所有模型的训练(或者计算)过程都是通过 model.fit()方法来完成的,并且一般情况下需要按实际情况在调用 model.fit()时传入相应参数。如果是有监督模型,则一般是 model.fit(x,y),如果是无监督模型,则一般是 mode.fit(x)。同时,还可以调用 model.score(x,y)来对模型的结果进行评估。

3. 模型预测

在训练好一个模型后,通常要对测试集或者新输入的数据进行预测。在 sklearn 中一般通过模型类对应的 model.predict(x)方法实现,但这也不是绝对的,例如在对数据进行预处理时,调用 model.fit()方法在训练集上计算并得到相应的参数后,往往通过 model.transform()方法来对测试集(或新数据)进行变换。

总体上来讲,在 sklearn 中基本上算法模型可以通过上面这 3 个步骤来完成对模型的建立、训练与预测。

---

① PEDREGOSA. scikit-learn: Machine Learning in Python[J]. JMLR 12,2011: 2825-2830.

5.3.2　K 近邻示例代码

从 5.2 节的分析可知,其实 K 近邻在分类过程中同之前算法模型不一样,即有一个训练求解参数的过程。这是因为 K 近邻算法根本就没有可训练的参数,只有 3 个超参数,而 K 近邻算法的核心在于如何快速地找到距离任意一个样本最近的 K 个样本点。当然,最直接的办法就是遍历样本点进行距离计算,但是当样本点达到一定数量级后这种做法显然是行不通的,所以此时可以通过建立 KD 树(KD Tree)或者 Ball 树(Ball Tree)来解决这一问题。不过这里暂时不做介绍,先直接通过开源库 sklearn 实现。

本次示例的数据集仍旧采用第 4 章中所介绍的手写体分类数据集。同时,在下面示例中笔者将介绍如何通过网格搜索(Grid Search)来快速完成模型的选择,完整代码见 Book/Chapter05/01_knn_train.py 文件。

1. 模型选择

由于在 4.6.1 节中已经详细介绍了该数据集的载入和预处理方法,所以这里就不再赘述了。从上面的分析可以得知,K 近邻算法有两个(另外一个暂不考虑)超参数,即 K 值和度量方式 P 值。假设两者的取值分别为 n_neighbors $= [5,6,7,8,9,10]$、p$=[1,2]$,则此时一共有 12 个备选模型。同时,如果采用 5 折交叉验证,则一共需要进行 60 次模型拟合,并且需要 3 个循环实现。不过好在 sklearn 中提供了网格搜索的功能可以帮助我们通过 4 行代码实现上述功能,代码如下:

```python
from sklearn.neighbors import KNeighborsClassifier
from sklearn.model_selection import GridSearchCV
def model_selection(x_train, y_train):
    paras = {'n_neighbors': [5, 6, 7, 8, 9, 10], 'p': [1, 2]}
    model = KNeighborsClassifier()
    gs = GridSearchCV(model, paras, verbose = 2, cv = 5)
    gs.fit(x_train, y_train)
    print('最佳模型:', gs.best_params_, '准确率:', gs.best_score_)
```

在上述代码中,第 4 行以字典的形式定义了超参数的取值情况,并且需要注意的是,字典的 key 必须是类 KNeighborsClassifier 中参数的名字。其中,类 KNeighborsClassifier 就是 sklearn 中所实现的 K 近邻算法模型,因此,该类也包含了 K 近邻中最基本的两个参数 K 值和 P 值。第 5 行定义了一个 K 近邻模型,但值得注意的是此时并没有在定义模型的时候就传入相应的参数,即以 KNeighborsClassifier(n_neighbors＝2, p＝2)的形式(其中 n_neighbors 就是 K 值)来实例化这个类。因为在使用网格搜索时,需要将模型作为一个参数传入 GridSearchCV 类中,同时也需要将模型对应的超参数以字典的形式传入。第 6 行在实例化 GridSearchCV 类时便传入了定义的 K 近邻模型及参数字典,其中 verbose 用来控制训练过程中输出提示信息的详细程度,cv＝5 表示在训练过程中使用 5 折交叉验证。最后,根据传入的训练集,便可以对模型进行训练。

在模型训练完成后,便可以输出最佳模型(超参数组合),以及此时对应的模型得分,结果如下:

```
Fitting 5 folds for each of 12 candidates, totalling 60 fits
[CV] END ................. n_neighbors = 5, p = 1; total time = 0.0s
[CV] END ................. n_neighbors = 5, p = 2; total time = 0.0s
…
…
最佳模型: {'n_neighbors': 5, 'p': 1 准确率:0.971}
```

从最终的输出结果可知,当 K 取值为 5 且 P 取值为 1 时所对应的模型最佳。同时,由于模型在进行交叉验证时各个拟合过程之间是相互独立的,为了提高整个过程的训练速度,GridSearchCV 还支持以并行的方式进行参数搜索。当在实例化类 GridSearchCV 时,只需同时指定 n_jobs=2 即可实现参数的并行搜索,它表示同时使用 CPU 的两个核进行计算。当然也可以指定为-1,即使用所有的核同时进行计算。

2. 模型测试

在经过网格搜索并得到最优参数组合后,便可以再用完整的训练集重新训练一次模型,然后来评估其在测试集上的泛化误差。当然,在这里也可以直接使用 GridSearchCV 中的 predict() 和 score() 方法来得到测试集的预测结果及对应的准确率,即 gs. predict(x_test) 和 gs. score(x_test,y_test),代码如下:

```
def train(x_train, x_test, y_train, y_test):
    model = KNeighborsClassifier(5, p = 1)
    model.fit(x_train, y_train)
    y_pred = model.predict(x_test)
    print(classification_report(y_test,y_pred))
    print("Accuracy: ", model.score(x_test, y_test)) # 0.963
```

这样,便能够得到模型在测试集上的泛化误差。

5.3.3 小结

在这节内容中,笔者首先通过一个引例介绍了 K 近邻分类器的主要思想,接着介绍了 K 值对算法结果的影响,以及介绍了衡量样本间距离的不同度量方式,最后笔者通过开源的 sklearn 框架介绍了如何建模及使用 K 近邻分类器,并且同时还总结了 sklearn 中模型使用的 3 个步骤及如何使用 GridSearch 实现超参数的并行搜索。

5.4 kd 树

在前面几节内容中,笔者分别介绍了 K 近邻分类器的基本原理及其如何通过开源的 sklearn 框架实现 K 近邻的建模。不过到目前为止,还有一个问题没有解决,也就是如何快速地找到当前样本点周围最近的 *K* 个样本点。通常来讲，这一问题可以通过 kd 树来解决，下面开始介绍其具体原理。

5.4.1　构造 kd 树

kd 树(k-Dimensional Tree)是一种空间划分数据结构，用于组织 k 维空间中的点，其本质上等同于二叉搜索树。不同的是，在 kd 树中每个节点存储的并不是一个值，而是一个 k 维的样本点[①]。在二叉搜索树中，任意节点中的值都大于其左子树中的所有值，小于或等于其右子树中的所有值，如图 5-3 所示。

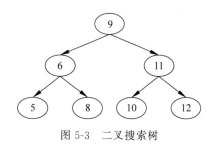

图 5-3　二叉搜索树

在 kd 树中，所有节点满足类似二叉搜索树的特性，即左子树中所有的样本点均"小于"其父节点中的样本点，而右子树中所有的样本点均"大于"或"等于"其父节点中的样本点，因此可以看出，构造 kd 树的关键就在于如何定义任意两个 k 维样本点之间的大小关系。

具体地，在构造 kd 树时，每一层的节点在划分左右子树时只会循环地选择 k 维中的一个维度进行比较。例如样本点中一共有 x 和 y 两个维度，那么在对根节点进行划分时可以以维度 x 对左右子树进行划分，接着以维度 y 对根节点的"孩子"进行左右子树划分，进一步，根节点的"孩子"的"孩子"再以维度 x 进行左右子树划分，以此循环[②]。同时，为了使最后得到的是一棵平衡的 kd 树，所以在 kd 的构建过程中每次都会选择当前子树中对应维度的中位数作为切分点。

例如现在有样本点 $[5,7]$、$[3,8]$、$[6,2]$、$[8,5]$、$[15,6]$、$[10,4]$、$[12,13]$、$[9,10]$、$[11,14]$，那么根据上述规则便可以构造得到如图 5-4 所示的 kd 树。

从图 5-4 可以看出，对于根节点来讲其左子树中所有样本点的 x 维度均小于 9，其右子树的 x 维度均大于或等于 9。对于根节点的左"孩子"来讲其左子树中所有样本点的 y 维度均小于 7，其右子树中所有样本点的 y 维度均大于或等于 7。当然，对于其他节点也满足类似的特性。同时，根据 kd 树交替选择特征维度对样本空间进行划分的特性，以图 5-4 中的划分方式还可以得到如图 5-5 所示的特征空间。

从图 5-5 中可以看出，整个二维平面首先被样本点 $[9,10]$ 划分成左右两部分(对应图 5-4 中的左右子树)，接着左右两部分又各自分别被 $[5,7]$ 和 $[15,6]$ 划分成上下两部分，直到划分结束。至此，对于 kd 树的构造就介绍完了，接下来讲解如何通过 kd 树来完成搜索任务。

---

① https://en.wikipedia.org/wiki/K-d_tree.

② http://web.stanford.edu/class/cs106l/.

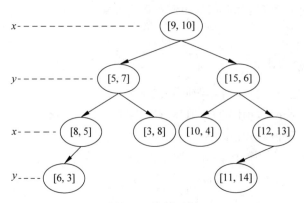

图 5-4 kd 树示例

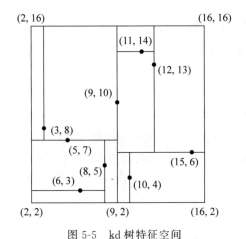

图 5-5 kd 树特征空间

5.4.2 最近邻 kd 树搜索

在正式介绍 K 近邻(最近的 K 个样本点)搜索前,笔者先来介绍如何利用 kd 树进行最近邻搜索。总地来讲,在已知 kd 树中搜索离给定样本点 q 最近的样本点时,首先设定一个当前全局最佳点和一个当前全局最短距离,分别用来保存当前离 q 最近的样本点及对应的距离,然后从根节点开始以类似生成 kd 树的规则来递归地遍历 kd 树中的节点,如果当前节点离 q 的距离小于全局最短距离,则更新全局最佳点和全局最短距离;如果被搜索点到当前节点划分维度的距离小于全局最短距离,则再递归遍历当前节点另外一个子树,直至整个递归过程结束。具体步骤可以总结为[①]

(1) 设定一个当前全局最佳点和全局最短距离,分别用来保存当前离搜索点最近的样本点和最短距离,初始值分别为空和无穷大。

---

① http://web.stanford.edu/class/cs106l/.

（2）从根节点开始，并设其为当前节点。

（3）如果当前节点为空，则结束。

（4）如果当前节点到被搜索点的距离小于当前全局最短距离，则更新全局最佳点和最短距离。

（5）如果被搜索点的划分维度小于当前节点的划分维度，则设当前节点的左"孩子"为新的当前节点并执行步骤（3）（4）（5）（6）。反之设当前节点的右"孩子"为新的当前节点并执行步骤（3）（4）（5）（6）。

（6）如果被搜索点到当前节点划分维度的距离小于全局最短距离，则说明全局最佳点可能存在于当前节点的另外一个子树中，所以设当前节点的另外一个"孩子"为当前节点并执行步骤（3）（4）（5）（6）。

递归完成后，此时的全局最佳点就是在 kd 树中离被搜索点最近的样本点。

这里需要明白的一点是，利用步骤（6）中的规则来判断另外一个子树中是否可能存在全局最佳点的原理如图 5-6 所示。

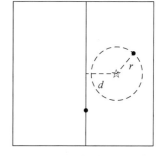

图 5-6　子空间排除原理示意图

在图 5-6 中，右上角为当前全局最佳点，五角星为被搜索点。可以看到，此时的整个空间被下方的样本点划分成了左右两部分（子树），并且五角星离左子树中样本点的最短距离为五角星到当前划分维度的距离 d。显然，如果被搜索点到当前全局最佳点的距离 r 小于距离 d，则此时左子树中就不可能存在更优的全局最佳点。

当然，上述步骤还可以通过一个更清晰的伪代码进行表达，代码如下：

```
bestNode, bestDist = None, inf
def NearestNodeSearch(curr_node):
    if curr_node == None:
        return
    if distance(curr_node, q) < bestDist:
        bestDist = distance(curr_node, q)
        bestNode = curr_node
    if q_i < curr_node_i:
        NearestNodeSearch(curr_node.left)
    else:
        NearestNodeSearch(curr_node.right)
    if |curr_node_i − q_i| < bestDist:
        NearestNodeSearch(curr_node.other)
```

在上述代码中，q_i 和 curr_node_i 分别表示被搜索点和当前节点的划分维度，curr_node.other 表示 curr_node.left 和 curr_node.right 中先前未被访问过的子树。

5.4.3　最近邻搜索示例

在介绍完最近邻的搜索原理后再来看几个实际的搜索示例,以便对搜索过程有更加清晰的理解。如图 5-7 所示,左右两边分别是 5.4.1 节中所得到的 kd 树和特征划分空间,同时右图中的五角星为给定的被搜索点 q,接下来开始在左边的 kd 树中搜索离 q 点最近的样本点。

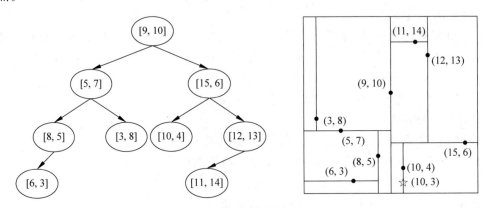

图 5-7　最近邻搜索图

在搜索伊始,全局最佳点和全局最短距离分别为空和无穷大。第 1 次递归:此时设根节点[9,10]为当前节点,因满足步骤(4),即当前节点到被搜索点的距离小于当前全局最短距离,所以将当前最佳点更新为[9,10],将全局最短距离更新为 7.07。接着,由于被搜索点的划分维度 10 大于当前节点的划分维度 9,因此将当前节点的右"孩子"[15,6]设为新的当前节点。第 2 次递归:继续执行步骤(4),由于此时当前节点到被搜索点的距离为 5.83,小于全局最短距离,所以将当前最佳点更新为[15,6],将全局最短距离更新为 5.83。进一步,由于被搜索点的划分维度 3 小于当前节点的划分维度 6,因此将当前节点的左"孩子"[10,4]设为新的当前节点。第 3 次递归:继续执行步骤(4),由于此时当前节点到被搜索点的距离为 1,小于全局最短距离,所以将当前最佳点更新为[10,4],将全局最短距离更新为 1。此时,由于被搜索点的划分维度 10 大于或等于当前节点的划分维度 10,因此将当前节点的右"孩子"设为新的当前节点,并进入第 4 次递归。

第 4 次递归:由于此时当前节点为空,所以第 4 次递归结束并返回第 3 次递归,即此时的当前节点为[10,4],并继续执行步骤(6)。由于被搜索点[10,3]到当前划分维度 $x=10$ 的距离为 0,小于全局最短距离 1,说明全局最佳点可能存在于当前节点的左子树中(此时可以想象假如 kd 树中存在点[9.9,3]),所以将当前节点的左"孩子"设为新的当前节点。第 5 次递归:由于当前节点为空,所以第 5 次递归结束并回到第 3 次递归中。返回第 3 次递归后,此时的当前节点为[10,4],并且已执行完步骤(6),返回第 2 次递归中。返回第 2 次递归后,此时的当前节点为[15,6],并继续执行步骤(6)。由于被搜索点[10,3]到当前划分维度 $y=6$ 的距离为 3,大于全局最短距离,说明节点[15,6]的右子树中不可能存在全局最佳点,此时返回第 1 次递归中。返回第 1 次递归后,此时的当前节点为根节点[9,10],并继续执行步骤(6)。由于被搜索点[10,3]到当前划分维度 $x=9$ 的距离为 1,大于或等于全局最短距离 1,所以当前节点的左子树中不可能存在全局最佳点。至此步骤(6)执行结束,即所有的递归过程执行完毕了。此时的全局最佳点中保存的点[10,4]便是 kd 树中离被搜索点[10,3]最近的样本点。

经过上述步骤后,相信读者对于 kd 树的搜索过程已经有了清晰的认识。同时,各位读者也可以自己来试着从上述 kd 树中搜索离[8.9,4]最近的样本点。在搜索的过程中会发现,一开始会从根节点进入左子树,并找到[8,5]为当前全局最佳点,但是当一步步回溯后会发现,原来右子树中的[10,4]才是真正离[8.9,4]最近的样本点。

5.4.4　*K* 近邻 kd 树搜索

在介绍完最近邻的 kd 树搜索原理后便可以轻松地理解 *K* 近邻的 kd 树搜索过程。需要注意的是,这里的两个 *K* 分别表示两种不同的含义,前者表示要搜索并得到离给定点最近的 *K* 个样本点,而后者表示的是样本点的维度。

总地来讲,*K* 近邻的搜索过程和最近邻的搜索过程类似,只是需要额外地维护一个大小为 *K* 的有序列表。在整个列表中,当前距离被搜索点最近的样本点放在首位,而距离被搜索点最远的样本点放在末尾。具体的搜索过程可以总结为

(1) 设定大小为 *K* 的有序列表用来保存当前离搜索点最近的 *K* 个样本点。

(2) 从根节点开始,并设其为当前节点。

(3) 如果当前节点为空,则结束。

(4) 如果列表不满,则直接将当前样本插入列表中;如果列表已满,则判断当前样本到被搜索点的距离是否小于列表最后一个元素到被搜索点的距离,成立则将列表中最后一个元素删除,并插入当前样本(每次插入后仍有序)。

(5) 如果被搜索点的划分维度小于当前节点的划分维度,则设当前节点的左"孩子"为新的当前节点并执行步骤(3)(4)(5)(6)。反之设当前节点的右"孩子"为新的当前节点并执行步骤(3)(4)(5)(6)。

(6) 如果列表不满,或者如果被搜索点到当前节点划分维度的距离小于列表中最后一个元素到被搜索点的距离,则设当前节点的另外一个"孩子"为当前节点并执行步骤(3)(4)(5)(6)。

递归完成后,此时离被搜索点最近的 *K* 个样本点就是有序列表中的 *K* 个元素。

上述步骤同样可以通过一个更清晰的伪代码进行表达,代码如下:

```
KNearestNodes, n = [], 0
def KNearestNodeSearch(curr_node):
    if curr_node == None:
        return
    if n < K:
        n += 1
        KNearestNodes.insert(curr_node)          #插入后保持有序
```

```
else:
if distance(curr_node, q) < distance(q, KNearestNodes[ - 1]):
    KNearestNodes.pop()
    KNearestNodes.insert(curr_node)                    #插入后保持有序
if q_i < curr_node_i:
    KNearestNodeSearch(curr_node.left)
else:
    KNearestNodeSearch(curr_node.right)
if n < K or | curr_node_i - q_i | < distance(q, KNearestNodes[ - 1]):
    KNearestNodeSearch(curr_node.other)
```

在上述代码中,KNearestNodes[−1]表示取有序列表中的最后一个元素,q_i 和 curr_node_i 分别表示被搜索点和当前节点的划分维度,curr_node.other 表示 curr_node.left 和 curr_node.right 中先前未被访问过的子树。

5.4.5　K 近邻搜索示例

下面以图 5-7 中的 kd 树为例,来搜索离[10,3]最近的 3 个样本点。

在搜索伊始,有序列表为空,K 为 3。第一次递归:此时将根节点[9,10]设为当前节点,因满足步骤(4)中的列表为空的条件,所以直接将根节点加入列表中,即此时 KNearestNodes=([9,10])。接着,由于被搜索点的划分维度 10 大于当前节点的划分维度 9,因此将当前节点的右"孩子"[15,6]设为新的当前节点。第 2 次递归:继续执行步骤(4),由于此时列表未满,所以直接将当前节点插入列表中,即此时 KNearestNodes=([15,6],[9,10])。进一步,由于被搜索点的划分维度 3 小于当前节点的划分维度 6,因此将当前节点的左"孩子"[10,4]设为新的当前节点。第 3 次递归:继续执行步骤(4),由于此时列表未满,所以直接将当前节点插入列表中,并且由于[10,4]当前离被搜索点最近,所以应该放在列表最前面,即此时 KNearestNodes=([10,4],[15,6],[9,10])。进一步,由于被搜索点的划分维度 10 大于或等于当前节点的划分维度 10,所以将当前节点的右"孩子"设为新的当前节点,并进入第 4 次递归。

第 4 次递归:由于此时当前节点为空,所以第 4 次递归结束并返回第 3 次递归中,即此时的当前节点为[10,4],并继续执行步骤(6)。此时列表已满,但由于被搜索点[10,3]到当前划分维度 $x=10$ 的距离为 0,小于被搜索点到有序列表中最后一个样本点距离,说明可能存在一个比有序列表中最后一个元素更佳的样本点,所以将当前节点的左"孩子"设为新的当前节点。第 5 次递归:由于当前节点为空,所以第 5 次递归结束并回到第 3 次递归中。返回第 3 次递归后,此时的当前节点为[10,4],并且已执行完步骤(6),返回第 2 次递归中。返回第 2 次递归后,此时的当前节点为[15,6],并继续执行步骤(6)。此时列表已满,但由于被搜索点[10,3]到当前划分维度 $y=6$ 的距离为 3,小于被搜索点到[9,10]的距离 7.07,说明在当前节点[15,6]的右子树中可能存在一个比[9,10]更佳的样本点,所以将[15,6]的右"孩子"[12,13]设为新的当前节点。第 6 次递归:此时列表已满,并且由于当前节点到被搜索点的距离 10.19 大于被搜索点到[9,10]的距离,所以继续执行步骤(5)。由于被搜索点的划分维度 10 小于当前节点的划分维度 12,所以将[11,14]设为新的当前节点,并进入第 7 次递归。

第 7 次递归:此时列表已满,并且由于当前节点到被搜索点的距离 11.04 大于被搜索点到[9,10]的距离,所以继续执行步骤(5)。由于被搜索点的划分维度 3 小于当前节点的划分维度 14,所以将[11,14]的左"孩子"设为新的当前节点。第 8 次递归:由于此时当前节点为空,所以第 8 次递归结束并返回第 7 次递归中,即此时的当前节点为[11,14],并继续执行步骤(6)。此时列表已满,并且由于被搜索点[10,3]到当前划分维度 $y=14$ 的距离为 11,大于被搜索点到有序列表中最后一个样本点距离,所以第 7 次递归结束并回到第 6 次递归。

返回第 6 次递归后,此时的当前节点为[12,13],继续执行步骤(6)。此时列表已满,并且由于被搜索点[10,3]到当前划分维度 $x=12$ 的距离为 2,小于被搜索点到有序列表中最后一个样本点的距离,说明当前节点[12,13]的右子树中存在比[9,10]更近的点(可以想象假设存在点[12.1,6.1]),所以将[12,13]的右"孩子"设为新的当前节点。第 9 次递归:由于此时当前节点为空,所以第 9 次递归结束并返回第 6 次递归中,即此时的当前节点为[12,13],并已经执行完步骤(6),进而返回第 2 次递归。返回第 2 次递归后,此时的当前节点为[15,6],并且已执行完步骤(6),进而返回第 1 次递归中。

返回第 1 次递归后,此时的当前节点为[9,10],继续执行步骤(6)。此时列表已满,但由于被搜索点[10,3]到当前划分维度 $x=9$ 的距离为 1,小于被搜索点到有序列表中最后一个样本点的距离,说明当前节点[9,10]的左子树中存在比[9,10]更近的点(从图 5-7 中一眼便能看出,例如点[8,5]),所以将[5,7]设为新的当前节点。第 10 次递归:此时列表已满,但由于当前节点到被搜索点的距离 6.4 小于被搜索点到有序列表中最后一个样本点[9,10]的距离 7.07,因此更新 KNearestNodes=([10,4],[15,6],[5,7]),并继续执行步骤(5)。由于被搜索点的划分维度 3 小于当前节点的划分维度 7,所以将[8,5]设为新的当前节点,并进入第 11 次递归。

第 11 次递归:此时列表已满,但由于当前节点到被搜索点的距离 2.83 小于被搜索点到有序列表中最后一个样本点[5,7]的距离 6.4,因此更新 KNearestNodes=([10,4],[8,5],[15,6]),并继续执行步骤(5)。由于被搜索点的划分维度 10 大于当前节点的划分维度 8,所以将[8,5]的右"孩子"设为新的当前节点。第 12 次递归:由于此时当前节点为空,所以第 12 次递归结束并返回第 11 次递归中,即此时的当前节点为[8,5],并继续执行步骤(6)。此时列表已满,但由于被搜索点[10,3]到当前划分维度 $x=8$ 的距离为 2,小于被搜索点到有序列表中最后一个样本点的距离,所以将[6,3]设为新的当前节点,并进入第 13 次递归。

第 13 次递归:此时列表已满,但由于当前节点到被搜索点的距离 4.0 小于被搜索点到有序列表中最后一个样本点[15,6]的距离 5.83,因此更新 KNearestNodes=([10,4],[8,5],[6,3]),并继续执行步骤(5)。由于被搜索点的划分维度 3 大于或等于当前节点的划分维度 3,所以将[6,3]的右"孩子"设为新的当前节点。第 14 次递归:由于此时当前节点为空,所以第 14 次递归结束并返回第 13 次递归中,即此时的当前节点为[6,3],并继续执行步骤(6)。此时列表已满,但由于被搜索点[10,3]到当前划分维度 $y=3$ 的距离为 0,小于被搜索点到有序列表中最后一个样本点的距离,说明[6,3]的左子树中存在比[6,3]更近的点(可以想象假设存在点[7,2.9]),所以将[6,3]的左"孩子"设为新的当前节点,并进入第 15 次递归。

第 15 次递归:由于此时当前节点为空,所以第 15 次递归结束并返回第 13 次递归中,即此时的当前节点为[6,3],并且已经执行完步骤(6)并进一步返回第 11 次递归中。返回第 11 次递归后,此时的当前节点为[8,5],并且已经执行完步骤(6)并进一步返回第 10 次递归中。返回第 10 次递归后,当前节点为[5,7],继续执行步骤(6)。由于此时列表已满,并且被搜索点[10,3]到当前划分维度 $y=7$ 的距离 4 大于或等于被搜索点到有序列表中最后一个样本点[6,3]的距离,所以[5,7]的右子树中不可能存在比[6,3]更近的点,故返回第 1 次递归。

在返回第 1 次递归后,此时的当前节点为[9,10],并且已执行完步骤(6),即所有的递归过程结束。此时有序列表中的元素便为 kd 树中离被搜索点[10,3]最近的 3 个样本点,即 KNearestNodes=([10,4], [8,5], [6,3])。整个递归过程的执行顺序如图 5-8 所示。

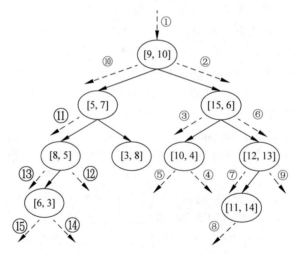

图 5-8 K 近邻搜索递归过程的执行顺序

至此,对于 K 近邻算法的原理就介绍完了。

5.4.6 小结

在本节中,笔者首先介绍了 kd 树的基本原理,以及如何构造一棵 kd 树,接着介绍了如何通过 kd 树来搜索离给定点最近的样本点,并通过一个实际的搜索示例进行了详细介绍,最后介绍了如何在最近邻的基础上,在 kd 树中搜索离给定点最近的 K 个样本点,即 K 最近邻搜索。

总结一下,在本章中笔者首先介绍了 K 近邻算法的主要思想及其原理,包括 K 值选择和距离的度量方式等,接着简单地总结了 sklearn 框架接口的设计风格及通用的建模步骤,然后介绍了如何通过 sklearn 建立完整的 K 近邻分类器,包括模型训练、模型选择、并行搜索和交叉验证等,最后详细介绍了如何通过 kd 树实现 K 近邻中 K 近邻样本点的搜索。

第 6 章

朴素贝叶斯

6.1 朴素贝叶斯算法

在前面几章内容中,笔者分别介绍了一种回归模型和两种分类模型及模型的改善与泛化。在接下来的一章中,笔者将介绍下一个新的分类模型——朴素贝叶斯(Naive Bayes, NB)。什么是朴素贝叶斯呢? 从名字也可以看出,朴素贝叶斯算法与贝叶斯公式有着莫大的关联,说得简单点朴素贝叶斯就是由贝叶斯公式加"朴素"这一条件所构成的。

在看贝叶斯算法的相关内容时,相信各位读者一定会被突如其来的数学概念搞得头昏脑涨。例如先验概率(Prior Probability)、后验概率(Posteriori Probability)、极大似然估计(Maximum Likelihood Estimation)、极大后验概率估计(Maximum A Posteriori Estimation)等,所以接下来笔者将先简单地介绍一下这几个概念,让读者先对这部分内容有一个感性的认识,然后继续介绍后面的内容。

6.1.1 概念介绍

1. 先验概率

所谓先验概率指的是根据历史经验得出来的概率。例如可以通过西瓜的颜色、敲击的声音来判断其是否成熟。因为已经有了通过颜色和声音来判断的"经验",不管这个经验是自己学会的还是别人告诉的。又如在某二分类数据集中,其中正样本有 4 个,负样本有 6 个,通过这个数据集能够学习到的先验知识便是任取一个样本,其为正样本的可能性为 40%,为负样本的可能性为 60%。最后再举个例子,假如办公室失窃了,理论上每个人都可能是小偷,但可以根据对每个人的了解分析得出一个可能性,例如张三偷窃的可能性为 20%,李四偷窃的可能性为 30%,王五偷窃的可能性为 50%,而这就被称为先验概率,它是通过历史经验得来的。

2. 后验概率

所谓后验概率指的是通过贝叶斯公式推断得到的结果。例如上述例子中,不可能因为负样本出现的可能性为 60% 就判定任意取出的样本为负样本,也不能因为王五偷窃的可能性最大就判定每次办公室失窃都是由他所为。先验知识只能帮助我们先取得一个大致的判断,而事实情况需要根据先验概率和条件概率进行计算。

3．极大后验概率估计

一言以蔽之,极大后验概率指的是在所有后验概率中选择其中最大的一个。例如上述例子中,根据先验概率和条件概率便可以计算出每个样本属于正样本还是负样本的后验概率。最后在判断该样本属于何种类别时,挑选后验概率最大的类别即可。

4．极大似然估计

所谓极大似然估计(最大似然估计)指的是用来估计使当前已知结果最有可能发生的模型参数值(参见 3.4.3 节)。例如上述例子中,已知的当前结果为正样本有 4 个,负样本有 6 个。那么什么样的模型参数能够使这一结果最可能发生呢? 此时只需最大化式(6-1)。

$$\binom{10}{4} p^4 (1-p)^6 \tag{6-1}$$

其中,p 为属于正样本的概率。

6.1.2 理解朴素贝叶斯

由贝叶斯公式可知

$$P(B \mid A) = \frac{P(AB)}{P(A)} \tag{6-2}$$

假设 B 为最终的分类标签,A 为一系列的特征属性,那么在使用朴素贝叶斯进行样本分类的时候,实际计算的应该就是每个样本在当前的特征取值为 A 的情况下,它属于类别 B 的概率,因此,当进一步计算出特征值 A 属于每个类别的概率后,再挑选概率值最大时所对应的类别即可作为该样本的分类,但是,在实际情况中对于 A 和 B 之间的联合概率分布 $P(AB)$ 是不知道的,说得直白点就是我们并不知道数据集的生成规则,但是可通过先验概率分布 $P(A)$ 乘以条件概率分布 $P(B|A)$ 来得到联合分布,即公式(6-2)可转换为

$$P(B \mid A) = \frac{P(B)P(A \mid B)}{P(A)} \tag{6-3}$$

现在假设输入空间 $X \subseteq \mathbf{R}^n$,为 n 维向量的集合,输出空间为类标记 $Y = \{c_1, c_2, \cdots, c_K\}$,输入为特征向量 $x \in X$,输出为类标记 $y \in Y$。同时,X 是定义在输入空间 X 上的随机向量,Y 是定义在输出空间 Y 上的随机变量,也就是说 X 是一个 $m \times n$ 的矩阵,y 为类标签。$P(X, Y)$ 是 X 和 Y 的联合概率分布,训练集 $T = \{(x_1, y_1), (x_2, y_2), \cdots, (x_m, y_m)\}$ 由 $P(X, Y)$ 独立同分布产生。

根据上面的分析可知,可以通过学习数据的先验分布,再学习数据的条件概率分布,即可得到联合概率分布 $P(X, Y)$。具体地,对于每个类别来讲其先验概率分布为

$$P(Y = c_k) = \frac{\# c_k}{m}, \quad k = 1, 2, \cdots, K \tag{6-4}$$

其中,$\# c_k$ 表示该类别一共有多少个样本,m 表示样本总数。

同时,对于已知类标下的条件概率分布为

$$P(\boldsymbol{X} = \boldsymbol{x} \mid Y = c_k) = P(X^{(1)} = x^{(1)}, \cdots, X^{(n)} = x^{(n)} \mid Y = c_k) \tag{6-5}$$

其中，$x^{(i)}$ 表示第 i 个特征的取值。

从式(6-5)可知，在实际情况中想要知道其条件概率是不能的，因此朴素贝叶斯对条件概率分布又做了条件独立性假设，即 $P(AB \mid D) = P(A \mid D)P(B \mid D)$，而这也是"朴素"一词的由来。故式(6-5)可改写为

$$P(\boldsymbol{X} = \boldsymbol{x} \mid Y = c_k) = \prod_{i=1}^{n} P(X^{(i)} = x^{(i)} \mid Y = c_k) \tag{6-6}$$

由此，根据式(6-3)的分析可知，对于已知特征属性在 $X = x$ 的条件下，其属于类别 $Y = c_k$ 的后验概率为

$$P(Y = c_k \mid \boldsymbol{X} = \boldsymbol{x}) = \frac{P(\boldsymbol{X} = \boldsymbol{x} \mid Y = c_k)P(Y = c_k)}{\sum_{k=1}^{K} P(\boldsymbol{X} = \boldsymbol{x} \mid Y = c_k)P(Y = c_k)} \tag{6-7}$$

进一步，将式(6-6)代入式(6-7)可得

$$P(Y = c_k \mid \boldsymbol{X} = \boldsymbol{x}) = \frac{P(Y = c_k)\prod_{i=1}^{n} P(X^{(i)} = x^{(i)} \mid Y = c_k)}{\sum_{k=1}^{K} P(Y = c_k)\prod_{i=1}^{n} P(X^{(i)} = x^{(i)} \mid Y = c_k)} \tag{6-8}$$

于是，朴素贝叶斯分类器可以表示为

$$y = \arg \max_{c_k} = \frac{P(Y = c_k)\prod_{i=1}^{n} P(X^{(i)} = x^{(i)} \mid Y = c_k)}{\sum_{k=1}^{K} P(Y = c_k)\prod_{i=1}^{n} P(X^{(i)} = x^{(i)} \mid Y = c_k)} \tag{6-9}$$

即通过计算出任意样本属于类别 c_k 的概率后，选择其中概率最大者作为其分类的类标，但是，我们发现在式(6-9)中，对于每个样本的后验概率的计算来讲，其都有相同的分母，因此，式(6-9)可进一步简化为

$$y = \arg \max_{c_k} P(Y = c_k)\prod_{i=1}^{n} P(X^{(i)} = x^{(i)} \mid Y = c_k) \tag{6-10}$$

注意：$\arg \max\limits_{c_k}$ 的含义是，使 y 取最大值时 c_k 的取值。

虽然朴素贝叶斯算法看似做了一个极其简单的假设，但是其在实际的运用过程中却有着不错的效果，尤其是在文档分类和垃圾邮件分类场景下仅需要少量数据集就能获得不错的效果[1]。

6.1.3 计算示例

通过 6.1.2 节内容的介绍，朴素贝叶斯算法的整个原理过程就介绍完了。下面再通过

---

[1] PEDREGOSA. scikit-learn：Machine Learning in Python[J]. JMLR 12，2011：2825-2830.

一个实际的计算示例体会一下朴素贝叶斯分类器的计算流程。

如表 6-1 所示,此数据集为一个信用卡审批数据集,其中 $X^{(1)} \in A_1 = \{0,1\}$ 表示有无工作,$X^{(2)} \in A_2 = \{0,1\}$ 表示是否有房,$X^{(3)} \in A_3 = \{D,S,T\}$ 表示学历等级,$Y \in C = \{0,1\}$ 表示是否审批通过的类标记。试由表 6-1 中的训练集学习朴素贝叶斯分类器,并确定 $x = (0,1,D)$ 的类标记 Y。

表 6-1 计算数据示例

样本	1	2	3	4	5	6	7	8	9	10	11	12	13	14	15
$X^{(1)}$	0	0	0	0	0	0	0	1	1	1	1	1	1	1	1
$X^{(2)}$	1	1	1	0	1	0	0	0	0	0	1	1	1	0	0
$X^{(3)}$	T	S	S	T	T	T	D	T	T	D	D	T	T	S	S
Y	1	1	1	0	0	0	0	1	1	1	1	1	1	0	1

根据式(6-4),由表 6-1 易知,各个类别的先验概率为

$$P(Y=0) = \frac{5}{15}, \quad P(Y=1) = \frac{10}{15}$$

条件概率为

$$P(X^{(1)}=0 \mid Y=0) = \frac{4}{5}, \quad P(X^{(1)}=1 \mid Y=0) = \frac{1}{5}$$

$$P(X^{(2)}=0 \mid Y=0) = \frac{4}{5}, \quad P(X^{(2)}=1 \mid Y=0) = \frac{1}{5}$$

$$P(X^{(3)}=D \mid Y=0) = \frac{1}{5}, \quad P(X^{(3)}=S \mid Y=0) = \frac{1}{5}$$

$$P(X^{(3)}=T \mid Y=0) = \frac{3}{5}, \quad P(X^{(1)}=0 \mid Y=1) = \frac{3}{10}$$

$$P(X^{(1)}=1 \mid Y=1) = \frac{7}{10}, \quad P(X^{(2)}=0 \mid Y=1) = \frac{4}{10}$$

$$P(X^{(2)}=1 \mid Y=1) = \frac{6}{10}, \quad P(X^{(3)}=D \mid Y=1) = \frac{2}{10}$$

$$P(X^{(3)}=S \mid Y=1) = \frac{3}{10}, \quad P(X^{(3)}=T \mid Y=1) = \frac{5}{10}$$

以上计算过程便是根据训练集训练朴素贝叶斯分类器模型参数的过程。根据这些参数,便可以对给定的 $x = (0,1,D)$ 进行预测。

首先根据式(6-10)分别计算出其属于各个类别的后验概率为

$$P(Y=0 \mid \boldsymbol{X}=\boldsymbol{x})$$
$$= P(Y=0) \cdot P(X^{(1)}=0 \mid Y=0) \cdot P(X^{(2)}=1 \mid Y=0) \cdot P(X^{(3)}=D \mid Y=0)$$
$$= \frac{5}{15} \cdot \frac{4}{5} \cdot \frac{1}{5} \cdot \frac{1}{5} = \frac{4}{375}$$

$$P(Y = 1 \mid \boldsymbol{X} = \boldsymbol{x})$$
$$= P(Y = 1) \cdot P(X^{(1)} = 0 \mid Y = 1) \cdot P(X^{(2)} = 1 \mid Y = 1) \cdot P(X^{(3)} = D \mid Y = 1)$$
$$= \frac{10}{15} \cdot \frac{3}{10} \cdot \frac{6}{10} \cdot \frac{2}{10} = \frac{3}{125}$$

于是可以知道,样本 $x = (0, 1, D)$ 属于 $y = 1$ 的可能性最大。

6.1.4　求解步骤

根据上面两节的介绍,可以将朴素贝叶斯分类算法的求解步骤总结如下:

输入: 训练数据 $T = \{(x_1, y_1), (x_2, y_2), \cdots, (x_m, y_m)\}$,其中 $\boldsymbol{x}_i = (x_i^{(1)}, x_i^{(2)}, \cdots, x_i^{(n)})^{\mathrm{T}}$,$x_i^{(j)}$ 是第 i 个样本的第 j 维特征,$x_i^{(j)} \in \{a_{j1}, a_{j2}, \cdots, a_{jS_j}\}$,$a_{jl}$ 是第 j 维特征可能取得的第 l 个值。同时,$j = 1, 2, \cdots, n$、$l = 1, 2, \cdots, S_j$、$y_i \in \{c_1, c_2, \cdots, c_K\}$。

输出: 实例 x 的分类[①]。

1. 计算先验概率与条件概率

根据极大似然估计,用给定的数据集来计算各类别的先验概率和条件概率。

$$P(Y = c_k) = \frac{\sum_{i=1}^{m} I(y_i = c_k)}{m}, \quad k = 1, 2, \cdots, K \tag{6-11}$$

$$\begin{cases} P(X^{(j)} = a_{jl} \mid Y = c_k) = \dfrac{\sum\limits_{i=1}^{m} I(x_i^{(j)} = a_{jl}, y_i = c_k)}{\sum\limits_{i=1}^{m} I(y_i = c_k)} \\ j = 1, 2, \cdots, n; \ l = 1, 2, \cdots, S_j; \quad k = 1, 2, \cdots, K \end{cases} \tag{6-12}$$

其中 $I(\cdot)$ 为指示函数,当 $y_i = c_k$ 时输出值为 1,反之则为 0。

2. 计算各特征取值下的后验概率

$$P(Y = c_k) \prod_{j=1}^{n} P(X^{(j)} = x^{(j)} \mid Y = c_k), \quad k = 1, 2, \cdots, K \tag{6-13}$$

3. 极大化后验概率确定类别

$$y = \arg \max_{c_k} P(Y = c_k) \prod_{j=1}^{n} P(X^{(j)} = x^{(j)} \mid Y = c_k) \tag{6-14}$$

至此,对于朴素贝叶斯算法的原理及计算过程就介绍完了。根据 6.1.4 节的介绍可以知道,朴素贝叶斯算法所接受的输入特征都是离散型特征(Discrete Features),也就是非连续性的特征取值,例如基于词袋模型的文本特征表示等,因此,对于这部分的示例代码将放

---

① 李航.统计学习方法[M].2 版.北京:清华大学出版社,2019.

在第 7 章中进行介绍。

6.1.5 小结

在本节中,笔者首先介绍了朴素贝叶斯算法中的几个基本概念,然后详细介绍了朴素贝叶斯算法的原理,知道了"朴素"一词的含义及为什么可以通过贝叶斯算法来完成分类任务,最后对朴素贝叶斯算法的具体计算流程进行了总结。

6.2 贝叶斯估计

在介绍完 6.1 节中的内容后对朴素贝叶斯算法的原理应该有了清楚的认识,但还有一个不能忽略的问题就是,当训练集不充分的情况下,某个维度的条件概率缺失时该怎么处理。例如在 6.1.3 节的示例中,如果条件概率 $P(X^{(3)}=D\,|\,Y=1)=0$,即训练集中不存在这一情况,而在测试的数据样本中却存在这种情况。如果此时仍旧将这种情况下的条件概率看作 0,则在预测的时候将会产生很大的错差。面对这样的情况该怎么办呢?

6.2.1 平滑处理

通常,解决这类问题的一个有效办法就是在各个估计中加入一个平滑项(Smoothing Parameter),则此时先验概率和条件概率的计算方法为

$$P_\lambda(Y=c_k)=\frac{\sum_{i=1}^m I(y_i=c_k)+\lambda}{m+K\lambda} \tag{6-15}$$

$$P_\lambda(X^{(j)}=a_{jl}\mid Y=c_k)=\frac{\sum_{i=1}^m I(x_i^{(j)}=a_{jl},y_i=c_k)+\lambda}{\sum_{i=1}^m I(y_i=c_k)+S_j\lambda} \tag{6-16}$$

其中 K 表示数据集分类的类别数;S_j 表示第 j 维特征的取值情况数;$\lambda\geqslant0$,并且当 $\lambda=1$ 时称为拉普拉斯平滑(Laplace Smoothing),这也是常用的做法。

同时,当 $\lambda>0$ 时分别称式(6-15)和式(6-16)为先验概率和条件概率的贝叶斯估计,并且可以发现,当 $\lambda=0$ 时,就是极大似然估计。

6.2.2 计算示例

接下来,将 6.1.3 节中的数据用拉普拉斯平滑($\lambda=1$)再来计算一次。在计算之前我们知道,此时类别数 $K=2,S_1=2,S_2=2,S_3=3$。

根据表 6-1 和式(6-15)易知,各类别的先验概率分别为

$$P(Y=0)=\frac{6}{17},\quad P(Y=1)=\frac{11}{17}$$

条件概率为

$$P(X^{(1)}=0 \mid Y=0)=\frac{5}{7}, \quad P(X^{(1)}=1 \mid Y=0)=\frac{2}{7}$$

$$P(X^{(2)}=0 \mid Y=0)=\frac{5}{7}, \quad P(X^{(2)}=1 \mid Y=0)=\frac{2}{7}$$

$$P(X^{(3)}=D \mid Y=0)=\frac{2}{8}, \quad P(X^{(3)}=S \mid Y=0)=\frac{2}{8}$$

$$P(X^{(3)}=T \mid Y=0)=\frac{4}{8}, \quad P(X^{(1)}=0 \mid Y=1)=\frac{4}{12}$$

$$P(X^{(1)}=1 \mid Y=1)=\frac{8}{12}, \quad P(X^{(2)}=0 \mid Y=1)=\frac{5}{12}$$

$$P(X^{(2)}=1 \mid Y=1)=\frac{7}{12}, \quad P(X^{(3)}=D \mid Y=1)=\frac{3}{13}$$

$$P(X^{(3)}=S \mid Y=1)=\frac{4}{13}, \quad P(X^{(3)}=T \mid Y=1)=\frac{6}{13}$$

计算出属于各个类别的后验概率为

$$P(Y=0 \mid \boldsymbol{X}=\boldsymbol{x})$$
$$= P(Y=0) \cdot P(X^{(1)}=0 \mid Y=0) \cdot P(X^{(2)}=1 \mid Y=0) \cdot P(X^{(3)}=D \mid Y=0)$$
$$= \frac{6}{17} \cdot \frac{5}{7} \cdot \frac{2}{7} \cdot \frac{2}{8} \approx 0.02$$

$$P(Y=1 \mid \boldsymbol{X}=\boldsymbol{x})$$
$$= P(Y=1) \cdot P(X^{(1)}=0 \mid Y=1) \cdot P(X^{(2)}=1 \mid Y=1) \cdot P(X^{(3)}=D \mid Y=1)$$
$$= \frac{11}{17} \cdot \frac{4}{12} \cdot \frac{7}{12} \cdot \frac{3}{13} \approx 0.03$$

于是我们同样可以得出,样本 $x=(0,1,D)$ 属于 $y=1$ 的可能性最大。

至此,对于朴素贝叶斯算法的原理及计算过程就介绍完了。对于这部分的 sklearn 示例代码也将在第 7 章中进行介绍。由于在不同的书中对于一些算法原理有着不同的称谓,这也导致读者在初学及翻阅各种资料时发现一会儿又多了这个概念,一会儿又多了那个概念并为此极为苦恼。不过名称并不太重要,重要的是要知道具体指代的概念。如图 6-1 所示是笔者对遇到的各种"叫法"进行的总结,仅供参考。

6.2.3　小结

在本节中,笔者介绍了如何处理在贝叶斯算法中条件概率为 0 时的处理方法,即贝叶斯估计,然后辨析了几个在贝叶斯算法中容易混淆的概念。值得一提的是,其实平滑处理这种做法不仅可以用于此处,在其他任何类似的情况中都可以借鉴这种做法。例如在第 7 章将要介绍的 TF-IDF 中同样也会用到。抑或是编写含有除运算的程序中,为了防止分母出现 0 的情况,都可以采用这样的做法。

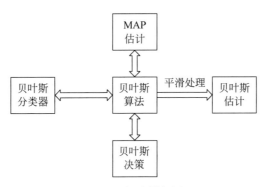

图 6-1 概念辨析图

总结一下,在本章中笔者首先介绍了朴素贝叶斯算法中的几个基本概念,包括先验概率、后验概率、极大后验概率和极大似然估计等,因为只有在对这些概率有了感性的认识才能更加有利于对后续算法原理的理解,接着笔者介绍了朴素贝叶斯算法的基本原理,并且还以一个真实的示例对整个算法的计算过程进行了演示,然后介绍了以平滑处理的方式来处理贝叶斯算法中可能存在的条件概率为 0 的情况,即贝叶斯估计,最后对贝叶斯算法中几种常见的算法名称进行了总结。

第 7 章

文本特征提取与模型复用

在前面几章的示例介绍中,我们所用到的数据集都是已经处理好的数据,换句话说这些数据集的每个特征维度都已经转换成了可用于计算的数值形式,但是在实际的建模任务中,我们获得的数据集可能并不是这样的形式。例如接下来要完成的一个任务,对中文垃圾邮件进行分类。

7.1 词袋模型

例如,对于下面这样一个邮件(样本),应该采用什么样的方式对其进行量化呢?同时,我们知道在建模过程中需要保证每个样本的特征维度数都一样,但是这里每一封邮件的长度却并不同,这又该怎么处理呢?接下来,笔者就介绍机器学习中的第一种文本向量化方法——词袋模型(Bag Of Words,BOW)。

"股权分置已经牵动全国股民的心,是机会? 还是陷阱? 如果是机会,则应该如何把握? 如果是陷阱,则应该如何规避? 请单击此网址索取和讯专家团针对股权分置的操作指导: http://www.spam.com/gwyqxjqxx/ "。

7.1.1 理解词袋模型

什么是词袋模型呢? 其实词袋模型这个叫法非常形象,突出了模型的核心思想。所谓词袋模型就是,首先将训练样本中所有不重复的词放到这个袋子中构成一个词表(字典),然后以这个词表为标准来遍历每个样本,如果词表中对应位置的词出现在样本中,则词表对应位置就用 1 来表示,没有出现就用 0 来表示,最后,对于每个样本来讲都将其向量化成了一个和词表长度一样的只含有 0 和 1 的向量。

如图 7-1 所示,此示意图为一个直观的词袋模型转换示意图。左边为原始数据集(包含两个样本),中间为词表,右边为向量化的结果。

其中[1 1 0 1]的含义就是,在样本"机器学习是人工智能的子集"中有 3 个词出现在词表当中,分别是"机器学习""人工智能"和"子集"。

具体步骤可以总结为以下 3 步。

机器学习是人工智能的子集　　机器学习　　1 1 0 1
深度学习是机器学习的子集　　人工智能
　　　　　　　　　　　　　　深度学习　　1 0 1 1
　　　　　　　　　　　　　　　子集

图 7-1　词袋模型原理示意图

1．文本分词

首先需要将原始数据的每个样本进行分词处理(英文语料可以跳过这步)。

2．构造词表

然后在所有的分词结果中去掉重复的部分,保证每个词语只出现一次,并且同时要以任意一种顺序来固定词表中每个词的位置。

3．文本向量化

遍历每个数据样本,若词表中的词出现在该样本中,则对应位置为 1,否则为 0。

在图 7-1 中,对样本"机器学习是人工智能的子集"来讲,其中有 3 个词出现在词表中,所以词表中每个词的对应位置为 1,而"深度学习"这个词并没有出现在样本中,所以对应位置为 0。

可以看出,向量化后每个样本特征维度的长度都和词表长度相同(图 7-1 中为 4)。虽然这样做的好处是词表包含了样本中所有出现过的词,但是却很容易导致维度灾难。因为通常一个一般大小的中文数据集,可能会出现数万个词语(而这意味着转化后向量的维度也有这么大),所以在实际处理中,在分词结束后通常还会进行词频统计这一步,即统计每个词在数据集中出现的次数,然后只选择其中出现频率最高的前 K 个词作为最终的词表。最后,通常也会将一些无意义的虚词,即停用词(Stop Words)去掉,例如的、啊、了等。

7.1.2　文本分词

通过 7.1.1 节的介绍可以知道,向量化的第一步是需要对文本进行分词。下面笔者将介绍一款常用的开源分词工具 jieba。当然,使用 jieba 库的前提是先要安装,读者可以先进入对应的虚拟环境中,然后通过命令 pip install jieba 进行安装。

这里先用下面这段文本进行分词处理并做词频统计。

央视网消息:当地时间 11 日,美国国会参议院以 88 票对 11 票的结果通过了一项动议,允许国会"在总统以国家安全为由决定征收关税时"发挥一定的限制作用。这项动议主要针对加征钢、铝关税的 232 调查,目前尚不具有约束力。动议的主要发起者——共和党参议员鲍勃·科克说,11 日的投票只是一小步,他会继续推动进行有约束力的投票。

可以看到,这段文本中还包含了很多标点符号和数字,显然暂时不需要这些内容,所以在分词的时候可以通过正则表达式进行过滤。同时,jieba 库分别提供了两种分词模式来应对不同场景下的中文分词,下面分别进行介绍。完整代码见 Book/Chapter07/01_cut_words.py 文件。

1. 普通分词模式

普通分词模式指的是按照常规的分词方法,将一个句子分割成多个词语的组成形式,代码如下:

```
import jieba,re
def cutWords(s, cut_all = False):
cut_words = []
    s = re.sub("[A-Za-z0-9\:\·\—\,\。\" \"]", "", s)
    seg_list = jieba.cut(s, cut_all = cut_all)
    cut_words.append(" ".join(seg_list))
```

在上述代码中,第 4 行代码的作用是将所有字母、数字、冒号、逗号、句号等过滤掉,第 5~6 行用来完成分词处理的过程,当 cut_all = False 时,表示普通分词模式。根据上述代码分词结束后便能看到以下所示的结果:

> ['央视网 消息 当地 时间 日 美国国会参议院 以票 对票的结果通过了一项动议允许国会在总统以国家安全为由决定征收关税时发挥一定的限制作用这项动议主要针对加征钢铝关税的调查目前尚不具有约束力动议的主要发起者共和党参议员鲍勃科克说日的投票只是一小步他会继续推动进行有约束力的投票']

但是,对于有的句子来讲可以有不同的分词方法,例如"美国国会参议院"这段描述,既可以分成"美国 国会 参议院",也可以分成"美国国会 参议院",甚至可以直接分成"美国国会参议院",不同的人可能有不同的切分方式,因此,jieba 还提供了另外一种全分词模式。

2. 全分词模式

当把上面代码中的 cut_all 设置为 True 后,便可以开启全分词模式,分词后的结果如下:

> ['央视央视网视网消息当地时间日美国美国会美国国会参议院国会参议参议院议院以票对票的结果通过了一项动议允许许国国会在总统以国家家安安全为由决定征收关税时发挥一定的限制制作作用这项动议主要针对加征钢铝关税的调查目前尚不不具具有约束约束力动议的主要发起发起者共和共党党参参议参议员议员鲍勃科克说日的投票只是一小小步他会继续推动进行有约束约束力的投票']

可以看出,对于有的句子,分词后的结果确实看起来结结巴巴,但这就是全分词模式的作用。在分词结束后,就可以对分词结果进行词频统计并构造词表。

7.1.3 构造词表

上面介绍了,分词后通常还会进行词频统计,以便选取出现频率最高的前 K 个词来构造词表。对词频进行统计需要使用另外一个包 collection 中的 Counter 计数器(如果没有安装,则可自行安装,命令为 pip install collection),但是需要注意的是,像上面那样分词后的形式并不能进行词频统计,因为 Counter 是将 list 中的一个元素视为一个词,所以要对上面的代码略微进行修改。完整代码见 Book/Chapter07/01_cut_words.py 文件,代码如下:

```python
def wordsCount(s):
cut_words = ""
    s = re.sub("[A－Za－z0－9\:\·\—\,\.\" \"]", "", s)
    seg_list = jieba.cut(s, cut_all = False)
    cut_words += (" ".join(seg_list))
    all_words = cut_words.split()
    c = Counter()
    for x in all_words:
        if len(x) > 1 and x ! = '\r\n':
            c[x] += 1
```

在上述代码中,前 6 行用来对文本进行分词处理,然后通过后面 4 行代码来完成词频统计。使用上述代码进行词频统计后,便可以取前 K 个词来构造词表了,代码如下:

```python
＃此处接上面的代码
vocab = []
print('\n 词频统计结果:')
for (k, v) in c.most_common(5):          ＃输出词频最高的前 5 个词
    print("％s:％d" ％ (k, v))
    vocab.append(k)
print(vocab)
```

这样便可以得到前 K(这里 $K=5$)个词构成的词表,结果如下:

```
词频统计结果:
动议:3
关税:2
主要:2
约束力:2
投票:2
词表: ['动议', '关税', '主要', '约束力', '投票']
```

7.1.4 文本向量化

通过上面的操作,便可以得到一个最终的词表(Vocabulary)。最后一步的向量化工作则是遍历每个样本,查看词表中每个词是否出现在当前样本中。如果出现,则词表对应的维度用 1 表示。如果没有出现,则用 0 表示。完整代码见 Book/Chapter07/02_vectorization.py 文件,关键代码如下:

```python
def vetorization(s):
＃此处接文本分词和词频统计代码
```

```
x_vec = []
    for item in x_text:
        tmp = [0] * len(vocab)
        for i,w in enumerate(vocab):
            if w in item:
                tmp[i] = 1
            x_vec.append(tmp)
    print("词表:",vocab)
    print("文本:",x_text,x_vec)
```

在上述代码中,第 3 行中 x_text 表示原始文本分词后的结果,第 4 行中 tmp 表示先初始化一个长度为词表长度的全 0 向量,第 6~8 行表示开始遍历每一句文本中的每个词,判断其是否存在于词表中。如果存在,则将 tmp 向量对应处置为 1。

这样,根据 vetorization()函数便能够对输入的文本进行向量化表示,结果如下:

```
s = ['文本分词工具可用于对文本进行分词处理', '常见的用于处理文本的分词处理工具有很多']
vetorization(s)
词表:['文本', '分词', '处理', '工具', '用于', '进行', '常见', '很多']
文本:[['文本','分词','工具','可','用于', '对','文本','进行', '分词', '处理'], ['常见', '的',
'用于', '处理', '文本', '的', '分词', '处理', '工具', '有','很多']]
[[1, 1, 1, 1, 1, 1, 0, 0], [1, 1, 1, 1, 1, 0, 1, 1]]
```

从上面的结果可以看出,这里选择了出现频率最高的前 8 个词来构造词表,然后得到了每个样本的向量化表示。

至此,笔者就介绍完了第一种基本的文本向量化表示方法,即判断样本中每个词是否出现在词表中。如果出现,则词表对应位置就用 1 来表示,如果没有出现,则用 0 表示。最终就会得到一个仅包含 0 和 1 的向量来表示这一样本,但是这样做的弊端之一就是没有考虑词的出现频率,即不管一个词出现了多少次,最后都仅仅用 1 来表示其出现过,但在一些场景下,词频又是十分重要的,因此,接下来再来看另外一种同时考虑词频的词袋表示模型。

7.1.5　考虑词频的文本向量化

如图 7-2 所示,最上面为原始样本,中间为词表,最下边为两种词袋模型的表示结果。其中最下边左侧的表示方法就是我们在上面介绍的第一种文本表示方法,它只考虑词表中的单词是否出现,而不关心出现次数,而最下边右侧的表示方法同时还考虑了每个词的出现频率。

因此,根据这一原理只需将 7.1.4 节中的代码稍做修改即可实现这一结果。完整代码见 Book/Chapter07/03_vectorization_with_freq.py 文件,关键代码如下:

```
defvectorization_with_freq(s)
    #此处接文本分词和词频统计代码
    x_vec = []
    for item in x_text:
```

```
文本 分词 工具 可 用于 对 文本 进行 分词 处理
常见 的 用于 处理 文本 的 分词 处理 工具 有 很多
```

```
文本 分词 处理 工具 用于 进行 常见 很多
```

```
1 1 1 1 1 1 0 0        2 2 1 1 1 1 0 0
1 1 1 1 1 0 1 1        1 1 2 1 1 0 1 1
```

图 7-2　考虑词频的词袋模型原理示意图

```
tmp = dict(zip(vocab,[0] * len(vocab)))
        for w in item:
            if w in vocab:
                tmp[w] += 1
        x_vec.append(list(tmp.values()))
    print("词表:",vocab)
    print("文本:",x_text)
    print(x_vec)
```

在上述代码中,第 5 行用来初始化一个字典,其 key 为词表中的每个词,value 的初始化值为 0,表示每个词出现的次数为 0,第 6~8 行用来遍历样本中的每个词,如果其出现在词表中,则对字典中对应词的计数值加 1,最后第 9 行用来取字典对应的所有 value 值,以此作为这条文本的向量化表示。

这样,根据 vectorization_with_freq()函数便能对输入的文本进行向量化表示,结果如下:

```
s = ['文本分词工具可用于对文本进行分词处理', '常见的用于处理文本的分词处理工具有很多']
vectorization_with_freq(s)
词表: ['文本', '分词', '处理', '工具', '用于', '进行', '常见', '很多']
文本: [['文本', '分词', '工具', '可', '用于', '对', '文本', '进行', '分词', '处理'], ['常见','的',
'用于', '处理', '文本','的','分词','处理','工具','有','很多']]
[[2, 2, 1, 1, 1, 1, 0, 0], [1, 1, 2, 1, 1, 0, 1, 1]]
```

这样,便得到了考虑词频的文本向量化表示。不过,其实这一方法在 sklearn 中已经实现了。接下来就通过 sklearn 中的方法再进行一次演示。在 sklearn 中,可以通过导入 CountVectorizer 这一类方法完成上述步骤,代码如下:

```
from sklearn.feature_extraction.text import CountVectorizer
count_vec = CountVectorizer(max_features = 8)
x = count_vec.fit_transform(s).toarray()
vocab = count_vec.vocabulary_
vocab = sorted(vocab.items(),key = lambda x:x[1])
```

在上述代码中,第 2 行中的 max_features＝8 表示取频率最高的前 8 个词构造词表,最后 2 行代码分别用来获得词表,以及将词表进行排序。

这样,根据上述代码便能对文本进行向量化表示,结果如下:

```
[('分词', 0), ('处理', 1), ('工具', 2), ('常见', 3), ('很多', 4), ('文本', 5), ('用于', 6), ('进
行', 7)]
[[2 1 1 0 0 2 1 1]
 [1 2 1 1 1 1 1 0]]
```

可以发现,通过 CountVectorizer 类得到的文本向量与上面我们自己编写的代码的输出结果存在一点差别。细心的读者可能已发现,导致这一差别的主要原因便是词表的顺序不一样。由于最后的文本向量化形式会依赖于每个词在词表中的位置顺序,所以根据不同顺序的词表最后得到的向量必定存在着不同,但这在本质上并没有什么不同,只要词表一样则两者得到的向量表示是等价的。

7.1.6　小结

在本节中,笔者首先介绍了第一种将文本转化为向量的词袋模型,接着介绍了一款常用的中文分词工具 jieba 库,并演示了如何通过 jieba 进行分词处理并进行词频统计,然后介绍了如何实现词袋模型的最后一步——向量化表示。最后还介绍了另外一种词袋模型表示方法,该方法同时考虑了词语的出现频率,并且在长文本的表示中用得较多。

7.2　基于贝叶斯算法的垃圾邮件分类

接下来,笔者采用第 2 种词袋模型表示方法通过朴素贝叶斯算法对垃圾邮件进行分类。下面用到的是一个中文的邮件分类数据集,包含垃圾邮件和非垃圾邮件两类,即一个二分类任务。其中 ham_5000.utf8 和 spam_5000.utf8 这两个文件中分别包含 5000 封正常邮件和垃圾邮件,文件中每行分别表示一封邮件,示例如下:

"我的意中人是一个盖世英雄,有一天他会踩着七色的云彩来娶我,我猜中了前头,可是我猜不着这结局"世间一切美好都有有效期限吧,坦然面对,接受幸福的彩排。

总地来讲,要完成这一文本分类任务,首先需要载入原始文本并对其中的每个样本进行分词处理,接着通过上面介绍的 CountVectorizer 类来完成文本的向量化表示,并制作完成每个样本对应的类别以便构成一个完整的数据集,最后根据朴素贝叶斯算法完成分类任务。完整代码见 Book/Chapter07/04_bag_of_word_cla.py 文件。

7.2.1　载入原始文本

首先需要完成的便是编写一个用于载入本地文本并同时进行分词的函数,代码如下:

```
def load_data_and_cut(file_path = './data/ham_100.utf8'):
    x_cut = []
    with open(file_path, encoding = 'utf-8') as f:
        for line in f:
            line = line.strip('\n')
            seg_list = jieba.cut(clean_str(line), cut_all = False)
            x_cut.append(" ".join(seg_list))
    return x_cut
```

在上述代码中,第 3 行用来打开一个本地的文本文件,并采用 UTF-8 的编码格式进行读取,第 4 行用来读取文本中的每一行文本,第 5 行用来去掉每行文本两端的换行符,第 6～7 行用来对文本进行清洗及分词处理,其中函数 clean_str() 的作用是去掉一个字符串中的所有非中文字符,最后返回处理好的结果。

7.2.2 制作数据集

在完成原始文本的载入后,需要根据样本的数量来分别构造垃圾邮件和正常邮件所对应的类别标签,同时再对文本进行向量化表示,代码如下:

```
def get_dataset(top_k_words = 1000):
    x_pos = load_data_and_cut(file_path = './data/ham_5000.utf8')
    x_neg = load_data_and_cut(file_path = './data/spam_5000.utf8')
    y_pos, y_neg = [1] * len(x_pos), [0] * len(x_neg)
    x, y = x_pos + x_neg, y_pos + y_neg
    X_train, X_test, y_train, y_test = \
        train_test_split(x, y, test_size = 0.3, random_state = 42)
    count_vec = CountVectorizer(max_features = top_k_words)
    X_train = count_vec.fit_transform(X_train)
    X_test = count_vec.transform(X_test)
    return X_train, X_test, y_train, y_test
```

在上述代码中,第 2～3 行分别用来载入原始的正常邮件和垃圾邮件,第 4～5 行分别用来构造样本标签,以及将两个类别的特征输入和标签放到一起,第 6～7 行用来将原始数据进行打乱,同时划分成训练集与测试集两部分,第 8～10 行则是先实例化类 CountVectorizer,然后通过训练集来构造词表并对训练集进行向量化,最后用通过训练集得到的词表来对测试集进行向量化,第 11 行则是将最后的结果进行返回。

这里需要特别注意的地方就是,一定要先划分数据,然后进行向量化。如同第 4 章中所介绍的标准化流程一样,一定要用在训练集上得到的标准化参数(指词表)来对测试集进行标准化(向量化)。

7.2.3 训练模型

在制作完成数据集后,就可以定义朴素贝叶斯模型了,然后进行训练与预测,代码如下:

```
from sklearn.naive_bayes import MultinomialNB
def train(X_train, X_test, y_train, y_test):
    model = MultinomialNB()
    model.fit(X_train, y_train)
    y_pre = model.predict(X_test)
    print(classification_report(y_test, y_pre))
```

在上述代码中,第 3 行用来定义一个多项式的朴素贝叶斯模型,第 4～5 行用来训练模型和对测试集进行测试,最后可以得到如下所示的评估结果:

	precision	recall	f1 - score	support
accuracy			0.96	3001
macro avg	0.96	0.96	0.96	3001
weighted avg	0.96	0.96	0.96	3001

同时,在实例化类 MultinomialNB 时,还可以通过其对应的模型参数 alpha 设定平滑系数的取值。在默认情况下,alpha＝1,即拉普拉斯平滑。

7.2.4　复用模型

在实际的运用环境中,不可能每次在对新数据进行预测时都从头开始训练一个模型。通常,模型在第 1 次训练完成后会被保存下来。只要后续不需要再对模型做任何改动,在对新数据进行预测时,只需载入已有的模型进行复用[①]。

1. 保存模型

首先需要定义一个函数来对传入的模型进行保存,代码如下:

```
import joblib
def save_model(model, dir = 'MODEL'):
    if not os.path.exists(dir):
        os.mkdir(dir)
    joblib.dump(model, os.path.join(dir, 'model.pkl'))
```

在上述代码中,第 3～4 行用来判断当前是否存在 MODEL 这个目录。如果不存在,则创建。第 5 行用来将传入的模型以 model.pkl 的名称保存到 MODEL 目录中。此时,只需要在 7.2.3 节中第 5 行代码前插入代码 save_model(model, dir＝'MODEL')便可完成对模型的保存。

2. 复用模型

在复用模型之前,需要先定义一个函数来对已有的模型进行载入,代码如下:

---

① PEDREGOSA. scikit-learn:Machine Learning in Python[J]. JMLR 12,2011:2825-2830.

```
def load_model(dir = 'MODEL'):
    path = os.path.join(dir, 'model.pkl')
    if not os.path.exists(path):
        raise FileNotFoundError(f"{path}"模型不存在,请先训练模型!")
    model = joblib.load(path)
    return model
```

在上述代码中,第2～4行用来判断给定的路径中是否存在一个名为 model.pkl 的模型文件。如果不存在,则进行提示。第5～6行用来返回载入后的模型。此时,只要已存在的模型载入成功,就可以直接对新数据进行预测,代码如下:

```
def predict(X):
    model = load_model()
    y_pred = model.predict(X)
    print(y_pred)
```

至此,对于文本数据的数据预处理过程、向量化过程、模型的训练和复用过程就介绍完了。不过,如果读者这里稍微注意一下就会发现,在保存模型的时候不仅要对最后的分类或者回归模型进行保存,还要对最开始的数据集预处理模型进行保存,例如这里的 CountVectorizer 模型。因为新输入的数据一般是原始数据,需要对其进行相应的标准化(这里是向量化)处理,同时还必须使用通过训练集得到的参数对新数据进行标准化,所以也需要对标准化时的模型进行保存。

7.2.5　小结

在这节中,笔者首先以一个真实的垃圾邮件数据集为例,详细介绍了如何通过 sklearn 中的朴素贝叶斯模型(MultinomialNB)来完成文本的分类任务,包括载入原始文本数据、制作数据集、划分数据集等,然后还介绍了如何通过 joblib 模块来完成模型的复用,最后还分析了复用模型时不仅需要保存最后的回归或者分类模型,同时还需要保存数据预处理过程中所用到的所有模型。

7.3　考虑权重的词袋模型

在7.1节中,笔者介绍了两种基本的用于文本表示的词袋模型表示方法,两者之间的唯一区别就是一个考虑了词频而另外一个没有考虑。下面我们再介绍另外一种应用更为常见和广泛的词袋模型表示方式——TF-IDF 表示方法。

7.3.1　理解 TF-IDF

之所以陆续地会出现不同的向量化表示形式,其最终目的只有一个,即尽可能准确地对原始文本进行表示。TF-IDF 为词频-逆文档频率(Term Frequence-Inverse Document

Frequence)的简称。首先需要明白的是 TF-IDF 实际上是 TF 与 IDF 两者的乘积。同时，出现 TF-IDF 的原因在于，通常来讲在一个样本中一个词出现的频率越高，其重要性应该相应越高，即考虑到词频对文本向量的影响，但是如果仅仅考虑这一个因素，则同样会带来一个新的弊端，即有的词不只是在某个样本中出现的频率高，其实它在整个数据集中出现的频率都很高，而这样的词往往也是没有意义的，因此，TF-IDF 的做法是通过词的逆文档频率来加以修正调整。

7.3.2 TF-IDF 计算原理

TF-IDF 的计算过程总体上可以分为两步，先统计词频，然后计算逆文档频率，最后将两者相乘得到 TF-IDF 值[①]。

1. 统计词频

$$TF = 某个词在该样本中出现的次数 \tag{7-1}$$

2. 计算逆文档频率

$$IDF = \log\left(\frac{总的样本数}{包含该词的样本数 + 1}\right) \tag{7-2}$$

其中 log 表示取自然对数。

根据式(7-2)可以发现，如果一个词越常见，则对应的分母就越大，逆文档频率就越小。分母之所以要加 1，是为了避免分母为 0 时(当使用自定义词表时)的平滑处理。这就是最原始的 IDF 计算方式。不过这种做法的一个瑕疵是，当所有样本中都含有某个词的时候，计算出来的 IDF 为负数，因此，sklearn 在实现 IDF 计算时采用了另外一种平滑处理方式

$$IDF = \log\left(\frac{总的样本数 + 1}{包含有该词的样本数 + 1}\right) + 1 \tag{7-3}$$

这样就同时避免了上面所出现的两种情况。在后面的计算示例中，笔者也将采用式(7-3)来计算 IDF 值。

3. 计算 TF-IDF

$$TF - IDF = TF \times IDF \tag{7-4}$$

最后，根据计算得到的 TF 和 IDF 值便可以根据式(7-4)计算 TF-IDF 值。同时，对于数据集中的每个词都能计算并得到对应的 TF-IDF 值，最后将所有的值组合成一个矩阵便可得到文本的向量化表示。

注意：对于样本中的每个词，如果其没有出现在词表中，则对应的 TF-IDF 值为 0。

---

① PEDREGOSA. scikit-learn：Machine Learning in Python[J]. JMLR 12，2011：2825-2830.

7.3.3 TF-IDF 计算示例

现在假设有以下 4 个样本(每个样本为列表中的一个元素),代码如下:

```
corpus = ['this is the first document',
          'this document is the second document',
          'and this is the third one',
          'is this the first document']
```

同时,其对应的词表如下:

```
vocabulary = ['this', 'document', 'first', 'is', 'second', 'the',
              'and', 'one']
```

1. 统计词频

首先,根据已知的样本和词表,可以得到如下所示的一个词频统计矩阵:

```
[[1 1 1 1 0 1 0 0]
 [1 2 0 1 1 1 0 0]
 [1 0 0 1 0 1 1 1]
 [1 1 1 1 0 1 0 0]]
```

其中矩阵中的每一行表示对应样本中各个词在词表中出现的次数。例如第 1 行中的前 4 个 1 表示词表中的前 4 个词均在样本 this is the first document 中出现,第 5 个 0 表示词表中的 second 并没有在第 1 个样本中出现,第 6 个 1 表示词表中的 the 出现在第 1 个样本中,最后两个 0 表示词表中 and 和 one 这两个词也没有出现在第 1 个样本中。词频矩阵中的其他 3 行同理。

2. 计算逆文档频率

由式(7-3)可知,对于词表中的每个词,根据其在整个样本中的出现情况都可以计算并得到一个 IDF 值,因此,对于整个词表来讲,可以计算并得到如下所示的一个 IDF 向量:

```
[1.   1.223  1.510  1.   1.916  1.   1.916  1.916]
```

例如对于单词 document 来讲它出现在 3 个样本中,因此其计算过程为

$$\log\left(\frac{4+1}{3+1}\right)+1 \approx 1.223$$

3. 计算 TF-IDF

在计算并得到样本中每个词的词频,以及词表中每个词的 IDF 值后,便可以根据式(7-4)计算并得到样本中每个词的 TF-IDF 值,最终得到如下所示的 TF-IDF 权重矩阵:

```
[[1.    1.223   1.510   1.    0.      1.    0.      0.   ]
 [1.    2.446   0.      1.    1.916   1.    0.      0.  ]
```

```
[1.      0.      0.      1.      0.      1.      1.916   1.916]
[1.      1.223   1.510   1.      0.      1.      0.      0.  ]]
```

例如对于第 2 个样本来讲：

词表中的第 1 个词 this 在该样本中出现的次数为 1，所以其 TF-IDF 值为

$$1 \times 1 = 1$$

词表中的第 2 个词 document 在该样本中出现的次数为 2，所以其 TF-IDF 值为

$$2 \times 1.223 = 2.446$$

词表中的第 3 个词 first 在该样本中出现的次数为 0，所以其 TF-IDF 值为

$$0 \times 1.510 = 0$$

同样，对于其他样本的 TF-IDF 值的计算也可以按照上述过程进行，读者可以自行进行验算。这样，我们就将原始的文本表示转换成了 TF-IDF 形式的数值表示了。

7.3.4　TF-IDF 示例代码

对于上述整个计算过程，可以使用 sklearn 中的 CountVectorizer 类和 TfidfTransformer 类来完成，完整代码见 Book/Chapter07/05_tf_idf.py 文件。关键代码如下：

```
count = CountVectorizer(vocabulary = vocabulary)
count_matrix = count.fit_transform(corpus).toarray()
tfidf_trans = TfidfTransformer(norm = None)
tfidf_matrix = tfidf_trans.fit_transform(count_matrix).toarray()
idf_vec = tfidf_trans.idf_
```

在上述代码中，第 1 行用来实例化类 CountVectorizer，并同时传入词表，第 2 行用来对原始数据进行词频统计，第 3～4 行代码用来计算整个 TF-IDF 矩阵。同时，count_martrix 是词频统计矩阵，tfidf_matrix 是 TF-IDF 权重矩阵，也就是 7.3.3 节计算 TF-IDF 中的结果，idf_vec 是 IDF 向量。

但在默认情况下，第 3 行代码中的参数 norm 的值为 l2，也就是说此时 TfidfTransformer 会对 TF-IDF 权重矩阵的每一行进行标准化，即标准化后每一行的模为 1。同时，在上面示例中，将 norm 设置为 None 只是为了复现 7.3.2 节中 TF-IDF 的计算过程，方便读者理解。

最后，需要解释一下的地方是上述代码第 2 行和第 4 行后面的 toarray() 方法。根据 7.1 节介绍的内容可以知道，利用词袋模型表示文本通常来讲维度会比较高，当样本较多时词表中可能会有数万甚至数十万个词，因此，在这种情况下对于每个样本来讲，其通过词袋模型转换后的特征向量中都会存在大量的 0，从而使最后得到的特征矩阵非常稀疏（Sparse），所以为了提高存储效率，在 sklearn 中这样的稀疏矩阵都会采用稀疏方式进行存储。例如 7.3.4 节中，tfidf_matrix 的第 1 行采用稀疏表示的结果为

```
(0, 5)      1.0
(0, 3)      1.0
```

```
(0, 2)      1.5108256237659907
(0, 1)      1.2231435513142097
(0, 0)      1.0
```

其中第1行的含义是原始矩阵中第0行第5列的值为1,同理第3行的含义是原始矩阵中第0行第2列的值为1.510。注意,这里的索引都是从0开始的,并且可以发现,对于原始矩阵中取值为0的位置在稀疏矩阵中并没有被体现出来,这也就极大地节省了变量的存储空间,所以当需要查看原始非稀疏矩阵的结果时,就可以通过 toarray() 方法转换得到。不过在 sklearn 中,不管样本特征采用的是稀疏表示方法还是非稀疏表示方法,都可以直接进行建模。

7.3.5　小结

在本节中,笔者首先介绍了什么是 TF-IDF,以及为什么需要使用 TF-IDF,接着介绍了 TF-IDF 的计算原理,并同时用真实的示例演示了 TF-IDF 的整个计算过程,最后介绍了如何通过 sklearn 中的 CountVectorizer 类和 TfidfTransformer 类来完成整个计算过程。

7.4　词云图

在介绍完文本的向量化表示方法后,这里再顺便介绍一个实用的对文本按权重(频率)进行可视化的 Python 包 word cloud。根据 word cloud,可以将词语以权重大小或者词频高低来生成词云图,如图 7-3 所示。

图 7-3　词云图示例

图 7-3 所展示的词云图是根据宋词分词统计后所形成的结果,其中字体越大表示其出现的频率越高或者 TF-IDF 权重越大。

7.4.1　生成词云图

在生成词云图之前,首先需要统计词频或者 TF-IDF 权重。接下来,以一个宋词数据集为例进行介绍。完整代码见 Book/Chapter07/06_word_cloud.py 文件。

1. 载入原始文本

首先需要载入原始的宋词数据,代码如下:

```
def load_data_and_cut(file_path = './data/QuanSongCi.txt'):
cut_words = ""
    with open(file_path, encoding = 'utf - 8') as f:
        for line in f:
            line = line.strip('\n')
            seg_list = jieba.cut(clean_str(line), cut_all = False)
            cut_words += (" ".join(seg_list))
        all_words = cut_words.split()
    return all_words
```

可以看到,上述代码和 7.1.3 节中的代码基本一样,所以在此就不再赘述了。

2. 统计词频

接下来,通过 Counter 计数器来完成分词结果中词频的统计,代码如下:

```
def get_words_freq(all_words, top_k = 500):
    c = Counter()
    for x in all_words:
        if len(x) > 1 and x != '\r\n':
            c[x] += 1
    vocab = {}
    for (k, v) in c.most_common(top_k):
        vocab[k] = v
    return vocab
```

在上述代码中,第 2 行用来定义一个计数器,第 5 行用来对每个词进行计数,第 6~8 行用来查找出现频率最高的前 top_k 个词,并将词和出现频率以字典的形式进行存储。

3. 生成词云图

在得到词频字典后,便可以通过 WordCloud 类来完成词云图的生成,代码如下:

```
def show_word_cloud(word_fre):
    word_cloud = WordCloud(font_path = './data/simhei.ttf',
                            background_color = 'white', max_font_size = 70)
    word_cloud.fit_words(word_fre)
    plt.imshow(word_cloud)
    plt.show()
```

在上述代码中,第 2 行用来载入汉字字体,因为 word cloud 默认不支持汉字,第 4 行用来生成词云图,第 5~6 行用来展示最后生成的词云图。在运行完上述代码后,便可以得到如图 7-3 所示的词云图。可以发现,全词中出现频率最高的几个词便是"人间""东风""何处""风流"等。

7.4.2 自定义样式

通过 word cloud 除了能够生成类似图 7-3 所示的矩形词云图以外,更多场景下我们希望能够生成自定义样式的词云图。例如一个人的形状、一个建筑的形状等。在 word cloud 中,只需要在实例化对象 WordCloud 时传入一个掩码矩阵便可完成这一想法。完整代码见 Book/Chapter07/07_word_cloud.py 文件,代码如下:

```python
def show_word_cloud(word_fre):
    from PIL import Image
    img = Image.open('./data/dufu.png')
    img_array = np.array(img)
    word_cloud = WordCloud(font_path = './data/simhei.ttf',
                    background_color = 'white',max_font_size = 70, mask = img_array)
    word_cloud.fit_words(word_fre)
    plt.imshow(word_cloud)
    plt.show()
```

在运行完上述代码后,便可以生成一个自定义形状的词云图,如图 7-4(b)所示。

(a)   (b)

图 7-4 自定义词云图样式

在上述代码中,第 3~4 行用来打开一张图片,并同时转换为一个矩阵,第 6 行在实例化类 WordCloud 时需要将这个矩阵赋值到 mask 参数。这样便能够生成自定义样式的词云图。这里需要注意的一个地方就是，选择的这张图片的背景一定是纯白色的，因为WordCloud的填充原理就是在图片的非白色区域进行填充。如果使用的是一张非白色背景的图片，则最后生成的词云图依旧是一个矩形。

7.4.3　小结

在本节中，笔者首先介绍了什么是词云图，接着介绍了如何根据得到的词频统计结果通过 word cloud 库生成词云图，最后还介绍了如何生成自定义形状的词云图。

总结一下，在本章中笔者首先介绍了两种在文本处理领域中常见的词袋模型，一步一步详细介绍了整个文本向量化的处理流程，接着介绍了如何使用朴素贝叶斯算法来完成中文垃圾邮件的分类任务，同时介绍了如何复用模型，包括存储模型和载入模型，然后介绍了文本处理领域中使用最为频繁的 TF-IDF 表示方法及相应的计算过程，最后介绍了一种常见的文本可视化手段，即以词和其对应的词频为参数，通过 word cloud 库生成相应的词云图。

第 8 章

决策树与集成学习

8.1 决策树的基本思想

经过前面几章的介绍,我们已经学习过了 3 个分类算法模型,包括逻辑回归、K 近邻和朴素贝叶斯。今天笔者将介绍下一个分类算法模型——决策树(Decision Tree)。

一说到决策树其实很多读者或多或少已经使用过,只是自己还不知道罢了。例如最简单的决策树就是通过输入年龄,判读其是否为成年人,即 if age >= 18 return True,想想自己是不是经常用到这样的语句。

8.1.1 冠军球队

关于什么是决策树,我们先来看一个例子。假如笔者错过了某次世界杯比赛,赛后笔者问一个知道比赛结果的人"哪支球队获得了冠军"? 但是对方并不愿意直接说出结果,而是让笔者自己猜,且每猜一次对方都要收一元钱才肯告诉笔者是否猜对了。现在的问题是要掏多少钱才能知道哪支球队是冠军球队[1]。

现在笔者可以把球队从 1 到 16 编上号,然后提问:"冠军球队在 1～8 号中吗?"。假如对方告诉笔者猜对了,笔者就会接着问:"冠军球队在 1～4 号中吗?"。假如对方告诉笔者猜错了,那么笔者也就自然知道冠军球队在 5～8 号中。这样只需 4 次,笔者就能知道哪支球队获得了冠军。上述过程背后所隐藏着的其实就是决策树的基本思想,并且还可以用更为直观的图来展示上述过程,如图 8-1 所示。

由此可以得出,决策树的每一步决策过程就是降低信息不确定性的过程,甚至还可以将这些决策看成一个 if-then 的规则集合。如图 8-1 所示,冠军球队一开始有 16 种可能性,经过一次决策后变成了 8 种。这意味着每次决策都可以得到更多确定的信息,而减少更多的不确定性。

不过现在的问题是,为什么要像图 8-1 这样来划分球队呢? 对于熟悉足球的读者来讲,

① 吴军. 数学之美[M]. 3 版. 北京:人民邮电出版社,2020.

这样的决策树似乎略显多余。因为事实上只有少数几支球队才有夺冠的希望,而大多数球队是没有希望的,因此,一种改进做法是在一开始的时候就将几个热门的可能夺冠的球队分在一边,将剩余的球队放在另一边,这样就可以大大提高整个决策过程的频率。

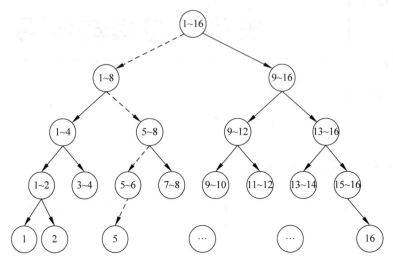

图 8-1 决策树思想示意图

例如最有可能夺冠的是 1、2、3、4 这 4 支球队,而其余球队夺冠的可能性远远小于这 4 支球队。那么一开始就可以将球队分成 1~4 和 5~16。如果冠军是在 1~4 中,则后面很快就能知道哪支球队是冠军。退一万步,假如冠军真的在 5~16 中,那么接下来同样可以按照类似的思路将剩余的球队划分成最有可能夺冠和最不可能夺冠两部分,这样也能快速地找出哪支球队是冠军球队。

于是这时候可以发现,如何划分球队就变成了建立这棵决策树的关键。如果存在一种划分,能够使数据的"不确定性"减少得越多(哪支球队不可能夺冠),也就意味着该划分能获取更多的信息,而我们也就更倾向于采取这样的划分,因此采用不同的划分就会得到不同的决策树,所以现在的问题就变成了如何构建一棵"好"的决策树呢?要想回答这个问题,先来解决如何描述"信息"这个问题。

8.1.2 信息的度量

关于如何定量地来描述信息,几千年来都没有人给出很好的解答。直到 1948 年,香农在他著名的论文《通信的数学原理》中提出了信息熵(Information Entropy)的概念,这才解决了信息的度量问题,并且还量化出信息的作用。

1. 信息熵

一条信息的信息量与其不确定性有着直接的关系。例如,要搞清楚一件非常不确定的事,就需要了解大量的信息。相反,如果已经对某件事了解较多,则不需要太多的信息就能把它搞清楚,所以从这个角度来看可以认为,信息量就等于不确定性的多少。我们经常说,一句话包含多少信息,其实就是指它不确定性的多与少。

于是,8.1.1节中第一种划分方式的不确定性(信息量)就等于"4块钱",因为笔者花4块钱就可以解决这个不确定性问题。当然,香农用的不是钱,而是用"比特"(Bit)这个概念来度量信息量,1字节就是8比特。在上面的第一种情况中,"哪支球队是冠军"这条消息的信息量就是4比特。4比特是怎么计算出来的呢?第二种情况的信息量又是多少呢?

香农指出,它的准确信息量应该是

$$H = -(p_1 \cdot \log_2 p_1 + p_2 \cdot \log_2 p_2 + \cdots + p_{16} \cdot \log_2 p_{16}) \tag{8-1}$$

其中 $\log_2$ 表示以2为底的对数,$p_1, p_2, \cdots, p_{16}$ 分别是这16支球队夺冠的概率。香农把式(8-1)的结果称为信息熵(Entropy),一般用符号 H 表示,单位是比特。由于在第一种情况中,默认条件是16支球队夺冠概率相同,因此对应的信息熵就是4比特。

对于任意一个随机变量 X(例如获得冠军的球队),它的熵定义如下[①]:

$$H(X) = -\sum_{x \in X} P(x) \log_2 P(x) \tag{8-2}$$

其中 $\log_2$ 表示以2为底的对数。

例如在二分类问题中:设 $P(y=0)=p$,$P(y=1)=1-p$,$0 \leqslant p \leqslant 1$,那么此时的信息熵 $H(y)$ 即为

$$H(y) = -(p\log_2 p + (1-p)\log_2(1-p)) \tag{8-3}$$

根据式(8-3)还能画出其对应的函数图形,如图8-2所示。

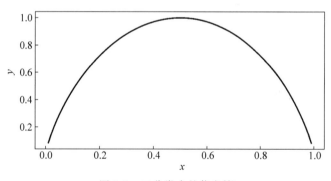

图8-2 二分类中的信息熵

从图8-2可以发现,当两种情况发生的概率均等($p=1-p=0.5$)时信息熵最大,也就是说此时的不确定性最大,要把这件事搞清楚所需要的信息量也就越大,并且这也很符合我们的常识,例如"明天下雨和不下雨的概率都是50%",那么这一描述所存在的不确定性是最大的。

2. 条件熵

在谈条件熵(Condition Entropy)之前,我们先来看一看信息的作用。一个事物(哪支球队会获得冠军),其内部会存有随机性,也就是不确定性,假定其为 U。从外部消除这个不确

---

① 李航.统计学习方法[M].2版.北京:清华大学出版社,2019.

定性的唯一办法就是引入信息 I(我来猜,另一个人给我反馈),并且需要引入的信息量取决于这个不确定性的大小,即 $I > U$ 才能完全消除这一不确定性。当 $I < U$ 时,外部信息可以消除一部分不确定性,也就是说新的不确定性 $U' = U - I$。反之,如果没有信息的引入,则任何人都无法消除原有的不确定性[①],而所谓条件熵,说得简单点就是在给定某种条件(有用信息)I 下,事物 U 的熵,即 $H(U|I)$。

至此,对于条件熵相信读者在感性上已经有了一定的认识。至于具体的数学定义将在决策树生成部分进行介绍。

3. 信息增益

在 8.1.1 节中笔者介绍了,若一种划分能使数据的"不确定性"减少得越多,也就意味着该种划分能获取更多的信息,而我们也就更倾向于采取这样的划分。也是就说,存在某个事物 I,当引入事物 I 的信息后 U 的熵变小了,而我们要选的就是那个最能使 U 的信息熵变小的 I,即需要得到最大的信息增益(Information Gain)。

$$g(U \mid D) = H(U) - H(U \mid I) \tag{8-4}$$

综上所述,采用不同的划分就会得到不同的决策树,而我们所希望得到的就是在每一次划分的时候都采取最优的方式,即局部最优解。这样每一步划分都能够使当前的信息增益达到最大,因此可以得出,构建决策树的核心思想就是每次划分时,要选择使信息增益达到最大时的划分方式,以此来递归构建决策树。

8.1.3 小结

在本节中,笔者首先介绍了决策树的核心思想,即决策树的本质就是降低信息不确定性的过程,然后总结出构建一棵决策树的关键在于找到一种合适的划分,使信息的"不确定性"能够降低得最多,最后笔者介绍了如何以量化的方式来对信息进行度量。

8.2 决策树的生成之 ID3 与 C4.5

在正式介绍决策树的生成算法前,笔者先将 8.1.1 节中介绍的几个概念重新梳理一下,同时再通过一个例子来熟悉一下计算过程,以便于后续更好地理解决策树的生成算法。

8.2.1 基本概念与定义

1. 信息熵

设 X 是一个取值有限的离散型随机变量(例如 8.1.1 节中可能夺冠的 16 支球队),其概率分布为 $P(X = x_i) = p_i, i = 1, 2, \cdots, n$(每支球队可能夺冠的概率),则随机变量 X 的信息熵定义为

---

① 吴军. 数学之美[M]. 3 版. 北京:人民邮电出版社,2020.

$$H(X) = -\sum_{i=1}^{n} p_i \log_2 p_i \tag{8-5}$$

其中,若 $p_i = 0$,则定义 $0\log_2 0 = 0$,并且通常 $\log_2$ 取 2 为底或 e 为底时,其熵的单位分别称为比特(Bit)或纳特(Nat)。如无特殊说明,默认以 2 为底。

2. 条件熵

设有随机变量 (X,Y),其联合概率分布分 $P(X=x_i,Y=y_i) = p_{ij}$,其中 $i=1,2,\cdots,n$, $j=1,2,\cdots,m$,条件熵 $H(Y|X)$ 表示在已知随机变量 X 的条件下,随机变量 Y 的不确定性,其定义为

$$H(Y \mid X) = \sum_{i=1}^{n} p_i H(Y \mid X = x_i) \tag{8-6}$$

其中,$p_i = P(X=x_i), i=1,2,\cdots,n$。

同时,当信息熵和条件熵中的概率由样本数据估计(特别是极大似然估计)得到时,所对应的信息熵与条件熵分别称为经验熵(Empirical Entropy)和经验条件熵(Empirical Conditional Entropy)。这里暂时看不懂也没关系,可结合后续计算示例来理解。

3. 信息增益

从 8.1.1 节的内容可知,所谓信息增益指的就是事物 U 的信息熵 $H(U)$,在引入外部信息 I 后的变化量为 $H(U) - H(U|I)$,因此,可以将特征 A 对训练数据集 D 的信息增益 $d(D,A)$ 定义为集合 D 的信息熵 $H(D)$ 与特征 A 给定条件下 D 的条件熵 $H(D|A)$ 之差,即

$$g(D,A) = H(D) - H(D \mid A) \tag{8-7}$$

定义:设训练集为 D,$|D|$ 表示所有训练样本总数,同时 D 有 K 个类别 C_k,$k=1,2,\cdots$, K。$|C_k|$ 为属于类 C_k 的样本总数,即 $\sum_{k=1}^{K} |C_k| = |D|$。设特征 A 有 n 个不同的取值 a_1, $a_2,\cdots,a_n$,根据特征 A 的取值将 D 划分为 n 个子集 $D_1,D_2,\cdots,D_n$,$|D_i|$ 为子集 D_i 中的样本个数,即 $\sum_{i=1}^{n} |D_i| = |D|$。同时此子集 D_i 中,属于类 C_k 的样本集合为 D_{ik},即 $D_{ik} = D_i \bigcap C_k$,$|D_{ik}|$ 为 D_{ik} 的样本个数。此时如下定义[①]。

(1) 数据集 D 的经验熵 $H(D)$ 为

$$H(D) = -\sum_{k=1}^{K} \frac{|C_k|}{|D|} \log_2 \frac{|C_k|}{|D|} \tag{8-8}$$

从式(8-8)可以看出,它计算的是"任意样本属于其中一个类别"这句话所包含的信息量。

(2) 数据集 D 在特征值 A 下的经验条件熵 $H(D|A)$ 为

$$H(D \mid A) = \sum_{i=1}^{n} \frac{|D_i|}{|D|} H(D_i) = -\sum_{i=1}^{n} \frac{|D_i|}{|D|} \sum_{k=1}^{K} \frac{|D_{ik}|}{|D_i|} \log_2 \frac{|D_{ik}|}{|D_i|} \tag{8-9}$$

---

① 李航.统计学习方法[M].2 版.北京:清华大学出版社,2019.

从式(8-9)可以看出,它计算的是特征 A 在各个取值条件下"任意样本属于其中一个类别"这句话所包含的信息量。

(3) 信息增益为

$$g(D,A) = H(D) - H(D \mid A) \tag{8-10}$$

8.2.2 计算示例

如果仅看上面的公式肯定不那么容易理解,下面笔者再进行举例说明(将上面的公式同下面的计算过程对比看会更容易理解)。表 8-1 同样是 6.1.3 节中用过的一个信用卡审批数据集,其一共包含 15 个样本和 3 个特征维度。其中特征 $X^{(1)} \in A_1 = \{0,1\}$ 表示有无工作,特征 $X^{(2)} \in A_2 = \{0,1\}$ 表示是否有房,特征 $X^{(3)} \in A_3 = \{D,S,T\}$ 表示学历等级,$Y \in C = \{0,1\}$ 表示是否审批通过的类标记。

表 8-1 示例计算数据

样本	1	2	3	4	5	6	7	8	9	10	11	12	13	14	15
$X^{(1)}$	0	0	0	0	0	0	0	1	1	1	1	1	1	1	1
$X^{(2)}$	1	1	1	0	1	0	0	0	0	0	1	1	1	0	0
$X^{(3)}$	T	S	S	T	T	T	D	T	T	D	D	T	T	S	S
Y	1	1	1	0	0	0	0	1	1	1	1	1	1	0	1

1. 计算信息熵 $H(D)$

根据式(8-8)可得

$$H(D) = -\left(\frac{5}{15}\log_2\frac{5}{15} + \frac{10}{15}\log_2\frac{10}{15}\right) \approx 0.918 \tag{8-11}$$

2. 计算条件熵

由表 8-1 可知,数据集有 3 个特征(工作、房子、学历)A_1、A_2、A_3,接下来根据式(8-9)来计算 D 分别在 3 个特征取值条件下的条件熵 $H(D \mid A_i)$。

(1) 已知外部信息"工作"的情况下有

$$H(D \mid A_1) = \left[\frac{7}{15}H(D_1) + \frac{8}{15}H(D_2)\right]$$

$$= -\frac{7}{15}\left(\frac{3}{7}\log_2\frac{3}{7} + \frac{4}{7}\log_2\frac{4}{7}\right) - \frac{8}{15}\left(\frac{7}{8}\log_2\frac{7}{8} + \frac{1}{8}\log_2\frac{1}{8}\right) \approx 0.75 \tag{8-12}$$

式(8-12)中,D_1 和 D_2 分别是 A_1 取值为"无工作"和"有工作"时,训练样本划分后对应的子集。

(2) 已知外部信息"房子"的情况下有

$$H(D \mid A_2) = \left[\frac{8}{15}H(D_1) + \frac{7}{15}H(D_2)\right]$$

$$= -\frac{8}{15}\left(\frac{4}{8}\log_2\frac{4}{8} + \frac{4}{8}\log_2\frac{4}{8}\right) - \frac{7}{15}\left(\frac{1}{7}\log_2\frac{1}{7} + \frac{6}{7}\log_2\frac{6}{7}\right) \approx 0.81 \tag{8-13}$$

式(8-13)中,D_1和D_2分别是A_2取值为"无房"和"有房"时,训练样本划分后对应的子集。

(3) 已知外部信息"学历"的情况下有

$$H(D \mid A_3) = -\left[\frac{3}{15}H(D_1) + \frac{4}{15}H(D_2) + \frac{8}{15}H(D_3)\right]$$

$$= -\frac{3}{15}\left(\frac{1}{3}\log_2\frac{1}{3} + \frac{2}{3}\log_2\frac{2}{3}\right) - \frac{4}{15}\left(\frac{1}{4}\log_2\frac{1}{4} + \frac{3}{4}\log_2\frac{3}{4}\right) -$$

$$\frac{8}{15}\left(\frac{3}{8}\log_2\frac{3}{8} + \frac{5}{8}\log_2\frac{5}{8}\right) \approx 0.91 \tag{8-14}$$

式(8-14)中,D_1、D_2、D_3分别是A_3取值为 D、S 和 T 时,训练样本划分后对应的子集。

3. 计算信息增益

根据上面的计算结果便可以得到各特征划分下的信息增益为

$$\begin{cases} g(D, A_1) = 0.918 - 0.75 = 0.168 \\ g(D, A_2) = 0.918 - 0.81 = 0.108 \\ g(D, A_3) = 0.918 - 0.91 = 0.08 \end{cases} \tag{8-15}$$

到目前为止,我们已经知道了在生成决策树的过程中所需要计算的关键步骤信息增益,接下来,笔者就开始正式介绍如何生成一棵决策树。

8.2.3 ID3 生成算法

在 8.1 节的末尾笔者总结到,构建决策树的核心思想就是:每次划分时,要选择使信息增益最大的划分方式,以此来递归构建决策树。如果利用一个特征进行分类的结果与随机分类的结果没有很大差别,则称这个特征没有分类能力,因此,对于决策树生成的一个关键步骤就是选取对训练数据具有分类能力的特征,这样可以提高决策树学习的效率,而通常对于特征选择的准则就是 8.1 节讲到的信息增益。

ID3(Interactive Dichotomizer-3)算法的核心思想是在选择决策树的各个节点时,采用信息增益来作为特征选择的标准,从而递归地构建决策树。其过程可以概括为,从根节点开始计算所有可能划分情况下的信息增益,然后选择信息增益最大的特征作为划分特征,由该特征的不同取值建立子节点,最后对子节点递归地调用以上方法,构建决策树,直到所有特征的信息增益均很小或没有可以选择为止。例如根据 8.2.2 节最后的计算结果可知,首先应该将数据样本以特征 A_1(有无工作)作为划分方式对数据集进行第一次划分。下面开始介绍通过 ID3 来生成决策树的步骤及示例。

1. 生成步骤

输入:训练数据集 D,特征集 A,阈值 ε。

输出:决策树[①]。

(1) 若 D 中所有样本属于同一类 C_k(此时只有一个类别),则 T 为单节点树,将 C_k 作

---

① 李航. 统计学习方法[M]. 2 版. 北京:清华大学出版社,2019.

为该节点的类标记,返回 T。

(2) 若 $A = \varnothing$,则 T 为单节点树,并将 D 中样本数最多的类 C_k 作为该节点的类标记,并返回 T。

(3) 否则,计算 A 中各特征对 D 的信息增益,选择信息增益最大的特征 A_g。

(4) 如果 A_g 的信息增益小于阈值 ε,则将 T 置为单节点树,并将 D 中样本数最多的类 C_k 作为该节点的类标记,返回 T。

(5) 否则,对 A_g 的每个可能值 a_i,以 $A_g = a_i$ 将 D 分割为若干非空子集,并建立为子节点。

(6) 对于第 i 个子节点,以 D_i 为训练集,以 $A - \{A_g\}$ 为特征集,递归地调用步骤(1)~步骤(5),得到子树 T_i,返回 T_i。

2. 生成示例

下面就用 ID3 算法来对表 8-1 中的数据样本进行决策树生成示例。易知该数据集不满足步骤(1)和步骤(2)中的条件,所以开始执行步骤(3)。同时,根据 8.2.2 节最后的计算结果可知,对于特征 A_1、A_2、A_3 来讲,在 A_1 条件下信息增益最大,所以应该选择特征 A_1 作为决策树的根节点。

由于本例中未设置阈值,所以接着执行步骤(5)并按照 A_1 的取值将训练集 D 划分为两个子集 D_1 和 D_2,如表 8-2 所示。

表 8-2　第一次划分表

样本	1	2	3	4	5	6	7	8	9	10	11	12	13	14	15
$X^{(1)}$	0	0	0	0	0	0	0	1	1	1	1	1	1	1	1
$X^{(2)}$	1	1	1	0	1	0	0	0	0	0	1	1	1	0	0
$X^{(3)}$	T	S	S	T	T	T	D	T	T	D	D	T	T	S	S
Y	1	1	1	0	0	0	0	1	1	1	1	1	1	0	1
第一次划分	D_1							D_2							

接着开始执行步骤(6),由于 D_1 和 D_2 均不满足步骤(1)和步骤(2)中的条件,所以两部分需要分别继续执行后续步骤,此时生成的决策树如图 8-3 所示。

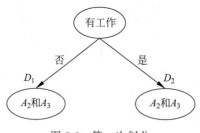

图 8-3　第一次划分

此时,对于子集 D_1 来讲,需要从特征 $A - \{A_g\}$ 中即 A_2 和 A_3 中选择新的特征,并计算信息增益。

1）计算信息熵 $H(D_1)$

$$H(D_1) = -\left(\frac{3}{7}\log_2\frac{3}{7} + \frac{4}{7}\log_2\frac{4}{7}\right) \approx 0.985 \tag{8-16}$$

2）计算条件熵

$$H(D_1 \mid A_2) = -\frac{3}{7}\left(\frac{3}{3}\log_2\frac{3}{3} + 0\right) - \frac{4}{7}\left(\frac{1}{4}\log_2\frac{1}{4} + \frac{3}{4}\log_2\frac{3}{4}\right) \approx 0.464 \tag{8-17}$$

$$H(D_1 \mid A_3) = -\frac{1}{7}(0+0) - \frac{2}{7}(0+0) - \frac{4}{7}\left(\frac{3}{4}\log_2\frac{3}{4} + \frac{1}{4}\log_2\frac{1}{4}\right) \approx 0.464 \tag{8-18}$$

根据式（8-17）和式（8-18）的结果可知,对于子集 D_1 来讲,无论其采用 A_2 和 A_3 中的哪一个特征进行划分,最后计算得到的信息增益都是相等的,所以这里不妨就以特征 A_2 进行划分。

同理,对于子集 D_2 来讲,也需要从特征 $A - \{A_g\}$ 中（A_2 和 A_3 中）选择新的特征,并计算信息增益。

1）计算信息熵 $H(D_2)$

$$H(D_2) = -\left(\frac{1}{8}\log_2\frac{1}{8} + \frac{7}{8}\log_2\frac{7}{8}\right) \approx 0.544 \tag{8-19}$$

2）计算条件熵

$$H(D_2 \mid A_2) = -\frac{5}{8}\left(\frac{1}{5}\log_2\frac{1}{5} + \frac{4}{5}\log_2\frac{4}{5}\right) - \frac{3}{8}(0+0) \approx 0.451 \tag{8-20}$$

$$H(D_2 \mid A_3) = -\frac{2}{8}(0+0) - \frac{2}{8}\left(\frac{1}{2}\log_2\frac{1}{2} + \frac{1}{2}\log_2\frac{1}{2}\right) - \frac{4}{8}(0+0) = 0.25 \tag{8-21}$$

3）信息增益

$$\begin{cases} g(D_2 \mid A_2) = 0.544 - 0.451 = 0.093 \\ g(D_2 \mid A_3) = 0.544 - 0.25 = 0.294 \end{cases} \tag{8-22}$$

根据式（8-22）的计算结果可知,对于子集 D_2 来讲,采用特征 A_3 来对其进行划分时所产生的信息增益最大,因此应该选择特征 A_3 来作为子集 D_2 的根节点。

至此,根据上述计算过程,便可以得到第二次划分后的结果,如表 8-3 所示。

表 8-3　第二次划分表

样本	4	6	7	1	2	3	5	10	11	14	15	8	9	12	13
$X^{(1)}$	0	0	0	0	0	0	0	1	1	1	1	1	1	1	1
$X^{(2)}$	0	0	0	1	1	1	1	0	1	0	0	0	0	1	1
$X^{(3)}$	T	T	D	T	S	S	T	D	D	S	S	T	T	T	T
Y	0	0	0	1	1	1	0	1	1	0	1	1	1	1	1
第一次划分	D_1							D_2							
第二次划分	D_{11}			D_{12}				D_{21}		D_{22}		D_{23}			

从表 8-3 中的结果可知,D_{11}、D_{21}、D_{23} 这 3 个子集中样本均只有一个类别,即满足生成

步骤中的第（1）步，故此时可以得到第二次划分后的决策树，如图 8-4 所示。

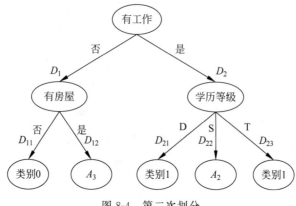

图 8-4　第二次划分

由于子集 D_{12} 和 D_{22} 均不满足终止条件（2）和（4），并且此时两个子集中均只有一个特征可以选择，所以并不需要再进行比较，此时直接划分即可，如表 8-4 所示。

表 8-4　第三次划分表

样本	4	6	7	2	3	1	5	10	11	14	15	8	9	12	13
$X^{(1)}$	0	0	0	0	0	0	0	1	1	1	1	1	1	1	1
$X^{(2)}$	0	0	0	1	1	1	1	0	1	0	0	0	0	1	1
$X^{(3)}$	T	T	D	S	S	T	T	D	D	S	S	T	T	T	T
Y	0	0	0	1	1	1	0	1	1	0	1	1	1	1	1
第一次划分	D_1							D_2							
第二次划分	D_{11}			D_{12}				D_{21}		D_{22}		D_{23}			
第三次划分	D_{11}			D_{121}		D_{122}		D_{21}		D_{221}		D_{23}			

根据表 8-4 中的结果可知，子集 D_{121} 满足生成步骤中的第（1）步，故此时可以得到第三次划分后的决策树，如图 8-5 所示。

此时，由于子集 D_{122} 和 D_{221} 满足生成步骤中第（2）步的终止条件，即再无特征可以进行划分，需要选择样本数最多的类别作为该节点的类别进行返回，但巧合的是子集 D_{122} 和 D_{221} 中不同类别均只有一个样本，因此随机选择一个类别即可。不过在实际过程中很少会出现这种情况，因为一般当节点的样本数小于某个阈值时也会停止继续划分。这样便可以得到最终生成的决策树，如图 8-6 所示。

如上就是通过 ID3 算法生成整个决策树的详细过程。根据生成步骤可以发现，如果单纯以 $g(D, A)$ 作为标准，会存在模型倾向于选择取值较多的特征进行划分（例如上面的 A_2）。虽然在上面这个例子中不存在，但是我们仍可以从直观上理解为什么 ID3 会倾向于选取特征值取值较多的特征。由于 $g(D, A)$ 的直观意义是 D 被 A 划分后不确定性的减少量，因此可想而知当 A 的取值情况越多，那么 D 会被划分得到的子集就越多，于是其不确

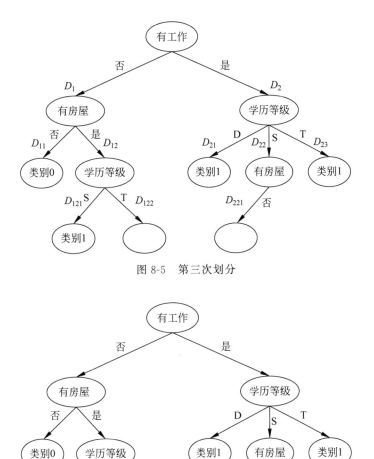

图 8-5　第三次划分

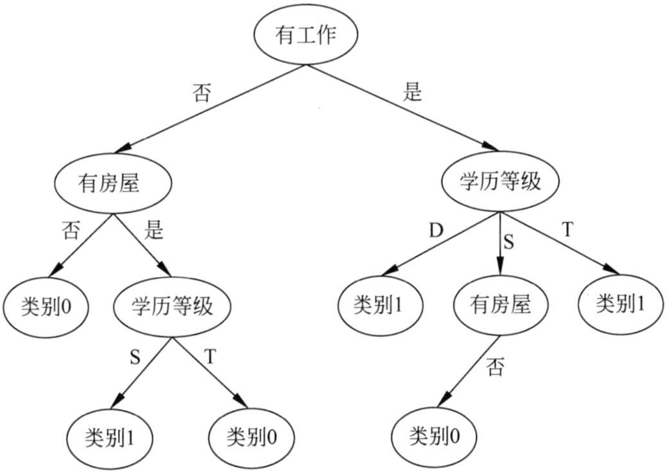

图 8-6　完整决策树

定性自然会减少得越多,从而 ID3 算法会倾向于选择取值较多的特征进行划分。可以想象,
在这样的情况下最终得到的决策树将会是一棵很胖很矮的决策树,进而导致最后生成的决
策树容易出现过拟合现象。

8.2.4　C4.5 生成算法

为了解决 ID3 算法的弊端,进而产生了 C4.5 算法。C4.5 算法与 ID3 算法相似,不同之处
仅在于 C4.5 算法在选择特征的时候采用了信息增益比作为标准,即选择信息增益比最大的特
征作为当前样本集合的根节点。具体为,特征 A 对训练集 D 的信息增益比 $g_R(D,A)$ 定义为
其信息增益 $g(D,A)$ 与其训练集 D 关于特征 A 的信息熵 $H_A(D)$ 之比,即

$$g_R(D,A) = \frac{g(D,A)}{H_A(D)} \tag{8-23}$$

其中，$H_A(D) = -\sum_{i=1}^{n} \frac{|D_i|}{|D|} \log_2 \frac{|D_i|}{|D|}$，$n$ 是特征 A 取值的个数。

因此，8.2.3 节的例子中，对于选取根节点时其增益比计算如下：

1）计算得到信息增益

$$\begin{cases} g(D,A_1) = 0.918 - 0.75 = 0.168 \\ g(D,A_2) = 0.918 - 0.81 = 0.108 \\ g(D,A_3) = 0.918 - 0.91 = 0.08 \end{cases} \tag{8-24}$$

2）计算各特征的信息熵

$$\begin{cases} H_{A_1}(D) = -\sum_{i=1}^{2} \frac{|D_i|}{|D|} = -\left(\frac{7}{15}\log_2 \frac{7}{15} + \frac{8}{15}\log_2 \frac{8}{15} \right) \approx 0.997 \\ H_{A_2}(D) = -\left(\frac{8}{15}\log_2 \frac{8}{15} + \frac{7}{15}\log_2 \frac{7}{15} \right) \approx 0.997 \\ H_{A_3}(D) = -\left(\frac{3}{15}\log_2 \frac{3}{15} + \frac{4}{15}\log_2 \frac{4}{15} + \frac{8}{15}\log_2 \frac{8}{15} \right) \approx 1.456 \end{cases} \tag{8-25}$$

3）计算信息增益比

$$\begin{cases} g_R(D,A_1) = \dfrac{0.168}{0.997} = 0.169 \\ g_R(D,A_2) = \dfrac{0.108}{0.997} = 0.108 \\ g_R(D,A_3) = \dfrac{0.08}{1.456} = 0.055 \end{cases} \tag{8-26}$$

根据式(8-26)的计算结果，此时应该以特征 A_1 的各个取值对样本集合 D 进行划分。

由此，可以将利用 C4.5 算法生成决策树的过程总结如下。

输入：训练数据集 D，特征集 A，阈值 ε。

输出：决策树。

（1）若 D 中所有样本属于同一类 C_k，则 T 为单节点树，并将 C_k 作为该节点的类标记，返回 T。

（2）若 $A=\varnothing$，则 T 为单节点树，并将 D 中样本数最多的类 C_k 作为该节点的类标记，返回 T。

（3）否则，计算 A 中各特征对 D 的信息增益比，选择信息增益比最大的特征 A_g。

（4）如果 A_g 的信息增益比小于阈值 ε，则将 T 置为单节点树，并将 D 中样本数最多的类 C_k 作为该节点的类标记，返回 T。

（5）否则，对 A_g 的每个可能值 a_i，以 $A_g=a_i$ 将 D 分割为若干个非空子集，并建立子节点。

（6）对于第 i 个子节点，以 D_i 为训练集，以 $A-\{A_g\}$ 为特征集，递归地调用步骤(1)～

步骤(5),得到子树 T_i,并返回 T_i。

从以上生成步骤可以看出,C4.5 算法与 ID3 算法的唯一区别就是选择的标准不同,而其他的步骤均一样。到此为止,我们就学习完了决策树中的 ID3 与 C4.5 生成算法。在 8.3 节中,将通过 sklearn 来完成决策树的建模工作。

8.2.5 特征划分

在经过上述两节的介绍之后,相信读者对于如何通过 ID3 和 C4.5 算法构造一棵简单的决策树已经有了基本的了解。不过细心的读者可能会有这样一个疑问,那就是如何来处理连续型的特征变量。

从上面的示例数据集可以看出,工作、房子、学历这 3 个属性都属于离散型的特征变量(Discrete Variable),即每个特征的取值都属于某一个类别,而通常在实际建模过程中,更多的会是连续型的特征变量(Continuous Variable),例如年龄、身高等。在 C4.5 算法中,对于这种连续型的特征变量,其具体做法便是先对其进行排序处理,然后取所有连续两个值的均值来离散化整个连续型特征变量[①]。

假设现在某数据集中的一个特征维度为

$$[0.5, 0.2, 0.8, 0.9, 1.2, 2.1, 3.2, 4.5]$$

则首先需要对其进行排序处理,排序后的结果为

$$[0.2, 0.5, 0.8, 0.9, 1.2, 2.1, 3.2, 4.5]$$

接着计算所有连续两个值之间的平均值

$$[0.35, 0.65, 0.85, 1.05, 1.65, 2.65, 3.85]$$

这样,便得到了该特征离散化后的结果。最后在构造决策树时,只需使用平均值中离散化后的特征进行划分指标的计算。同时,值得一提的地方是目前 sklearn 在实际处理时,是把所有的特征均看作连续型变量在进行处理。

8.2.6 小结

在本节中,笔者首先回顾了决策树中几个重要的基本概念,并同时进行了相关示例计算,接着介绍了如何通过信息增益这一划分标准(ID3 算法)来构造生成决策树,并以一个真实的例子进行了计算示例,然后介绍了通过引入信息增益比(C4.5 算法)这一划分标准来解决 ID3 算法在生成决策树时所存在的弊端,最后介绍了在决策树生成时,如何处理连续型特征变量的一种常用方法。

8.3 决策树生成与可视化

在清楚了决策树的相关生成算法后,再利用 sklearn 进行建模就变得十分容易了。下面使用的依旧是前面介绍的 iris 数据集,完整代码见 Book\Chapter08\01_decision_tree_ID3.py 文件。

---

① PEDREGOSA. scikit-learn:Machine Learning in Python[J]. JMLR 12,2011:2825-2830.

8.3.1　ID3 算法示例代码

在正式建模之前，笔者先来对 sklearn 中类 DecisionTreeClassifier 里的几个常用参数进行简单介绍，代码如下：

```
def __init__(self, *,
    criterion = "gini",
    splitter = "best",
    max_depth = None,
    min_samples_split = 2,
    min_samples_leaf = 1,
    max_features = None,
    min_impurity_split = None):
```

在上述代码中，criterion 用来选择划分时的度量标准，当 criterion＝"entropy"时则表示使用信息增益作为划分指标；splitter 用来选择节点划分时的特征选择策略，当 splitter＝"best"时，则每次节点进行划分时均在所有特征中通过度量标准来选择最优划分方式，而当 splitter＝"random"时，则每次节点进行划分时只会随机地选择 max_features 个特征，并在其中选择最优的划分方式；max_depth 表示决策树的最大深度，默认为 None，表示直到所有叶子节点的样本均为同一类别或者样本数小于 min_samples_split 时停止划分；min_samples_leaf 用来指定构成一个叶子节点所需要的最少样本数，即如果划分后叶子节点中的样本数小于该阈值，则不会进行划分；min_impurity_split 用来提前停止节点划分的阈值，默认为 None，即无阈值。

1. 载入数据集

在介绍完类 DecisionTreeClassifier 的基本用法后，便可以通过其来完成决策树的生成。首先需要载入训练模型时所用到的数据集，同时为了后续更好地观察可视化后的决策树，这里也要返回各个特征的名称，代码如下：

```
def load_data():
    data = load_iris()
    X, y = data.data, data.target
    feature_names = data.feature_names
    X_train, X_test, y_train, y_test = \
        train_test_split(X, y, test_size = 0.3, random_state = 42)
    return X_train, X_test, y_train, y_test, feature_names
```

在上述代码中，第 4 行代码便是得到特征维度的名称，其结果为

```
['sepal length (cm)', 'sepal width (cm)', 'petal length (cm)', 'petal width (cm)']
```

2. 训练模型

在完成数据载入后，便可通过类 DecisionTreeClassifier 来完成决策树的生成。这里除了指定划分标准为 'entropy' 之外（使用 ID3 算法），其他参数保持默认即可，代码如下：

```
def train(X_train, X_test, y_train, y_test, feature_names):
    model = tree.DecisionTreeClassifier(criterion = 'entropy')
    model.fit(X_train, y_train)
    print("在测试集上的准确率为", model.score(X_test, y_test))
```

训练完成后，可以得到模型在测试集上的准确率为

```
在测试集上的准确率为 1.0
```

8.3.2 决策树可视化

当拟合完成决策树后，还可以借助第三方工具 graphviz[①] 对生成的决策树进行可视化。具体地，需要下载页面中 Windows 环境下的 ZIP 压缩包 graphviz-2.46.1-win32.zip。在下载完成并解压成功后，可以得到一个名为 Graphviz 的文件夹。接着将文件夹 Graphviz 中的 bin 目录添加到环境变量中。步骤为右击"此计算机"，单击"属性"，再单击"高级系统设置"，继续单击"环境变量"，最后双击系统变量里的 Path 变量，新建一个变量并输入 Graphviz 中 bin 的路径即可，例如笔者添加时的路径为 C:\graphviz-2.46.1-win32\Graphviz\bin。

添加环境变量后，再安装 graphviz 包即可完成可视化的前期准备工作，安装命令为

```
pip install graphviz
```

要实现决策树的可视化，只需要在 8.3.1 节中 train() 函数后添加如下代码：

```
dot_data = tree.export_graphviz(model, out_file = None,
                                feature_names = feature_names,
                                filled = True, rounded = True,
                                special_characters = True)
graph = graphviz.Source(dot_data)
graph.render('iris')
```

在整个代码运行结束后，便会在当前目录中生成一个名为 iris.pdf 的文件，这就是决策树可视化后的结果，如图 8-7 所示。

在图 8-7 中，samples 表示当前节点的样本数，value 为一个列表，表示每个类别对应的样本数。从图中可以看出，随着决策树不断向下分裂，每个节点对应的信息熵总体上也在逐步减小，直到最终变成 0。

---

① http://www.graphviz.org/download/.

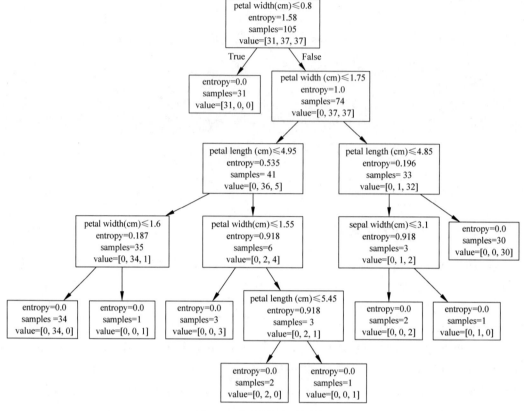

图 8-7　决策树可视化结果

8.3.3　小结

在本节中,笔者首先介绍了类 DecisionTreeClassifier 的使用方法,包括其中一些常见的重要参数及其含义,接着介绍了如何根据现有的数据集来训练一个决策树模型,最后介绍了如何利用开源的 graphviz 工具实现决策树的可视化。

8.4　决策树剪枝

8.4.1　剪枝思想

在 8.2 节内容中笔者介绍过,使用 ID3 算法进行构建决策树时容易产生过拟合现象,因此我们需要使用一种方法来缓解这一现象。通常,决策树过拟合的表现形式为这棵树有很多叶子节点。想象一下,如果这棵树为每个样本点都生成一个叶子节点,也就代表着这棵树能够拟合所有的样本点,因为决策树的每个叶节点都表示一个分类类别。同时,出现过拟合的原因在于模型在学习时过多地考虑如何提高对训练数据的正确分类,从而构建出过于复杂的决策树,因此,解决这一问题的办法就是考虑减少决策树的复杂度,对已经生成的决策树进行简化,也就是剪枝(Pruning)。

8.4.2 剪枝步骤

决策树的剪枝往往通过最小化决策树整体的损失函数或者代价函数实现。设树 T 的叶节点个数为 $|T|$,t 是树 T 的一个叶节点,该叶节点有 N_t 个样本点,其中类别 k 的样本点有 N_{tk} 个,$k=1,2,\cdots,K$,$H_t(T)$ 为叶节点 t 上的经验熵,$\alpha \geq 0$ 为参数,则决策树的损失函数可以定义为

$$C_a(T) = \sum_{t=1}^{|T|} N_t H_t(T) + \alpha \mid T \mid \tag{8-27}$$

其中经验熵为

$$H_t(T) = -\sum_k \frac{N_{tk}}{N_t} \log_2 \frac{N_{tk}}{N_t} \tag{8-28}$$

进一步有

$$C(T) = \sum_{t=1}^{|T|} N_t H_t(T) = -\sum_{t=1}^{|T|} \sum_{k=1}^{K} N_{tk} \log_2 \frac{N_{tk}}{N_t} \tag{8-29}$$

此时损失函数可以写为

$$C_a(T) = C(T) + \alpha \mid T \mid \tag{8-30}$$

其中 $C(T)$ 表示模型对训练数据的分类误差,即模型与训练集的拟合程度,$|T|$ 表示模型复杂度,参数 $\alpha \geq 0$ 用于控制两者之间的平衡。较大的 α 促使选择较简单的模型(树),较小的 α 促使选择较复杂的模型(树)。$\alpha = 0$ 意味着只考虑模型与训练集的拟合程度,而不考虑模型的复杂度。可以发现,这里 α 的作用类似于正则化中惩罚系数的作用。

具体地,决策树的剪枝步骤如下。

输入:生成算法产生的整棵树 T,参数 α。

输出:修剪后的子树 T_a。

(1) 计算每个叶节点的经验(信息)熵。

(2) 递归地从树的叶节点往上回溯,设一组叶节点回溯到其父节点之前与之后的整体树分别为 T_B 和 T_A,其对应的损失函数值分别是 $C_a(T_B)$ 和 $C_a(T_A)$,如果 $C_a(T_A) \leq C_a(T_B)$,则进行剪枝,即将父节点变为新的叶节点。

(3) 返回步骤(2),直到不能继续为止,得到损失函数最小的子树 T_a。

当然,如果仅看这些步骤依旧会很模糊,下面笔者再来通过一个实际计算示例进行说明。

8.4.3 剪枝示例

如图 8-8 所示,在考虑是否要减掉"学历等级"这个节点时,首先需要计算的就是剪枝前的损失函数数值 $C_a(T_B)$。由于剪枝时,每次只考虑一个节点,所以在计算剪枝前和剪枝后

的损失函数值时,仅考虑该节点即可。因为其他叶节点的经验熵对于剪枝前和剪枝后都没有变化。

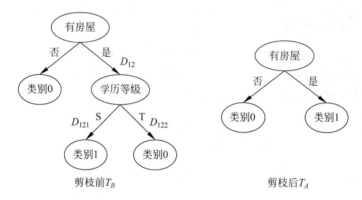

图 8-8 决策树剪枝

根据表 8-4 可知,"学历等级"这个节点对应的训练数据如表 8-5 所示。

表 8-5 学历等级样本分布表

样本	4	6	7	2	3	1	5
$X^{(1)}$	0	0	0	0	0	0	0
$X^{(2)}$	0	0	0	1	1	1	1
$X^{(3)}$	T	T	D	S	S	T	T
Y	0	0	0	1	1	1	0
第一次划分	D_1						
第二次划分	D_{11}			D_{12}			
第三次划分	D_{11}			D_{121}		D_{122}	

根据式(8-29)有

$$C(T_B) = -\sum_{t=1}^{2}\sum_{k=1}^{2} N_{tk}\log_2 \frac{N_{tk}}{N_t} = -\left[\left(2\log_2\frac{2}{2}+0\right)+\left(\log_2\frac{1}{2}+\log_2\frac{1}{2}\right)\right]=2$$

(8-31)

进一步,根据式(8-30)有

$$C_\alpha(T_B) = C(T_B) + \alpha \mid T_B \mid = 2 + 2\alpha$$

(8-32)

同理可得,剪枝完成后树 T_A 损失为

$$C_\alpha(T_A) = -\left(3\log_2\frac{3}{4}+\log_2\frac{1}{4}\right)+\alpha \approx 3.25+\alpha$$

(8-33)

由式(8-32)和式(8-33)的结果可知,当设定 $\alpha \geqslant 1.25$ 时决策树便会执行剪枝操作,因为此时 $C_\alpha(T_A)=3.25+\alpha \leqslant C_\alpha(T_B)=2+2\alpha$ 满足剪枝条件。

从上述过程可以发现,通过剪枝来缓解决策树的过拟合现象算是一种事后补救的措施,即先生成决策树,然后进行简化处理,但实际上,还可以在决策树生成时就施加相应的条件

来避免产生过拟合现象。例如限制树的深度、限制每个叶节点的最少样本数等,当然这些都可以通过网格搜索进行参数寻找。在图 8-7 所示的决策树中,如果将叶节点的最少数量设置为 min_samples_leaf=10,则可以得到一个更加简单的决策树,如图 8-9 所示。

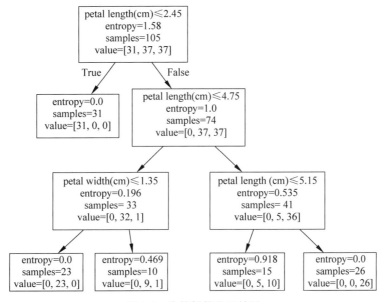

图 8-9 决策树简化后结果

8.4.4 小结

在本节中,笔者首先介绍了决策树中的过拟合现象,阐述了为什么决策树会出现过拟合的现象,然后介绍了可以通过对决策树剪枝实现缓解决策树过拟合的现象,最后进一步介绍了决策树剪枝的原理及详细的剪枝计算过程,并且还提到可以通过在构建决策树时施加相应限制条件的方法来避免决策树产生过拟合现象。

8.5 CART 生成与剪枝算法

在 8.4 节中,笔者分别介绍了用 ID3 和 C4.5 这两种算法来生成决策树。其中 ID3 算法每次用信息增益最大的特征来划分数据样本,而 C4.5 算法每次用信息增益比最大的特征来划分数据样本。接下来,再来看另外一种采用基尼不纯度(Gini Impurity)为标准的划分方法,CART 算法。

8.5.1 CART 算法

分类与回归树(Classification And Regression Tree,CART),是一种既可以用于分类也可以用于回归的决策树,同时它也是应用最为广泛的决策树学习方法之一。CART 假设决策树是二叉树,内部节点特征的取值均为"是"和"否",左分支取值为"是",右分支取值为"否"。这样,决策树在构建过程中就等价于递归地二分每个特征,将整个特征空间划分为有限个单元[①]。

在本书中,笔者暂时只对其中的分类树进行介绍。总体来讲,利用 CART 算法来构造一棵分类树需要完成两步:①基于训练数据集生成决策树,并且生成的决策树要尽可能大。②用验证集对已生成的树进行剪枝并选择最优子树。

8.5.2　分类树生成算法

在介绍分类树的生成算法前,让我们先来看一看新引入的划分标准——基尼不纯度。在分类问题中,假设某数据集包含 K 个类别,样本点属于第 k 类的概率为 p_k,则概率分布的基尼不纯度定义为

$$\text{Gini}(p) = \sum_{k=1}^{K} p_k (1 - p_k) = 1 - \sum_{k=1}^{K} p_k^2 \tag{8-34}$$

因此,对于给定的样本集合 D,其基尼不纯度为

$$\text{Gini}(D) = 1 - \sum_{k=1}^{K} \left(\frac{|C_k|}{|D|} \right)^2 \tag{8-35}$$

其中,C_k 是 D 中属于第 k 类的样本子集,$|C_k|$ 表示类别 k 中的样本数,K 是类别的个数。

从基尼不纯度的定义可以看出,若集合 D 中存在样本数的类别越多,则其对应的"不纯度"也会越大,直观地说也就是该集合"不纯",这也很类似于信息熵的性质。相反,若该集合中只存在一个类别,则其对应的基尼不纯度就会是 0,因此,在通过 CART 算法构造决策树时,会选择使基尼不纯度达到最小值的特征取值进行样本划分。

同时,在决策树的生成过程中,如果样本集合 D 根据特征 A 是否取某一可能值 a 被分割成 D_1 和 D_2 两部分,即

$$D_1 = \{(x, y) \in D \mid A(x) = a\}, \quad D_2 = D - D_1 \tag{8-36}$$

则在特征 A 的条件下,集合 D 的基尼不纯度定义为

$$\text{Gini}(D, A) = \frac{|D_1|}{|D|} \text{Gini}(D_1) + \frac{|D_2|}{|D|} \text{Gini}(D_2) \tag{8-37}$$

其中 $\text{Gini}(D, A)$ 表示经 $A = a$ 分割后集合 D 的不确定性。可以看出这类似于条件熵,$\text{Gini}(D, A)$ 越小则表示特征 A 越能降低集合 D 的不确定性。

在介绍完成基尼不纯度后,就能够列出 CART 分类树的生成步骤。

输入:训练数据集 D,停止计算条件。

输出:CART 分类决策树。

根据训练集,从根节点开始,递归地对每个节点进行如下操作,并构建二叉决策树。

---

① 李航. 统计学习方法[M]. 2 版. 北京:清华大学出版社,2019.

（1）设训练集为 D，根据式(8-35)计算现有特征对该数据集的基尼不纯度。接着，对于每个特征 A，对其可能的每个值 a，根据样本点对 $A=a$ 是否成立将 D 划分成 D_1 和 D_2 两部分，然后利用式(8-37)计算 $A=a$ 时的基尼不纯度。

（2）在所有可能的特征 A 及它们所有可能的切分点 a 中，选择基尼不纯度最小的特征取值作为划分标准将原有数据集划分为两部分，并分配到两个子节点中去。

（3）对两个子节点递归的调用步骤(1)和(2)，直到满足停止条件。

（4）生成 CART 决策树。

其中，算法停止计算的条件通常是节点中的样本点个数小于设定阈值，或样本集合的基尼不纯度小于设定阈值，抑或没有更多的特征，这一点同 8.2 节中 ID3 和 C4.5 算法的停止条件类似。

8.5.3　分类树生成示例

在介绍完上述理论性的内容后，这里我们同样还是采用之前的数据集来对具体的生成过程进行详细示例。由表 8-1 中的数据可知，此时的基尼不纯度为

$$\text{Gini}(D) = 1 - \sum_{k=1}^{K}\left(\frac{|C_k|}{|D|}\right)^2 = 1 - \left(\frac{5}{15}\right)^2 - \left(\frac{10}{15}\right)^2 \approx 0.444 \tag{8-38}$$

进一步，对于特征 A_1 来讲，根据其取值是否为 1，可以将原始样本划分为 D_1 和 D_2 两部分。由式(8-37)得

$$\text{Gini}(D, A_1 = 1) = \frac{7}{15}\text{Gini}(D_1) + \frac{8}{15}\text{Gini}(D_2) = \frac{7}{15} \times \frac{24}{49} + \frac{8}{15} \times \frac{14}{64} \approx 0.345 \tag{8-39}$$

同理，对于特征 A_2 来讲，根据其取值是否为 1，也可以将原始样本划分为 D_1 和 D_2 两部分。此时有

$$\text{Gini}(D, A_2 = 1) = \frac{8}{15}\text{Gini}(D_1) + \frac{7}{15}\text{Gini}(D_2) = \frac{8}{15} \times \frac{1}{2} + \frac{7}{15} \times \frac{12}{49} \approx 0.381 \tag{8-40}$$

进一步，对于特征 A_3 来讲，根据其分别取值是否为 D、S 和 T，每一次也可将原始样本划分为 D_1 和 D_2 两部分。此时有

$$\text{Gini}(D, A_3 = D) = \frac{12}{15}\text{Gini}(D_1) + \frac{3}{15}\text{Gini}(D_2) = \frac{12}{15} \times \frac{4}{9} + \frac{3}{15} \times \frac{4}{9} \approx 0.444 \tag{8-41}$$

$$\text{Gini}(D, A_3 = S) = \frac{11}{15}\text{Gini}(D_1) + \frac{4}{15}\text{Gini}(D_2) = \frac{11}{15} \times \frac{56}{121} + \frac{4}{15} \times \frac{3}{8} \approx 0.439 \tag{8-42}$$

$$\text{Gini}(D, A_3 = T) = \frac{7}{15}\text{Gini}(D_1) + \frac{8}{15}\text{Gini}(D_2) = \frac{7}{15} \times \frac{20}{49} + \frac{8}{15} \times \frac{30}{64} \approx 0.440 \tag{8-43}$$

注意：每次划分时都将样本集合划分为两部分，即 $A_i = a$ 和 $A_i \neq a$

由以上计算结果可知，使用 $A_1 = 1$ 对样本集合进行划分所得到的基尼不纯度最小。故根节点应该以 $A_1 = 1$ 是否成立进行分割，如图 8-10 所示。

经过这次划分后,原始的样本集合就被特征"有工作"分割成了左右两部分。接下来,再对左右两个集合递归地执行上述步骤,最终便可以得到通过 CART 算法生成的分类决策树,如图 8-11 所示。

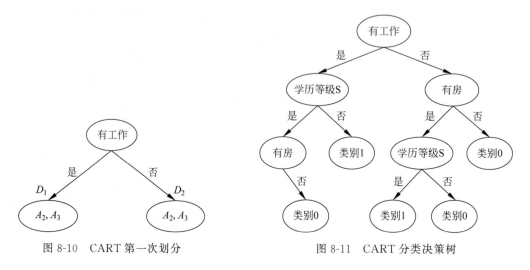

图 8-10　CART 第一次划分　　　　　　图 8-11　CART 分类决策树

8.5.4　分类树剪枝步骤

在 8.5.3 节中,笔者介绍了 CART 中决策树的生成算法,接下来再来看一看在 CART 中如何对生成后的决策树进行剪枝。根据第 4 章内容的介绍可知,总体上来讲模型(决策树)越复杂,越容易产生过拟合现象,此时对应的代价函数值也相对较小。在决策树中,遇到这种情况时也就需要进行剪枝处理。CART 剪枝算法由两部组成:

(1)首先从之前生成的决策树 T_0 底端开始不断剪枝,直到 T_0 的根节点,这样便形成了一个子序列 $\{T_0, T_1, \cdots, T_n\}$。

(2)然后通过交叉验证对这一子序列进行测试,从中选择最优的子树。

从上面的两个步骤可以看出,第(2)步并没有什么难点,关键就在于如何通过剪枝来生成这样一个决策树子序列。

1）剪枝,形成一个子序列

在剪枝过程中,计算子树的损失函数

$$C_a(T) = C(T) + \alpha \, | \, T \, | \tag{8-44}$$

其中,T 为任意子树,$C(T)$ 为对训练集的预测误差,$| \, T \, |$ 为子树的叶节点个数,$\alpha \geqslant 0$ 为参数。需要指出的是,不同于之前 ID3 和 C4.5 中剪枝算法的 α,前者是人为设定的,而此处则是通过计算得到的。

具体地,从整体树 T_0 开始剪枝,如图 8-12 所示。

对于 T_0 的任意内部节点 t,以 t 为根节点的子树 T_t(可以看作剪枝前)的损失函数为

$$C_a(T_t) = C(T_t) + \alpha \, | \, T_t \, | \tag{8-45}$$

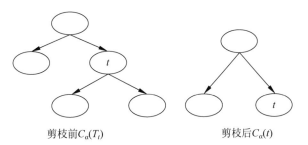

剪枝前$C_\alpha(T_t)$ 剪枝后$C_\alpha(t)$

图 8-12   CART 剪枝

同时,以 t 为单节点的子树(可以看作剪枝后)的损失函数为

$$C_\alpha(t) = C(t) + \alpha \cdot 1 \tag{8-46}$$

(1) 当 $\alpha = 0$ 或者极小的时候,有不等式

$$C_\alpha(T_t) < C_\alpha(t) \tag{8-47}$$

不等式成立的原因是因为,当 $\alpha = 0$ 或者极小时,起决定作用的是预测误差 $C(t)$ 和 $C(T_t)$,而模型越复杂其训练误差总是越小,因此不等式成立。

(2) 当 α 增大时,在某一 α 有

$$C_\alpha(T_t) = C_\alpha(t) \tag{8-48}$$

等式成立的原因是因为,当 α 慢慢增大时,就不能忽略模型复杂度所带来的影响(也就是式(8-44)第二项),所以总会存在一个取值 α 使等式(8-48)成立。

(3) 当 α 再增大时,不等式(8-47)反向。

因此,当 $C_\alpha(T_t) = C_\alpha(t)$ 时,有 $\alpha = \dfrac{C(t) - C(T_t)}{|T_t| - 1}$,此时的子树 T_t 和单节点树 t 有相同的损失函数值,但 t 的节点少且模型更简单,因此 t 比 T_t 更可取,即对 T_t 进行剪枝。

为此,对于决策树 T_0 中每个内部节点 t 来讲,都可以计算

$$g(t) = \frac{C(t) - C(T_t)}{|T_t| - 1} \tag{8-49}$$

它表示剪枝后整体损失函数减少的程度。因为每个 $g(t)$ 背后都对应着一个决策树模型,而不同的 $g(t)$ 则表示损失函数变化的不同程度。接着,在树 T_0 中减去 $g(t)$ 最小的子树 T_t,将得到的子树作为 T_1。如此剪枝下去,直到得到根节点。

注意,此时得到的一系列 $g(t)$,即 α,都能使在每种情况下剪枝前和剪枝后的损失值相等,因此按照上面第(2)种情况中的规则进行剪枝,但为什么要减去其中 $g(t)$ 最小的子树呢?

对于树 T 来讲,其内部可能的节点 t 有 t_0、t_1、t_2、t_3。t_i 表示其中任意一个,如图 8-13 所示。

因此便可以计算得到 $g(t_0)$、$g(t_1)$、$g(t_2)$、$g(t_3)$,即对应的 α_0、α_1、α_2、α_3。从上面的第(2)种情况可以知道,$g(t)$ 是根据式(8-49)所计算得到的,因此这 4 种情况下 t_i 比 T_{t_i} 更可取,都满足剪枝,但是由于以 t_i 为根节点的子树对应的复杂度各不相同,意味着 $\alpha_i \neq \alpha_j$,$(i, j =$

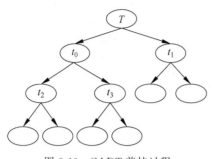

图 8-13　CART 剪枝过程

$0,1,2,3;i \neq j$），即 α_i 和 α_j 存在着大小关系。又因为，当 α 大的时候，最优子树 T_α 偏小。当 α 小的时候，最优子树 T_α 偏大，并且由于在这 4 种情况下剪枝前和剪枝后损失值都相等（都满足剪枝条件），因此选择减去其中 $g(t)$ 最小的子树。

接着，在得到子树 T_1 后，再通过上述步骤对 T_1 进行剪枝便可得到 T_2。如此剪枝下去直到得到根节点，此时便得到了子树序列 T_0,T_1，$T_2,\cdots,T_n$。

2）交叉验证选择最优子树 T_α

通过上一步我们便可以得到一系列的子树序列 $T_0,T_1,\cdots,T_n$，最后通过交叉验证来选取最优的决策树 T_α。

进一步，CART 分类树的剪枝步骤可以总结为[①]

输入：CART 算法生成的分类树 T_0。

输出：最优决策树 T_α。

（1）设 $k=0,T=T_0$。

（2）设 $\alpha=+\infty$。

（3）对于树 T 来讲，自下而上地对其每个内部节点 t 计算 $C(T_t)$、$|T_t|$。

$$g(t)=\frac{C(t)-C(T_t)}{|T_t|-1}, \quad \alpha=\min(\alpha,g(t)) \tag{8-50}$$

其中，T_t 表示以 t 为根节点的子树；$C(T_t)$ 是子树 T_t 在训练集上的误差；$|T_t|$ 是子树 T_t 叶节点的个数。

（4）对 $g(t)=\alpha$ 所对应的内部节点 t 进行剪枝，并对叶节点以多数表决法决定其类别得到树 T。

（5）令 $k=k+1,\alpha_k=\alpha,T_k=T$。

（6）如果 T_k 不是由根节点及两个叶节点构成的树，则继续执行步骤（3），否则令 $T_k=T_n$。

（7）采用交叉验证在子树序列 $T_0,T_1,\cdots,T_n$ 中选择最优子树 T_α。

当然，如果仅看这些步骤可能依旧会很模糊，下面笔者再通过一个简单的图示进行说明。

8.5.5　分类树剪枝示例

现在假设通过 CART 算法生成了一棵如图 8-14 所示的决策树。

从图 8-14 可以看出，可对树 T_0 进行剪枝的内部节点有 t_0、t_1、t_2、t_3，因此根据剪枝步骤（3）可以分别算出 $g(t_0)$、$g(t_1)$、$g(t_2)$、$g(t_3)$。假设此时算出的 $g(t_3)$ 最小，那么根据剪

① 李航. 统计学习方法［M］. 2 版. 北京：清华大学出版社，2019.

枝步骤(4)便可以得到如图 8-15 所示的子树 T_1，并且 $\alpha_1 = g(t_3)$。

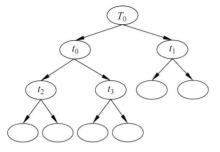
图 8-14　CART 分类子树 T_0

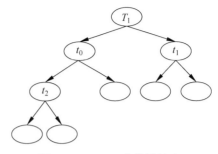
图 8-15　CART 分类子树 T_1

从图 8-15 可以看出，根据剪枝步骤(6)可知需要再次对 T_1 进行剪枝，并且此时可对树 T_1 进行剪枝的内部节点有 t_0、t_1、t_2。进一步，根据剪枝步骤(3)可以分别算出 $g(t_0)$、$g(t_1)$、$g(t_2)$。假设此时算出的 $g(t_1)$ 最小，那么根据剪枝步骤(4)便可以得到如图 8-16 所示的子树 T_2，并且 $\alpha_2 = g(t_1)$。

从图 8-16 可以看出，根据剪枝步骤(6)可知需要再次对 T_2 进行剪枝，并且此时可对树 T_2 进行剪枝的内部节点有 t_0 和 t_1。进一步，根据剪枝步骤(3)可以分别算出 $g(t_0)$ 和 $g(t_1)$。假设此时算出的 $g(t_0)$ 最小，那么根据剪枝步骤(4)便可以得到如图 8-17 所示的子树 T_3，并且 $\alpha_3 = g(t_0)$。

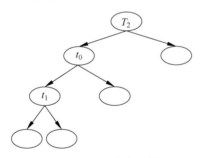
图 8-16　CART 分类子树 T_2

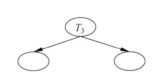
图 8-17　CART 分类子树 T_3

从图 8-17 可以看出，根据剪枝步骤(6)可知满足停止条件，所以不需要继续进行剪枝。至此，便得到了整个子树序列 T_0、T_1、T_2、T_3，接着采用交叉验证在子树序列中选择最优子树 T_a 即可。

到此为止，对于 CART 决策树的整个生成与剪枝过程就介绍完了。最后，通过 sklearn 来完成对于 CART 分类树的使用也很容易，只需将类 DecisionTreeClassifier 中的划分标准设置为 criterion＝"gini"，其他地方不变。

8.5.6　小结

在本节中，笔者首先介绍了什么是 CART 算法，然后进一步介绍了 CART 分类树中的划分标准——基尼不纯度,接着详细介绍了 CART 分类树的生成过程,并通过一个实际例子展示了整个决策树生成的计算过程,最后介绍了 CART 分类树剪枝过程的基本原理,并且通过一个简单的图示展示了整个剪枝过程。

8.6 集成学习

8.6.1 集成学习思想

通过前面几章的学习,我们已经了解了机器学习中的多种分类和回归模型。现在有一个问题,这么多模型究竟哪一个最好呢?以分类任务为例,当得到一个实际的数据集时,如果是你,你会选择哪种模型进行建模呢?最笨的方法就是挨个都试一下,这样做有没有道理呢?还别说,在实际的情况中真的可能会都去试一下。假如现在选择 A、B、C 这 3 个模型进行建模,最后得到结果是:A 的分类准确率为 0.93,B 的分类准确率为 0.95,C 的分类准确率为 0.88。那最终应该选择哪一个模型呢?是模型 B 吗?

假设现在一共有 100 个样本,其标签为二分类(正、负两类),3 个模型的部分分类结果如表 8-6 所示。

表 8-6　不同模型分类结果对比表

模型	样本 1	样本 2	样本 3	样本 4	样本 5
模型 A	负	正	正	负	正
模型 B	正	负	负	正	负
模型 C	负	正	正	负	正

在表 8-6 中的 5 个样本,模型 A 和模型 C 均能分类正确,而模型 B 不能分类正确,但如果此时将这 3 个模型一起用于分类任务的预测,并且对于每个样本的最终输出结果采用基于投票的规则在 3 个模型的输出结果中进行选择。例如表 8-6 中的第 1 个样本,模型 A 和模型 C 均判定为“负类”只有模型 B 判定为“正类”,则最后的输出便为“负类”。那么此时,我们就可以得到一个分类准确率为 1 的“混合”模型。

注意:在其余的 95 个样本中,假设根据投票规则均能分类正确。

8.6.2 集成学习种类

在机器学习中,基于这种组合思想来提高模型精度的方法被称为集成学习(Ensemble Learning)。俗话说“3 个臭皮匠,赛过诸葛亮”,这句话就完美阐述了集成学习的潜在思想——通过将多个模型结合在一起来提高整体的泛化能力[1]。

---

① PEDREGOSA. scikit-learn:Machine Learning in Python[J]. JMLR 12,2011:2825-2830.

常见的集成模型主要包括以下 3 种：

1. Bagging 集成学习

Bagging 的核心思想为并行地训练一系列各自独立的同类模型，然后将各个模型的输出结果按照某种策略进行组合，并输出最终结果。例如在分类中可采用投票策略，而在回归中可采用平均策略。通常来讲，模型越容易过拟合，则越适用于 Bagging 集成学习方法。

2. Boosting 集成学习

Boosting 的核心思想为先串行地训练一系列前后依赖的同类模型，即后一个模型用来对前一个模型的输出结果进行修正，最后通过某种策略将所有的模型组合起来，并输出最终的结果。通常来讲，模型越容易欠拟合，则越适用于 Boosting 集成学习方法。

3. Stacking 集成学习

Stacking 的核心思想为并行地训练一系列各自独立的不同类模型，然后将各个模型的输出结果作为输入来训练一个新模型（例如：逻辑回归），并通过这个新模型来输出最终预测的结果[①]。通常来讲，Stacking 集成学习也适用于欠拟合的机器学习模型。

以下的内容，笔者就大致介绍一下各类集成模型中常见的算法和使用示例。

8.6.3 Bagging 集成学习

Bagging 的全称为 Bootstrap Aggregation，而这两个单词也分别代表了 Bagging 在执行过程中的两个步骤，①Bootstrap Samples；②Aggregate Outputs。总结起来就是 Bagging 首先从原始数据中随机抽取多组包含若干数量样本的子训练集，以及对于各子训练集来讲再随机抽取若干特征维度作为模型输入，然后分别以不同的子训练集来训练并得到不同的基模型，同时将各个模型的预测结果进行聚合，即

$$y = \frac{1}{M} \sum_{m=1}^{M} f_m(x) \tag{8-51}$$

其中，M 表示基模型的数量，$f_m(x)$ 表示不同的基模型。

同时，由于 Bagging 的策略是取所有基模型的"平均"值作为最终模型的输出结果，所以 Bagging 集成方法能够很好地降低模型高方差（过拟合）的情况，因此通常来讲，在使用 Bagging 集成方法的时候，可以尽量使每个基模型都出现过拟合的现象。下面，笔者就来介绍在 sklearn 中如何使用 Bagging 集成学习方法。

1. Bagging on KNN

在 sklearn 中，可以通过语句 from sklearn.ensemble import BaggingClassifier 导入 Bagging 集成学习方法中的分类模型。下面先来介绍一下 BaggingClassifier 类中常见的重要参数及其含义，代码如下：

```
def __init__(self,
    base_estimator = None,
```

---

① https://en.wikipedia.org/wiki/Ensemble_learning.

```
                n_estimators = 10,
                max_samples = 1.0,
                max_features = 1.0,
                bootstrap = True,
                bootstrap_features = False,
                n_jobs = None):
```

上述代码是类 BaggingClassifier 初始化方法中的部分参数,其中 base_estimator 表示所使用的基模型;n_estimators 表示需要同时训练多少个基模型;max_samples 表示每个子训练集中最大的样本数量,其可以是整数也可以是 0～1 的浮点数(此时表示在总样本数中的占比);max_features 表示子训练集中特征维度的数量(由于采用的是随机抽样,所以不同的子训练集特征维度可能不一样);bootstrap＝True 表示在同一子训练集中同一样本可以重复抽样出现;bootstrap_features＝False 表示在同一子训练集中同一特征维度不能重复出现(如果设置为 True,则在极端情况下所有的特征维度可能都一样);n_jobs 表示同时要使用多个 CPU 核并行进行计算。

下面以 KNN 作为基模型通过 sklearn 中的 BaggingClassifier 类进行 Bagging 集成学习建模,完整代码见/Book/Chapter08/02_ensemble_bagging_knn.py 文件,代码如下:

```
bagging = BaggingClassifier(KNeighborsClassifier(n_neighbors = 3),
                            n_estimators = 5,
                            max_samples = 0.8,
                            max_features = 3,
                            bootstrap_features = False,
                            bootstrap = True)
bagging.fit(x_train, y_train)
print(bagging.estimators_features_)
print(bagging.score(x_test, y_test))
```

在上述代码中,第 1 行表示使用了 KNN 作为基模型,并且将 K 值设置为 3。第 2～3 行分别表示一共采用了 5 个 KNN 分类器,每个分类器在进行训练时使用原始训练集 80% 的样本进行训练。第 4～5 行表示每个子训练集仅使用其中 3 个特征维度(一共有 4 个),并且不能重复。第 6 行表示每个子训练集在划分样本时可以重复。

训练完成后可以得到如下结果:

```
[array([1, 3, 0]), array([0, 1, 2]), array([3, 1, 2]), array([0, 1, 2]), array([1, 3, 0])]
0.9777
```

其中[1,3,0]表示该模型在训练时使用的是第 1、第 3 和第 0 个特征维度,其他同理。

2. Bagging on Decision Tree

正如上面所介绍的,在通过 Bagging 方法进行集成学习时其基模型可以是其他任意模型,所以自然而然也可以是决策树。同时,由于对决策树使用 Bagging 集成方法是一个较为热门的研究方向,因此它还有另外一个响亮的名字——随机森林(Random Forests)。根据 Bagging 的思想来看,随机森林这个名字也很贴切,一系列的树模型就变成了森林。在 sklearn 中,如果通过类 BaggingClassifier 实现 Bagging 集成学习,当参数 base_estimator＝None 时,默认会采用决策树作为基模型。由于这部分的内容较多并且应用也比较广泛,所以详细内容将会单独放在 8.7 节中进行介绍。

8.6.4 Boosting 集成学习

Boosting 同 Bagging 一样,都用于提高模型的泛化能力。不同的是 Boosting 方法是通过串行地训练一系列模型来达到这一目的。在 Boosting 集成学习中,每个基模型都会对前一个基模型的输出结果进行改善。如果前一个基模型对某些样本进行了错误分类,则后一个基模型就会针对这些错误的结果进行修正。这样在经过一系列串行基模型的拟合后,最终就会得到一个更加准确的结果,因此,Boosting 集成学习方法经常被用于改善模型高偏差的情况(欠拟合现象)。

在 Boosting 集成学习中最常见的算法是 Adaboost,关于该算法的具体原理笔者在这里就暂不阐述了,各位读者如果对此感兴趣,则可以自行去查找相关资料。下面直接来看 Adaboost 算法在 sklearn 中的用法。

在 sklearn 中,可以通过语句 from sklearn.ensemble import AdaboostClassifier 导入 Adaboosting 集成学习方法中的分类模型。下面先介绍一下 AdaboostClassifier 类中常见的重要参数及其含义,代码如下:

```
def __init__(self,
    base_estimator = None,
    n_estimators = 50,
    learning_rate = 1.):
```

上述代码是类 BaggingClassifier 初始化方法中的部分参数,其中 base_estimator 表示所使用的基模型,如果设置为 None,则模型使用决策树;n_estimators 表示基模型的数量,默认为 50 个;learning_rate 用来控制每个基模型的贡献度,默认为 1,即等权重。

下面以决策树作为基模型通过 sklearn 中的 AdaboostClassifier 类进行 Boosting 集成学习建模,完整代码见/Book/Chapter08/03_Adaboosting.py 文件,代码如下:

```
x_train, x_test, y_train, y_test = load_data()
dt = DecisionTreeClassifier(criterion = 'gini', max_features = 4, max_depth = 1)
model = AdaboostClassifier(base_estimator = dt, n_estimators = 100)
model.fit(x_train, y_train)
print("模型在测试集上的准确率为", model.score(x_test, y_test)) #1.0
```

在上述代码中,第 2 行表示定义决策树基模型,第 3 行表示定义 Adaboost 分类器,并将决策树基模型作为参数传入类 AdaboostClassifier 中。

至此,对于 Adaboost 的示例用法就介绍完了。不过细心的读者可能会问,此时基分类器决策树和 Adaboost 均有自己的超参数,如果要在上述训练过程中使用网格搜索 GridSearchCV,则该怎么操作呢? 关于这部分内容笔者在此就不做介绍了,可以直接参见 Book/Chapter08/04_Adaboosting_gridsearch.py 文件。

8.6.5 Stacking 集成学习

不同于 Bagging 和 Boosting 这两种集成学习方法,Stacking 集成学习方法首先通过训练得到多个基于不同算法的基模型,然后将通过训练一个新模型来对其他模型的输出结果进行组合。例如选择以逻辑回归和 KNN 作为基模型,以决策树作为组合模型。Stacking 集成方法的做法为首先将训练得到前两个基模型,然后以基模型的输出作为决策树的输入训练组合模型,最后以决策树的输出作为真正的预测结果。

在 sklearn 中,可以通过语句 from sklearn.ensemble import StackingClassifier 导入 StackingClassifier 集成学习方法中的分类模型。下面先介绍一下 StackingClassifier 类中常见的重要参数及其含义,代码如下:

```
def __init__(self,
    estimators,
    final_estimator = None,
    passthrough = False)
```

上述代码是类 StackingClassifier 初始化方法中的部分参数,其中 estimators 表示所使用的基模型;final_estimator 表示最后使用的组合模型;当 passthrough＝False 时,表示在训练最后的组合模型时只将各个基模型的输出作为输入;当 passthrough＝True 时,表示同时将原始样本也作为输入。

下面以逻辑回归、K 近邻作为基模型,以决策树作为组合模型,并通过 sklearn 中的 StackingClassifier 类进行 Stacking 集成学习建模,完整代码见/Book/Chapter08/05_ensemble_stacking.py 文件,代码如下:

```
estimators = [('logist', LogisticRegression(max_iter = 500)),
              ('knn', KNeighborsClassifier(n_neighbors = 3))]
stacking = StackingClassifier(estimators = estimators,
final_estimator = DecisionTreeClassifier())
stacking.fit(x_train, y_train)
acc = stacking.score(x_test, y_test)
print("模型在测试集上的准确率为", acc) ♯0.956
```

在上述代码中,第 1～2 行分别用来定义两个基模型,并进行相应的初始化。第 3～4 行用来定义 Stacking 分类器,并将组合模型指定为决策树。

至此,对于 sklearn 中 Stacking 集成学习的示例用法就介绍完了。同时,上述训练过程的网格搜索示例用法可以参见 Book/Chapter08/06＿ensemble＿stacking＿gridsearch. py
文件。

8.6.6　小结

在本节中,笔者首先介绍了机器学习中集成学习的基本思想,接着介绍了 3 种常见集成
学习方法 Bagging、Boosting 和 Stacking 的基本原理,最后分别就这 3 种集成学习方法各自
在 sklearn 中的示例用法进行了详细介绍。

8.7　随机森林

8.7.1　随机森林原理

正如笔者在第 8.6.3 节中所介绍的那样,随机森林本质上是基于决策树的 Bagging 集
成学习模型,因此,随机森林的建模过程总体上可以分为 3 步[①]:

第 1 步,对原始数据集进行随机采样,得到多个训练子集。

第 2 步,在各个训练子集上训练得到不同的决策树模型。

第 3 步,将训练得到的多个决策树模型进行组合,然后得到最后的输出结果。

如图 8-18 所示为随机对样本点和特征采样后训练得到的若干决策树模型组成的随机
森林。从图 8-18 中可以看出,即使同一个样本在不同树中所归属的叶子节点也不尽相同,
甚至连类别也可能不同,但是这也充分体现了 Bagging 集成模型的优点,通过"平均"来提高
模型的泛化能力。

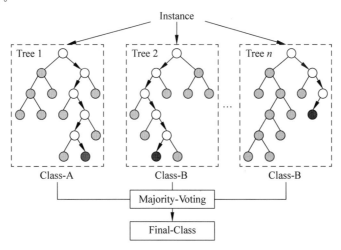

图 8-18　随机森林原理示意图

---

① 　https://en. wikipedia. org/wiki/Random_forest.

在图 8-18 中，多个不同结构的决策树模型构成了随机森林，并且在模型输出时将会以投票的方式决策出最终的输出类别。同时，随机森林与普通 Bagging 集成学习方法存在的一点差别就是，随机森林中每棵决策树在每次划分节点的过程中，还会有一个随机的过程，即只会从已有的特征中再随机选择部分特征参与节点划分，这一过程被称为 Feature Bagging。之所以要这么做，是为了减小各个树模型之间的关联性。例如训练数据中如果存在着某些差异性较大的特征，则所有的决策树在节点划分时就会选择同样的特征，使最终得到的决策树之间具有较强的关联性，即每棵树都类似。

8.7.2　随机森林示例代码

介绍完随机森林的基本原理后，我们再来看一看如何通过 sklearn 完成随机森林的建模任务。在 sklearn 中，可以通过语句 from sklearn. ensemble import RandomForestClassifier 导入模块随机森林。下面先来介绍一下 RandomForestClassifier 类中常见的重要参数及其含义，代码如下：

```python
def __init__(self,
             n_estimators = 100,
             criterion = "gini",
             max_depth = None,
             min_samples_split = 2,
             min_samples_leaf = 1,
             max_features = "auto",
             bootstrap = True,
             max_samples = None):
```

上述代码是类 RandomForestClassifier 初始化方法中的部分参数，其中 n_estimators 表示在随机森林中决策树的数量；criterion 用于指定构建决策树的算法；max_depth 表示允许决策树的最大深度；min_samples_split 表示节点允许继续划分的最少样本数，即如果划分后的节点中样本数少于该值，将不会进行划分；min_samples_leaf 表示叶子节点所需要的最少样本数；max_features 表示每次对节点进行划分时所选特征的最大数量，即节点每次在进行划分时会先在原始特征中随机选取 max_features 个候选特征，然后在候选特征中选择最佳特征；bootstrap 表示是否对原始数据集进行采样，如果其值为 False，则所有决策树在构造时均使用相同的样本；max_samples 表示每个训练子集中样本数量的最大值（当 bootstrap＝True 时），其默认值为 None，即等于原始样本的数量。

注意：max_samples＝None 仅仅表示采样的样本数等于原始训练集的样本数，不代表抽样后的子训练集等同于原始训练集，因为采样时样本可以重复。

一般来讲，在 sklearn 的各个模型中，对于大多数参数来讲保持默认即可，对于少部分关键参数可采样交叉验证进行选择。

下面以 iris 数据集为例进行 RandomForestClassifier 的集成学习建模任务,完整代码见 /Book/Chapter08/07_ensemble_random_forest.py 文件,代码如下:

```
if __name__ == '__main__':
    x_train, x_test, y_train, y_test = load_data()
    model = RandomForestClassifier(n_estimators = 2, max_features = 3,
                        random_state = 2)
    model.fit(x_train, y_train)
    print(model.score(x_test, y_test)) # 0.95
```

可以看到,尽管随机森林这么复杂的一个模型,在 sklearn 中同样可以通过几行代码来完成建模。同时,在完成随机森林的训练后,可以通过 model.estimators_ 属性来得到所有的决策树对象,然后分别对其进行可视化就可以得到整个随机森林可视化结果。当然,最重要的是可以通过 model.feature_importances_ 属性来得到每个特征的重要性程度以进行特征筛选,以便去掉无关特征。

8.7.3 特征重要性评估

从决策树的构造原理便可以看出,越是靠近决策树顶端的特征维度越能对不同类别的样本进行区分,这就意味着越是接近于根节点的特征维度越重要,因此,在 sklearn 中的类 DecisionTreeClassifier 里面,同样也有 feature_importances_ 属性,以便输出每个特征的重要性值。只是通过随机森林进行特征重要性评估更加准确,因此笔者才将这部分内容放到了这里。不过想要弄清楚随机森林中的特征重要性评估过程,还得从决策树说起。

1. 决策树中的特征评估

在 sklearn 中,决策树通过基于基尼纯度的减少量来对特征进行重要性评估,当然基尼纯度也可以换成信息增益或者信息增益比。具体地,对于决策树中划分每个节点的特征来讲,其特征重要性计算公式为[①]

$$\text{importance} = \frac{N_t}{N} \times \left(\text{impurity} - \frac{N_{tL}}{N_t} \times \text{left\_impurity} - \frac{N_{tR}}{N_t} \times \text{right\_impurity}\right) \quad (8\text{-}52)$$

其中,N 表的样本数;N_t 表示当前节点的样本数;impurity 表示当前节点的纯度;N_{tL} 表示当前节点左"孩子"中的样本数;left_impurity 表示当前节点左"孩子"的纯度;N_{tR} 表示当前节点右"孩子"中的样本数;right_impurity 表示当前节点右"孩子"的纯度。

以 8.7.2 节随机森林里的其中一棵决策树为例,其在每次进行节点划分时的各项信息如图 8-19 所示。

这里有一个细节需要注意,在图 8-19 中每个节点里 samples 的数量指的是不重复的样本数(因为采样会有重复),而列表 value 中的值则包含重复样本。例如在根节点中,samples=62 表示一共有 62 个不同的样本点,但实际上该节点中有 105 个样本点,即有 43

---

① PEDREGOSA. scikit-learn: Machine Learning in Python[J]. JMLR 12,2011: 2825-2830.

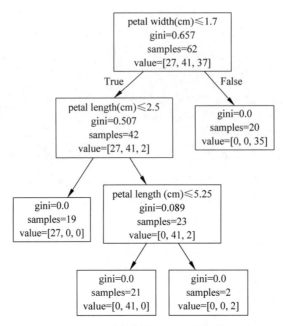

图 8-19 决策树特征重要性评估

个样本点为重复出现的样本点。

此时,对于特征 petal width 来讲,根据式(8-52)其特征重要性值为

$$\frac{105}{105} \times \left(0.657 - \frac{70}{105} \times 0.507 - \frac{35}{105} \times 0\right) \approx 0.319$$

对于特征 petal length 来讲,由于其在两次节点划分中均有参与,所以它的特征重要性为

$$\frac{70}{105} \times \left(0.507 - \frac{27}{70} \times 0 - \frac{43}{70} \times 0.089\right) + \frac{43}{105} \times (0.089 - 0) \approx 0.338$$

对于另外两个特征 sepal length 和 sepal width 来讲,由于两者并没有参与决策树节点的划分,所以其重要性均为 0。

2. 随机森林中的特征评估

在介绍完决策树中的特征重要性评估后,再来看随机森林中的特征重要性评估过程就相对容易了。在 sklearn 中,随机森林的特征重要性评估主要基于多棵决策树的特征重要性结果计算而来,称为平均纯度减少量(Mean Decrease in Impurity,MDI)。MDI 的主要计算过程就是将多棵决策树的特征重要性值取一次平均值。

对于 8.7.2 节中的随机森林来讲,其另外一棵决策树在每次进行节点划分时的各项信息如图 8-20 所示。

从图 8-20 可以看出,一共有 2 个特征参与了节点的划分。根据式(8-52)可知,特征 petal length 的重要性为

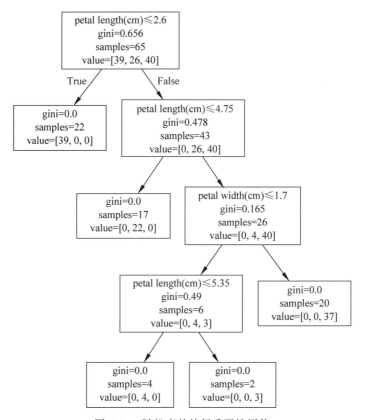

图 8-20 随机森林特征重要性评估

$$\frac{105}{105} \times \left(0.656 - \frac{66}{105} \times 0.478\right) + \frac{66}{105} \times \left(0.478 - \frac{44}{66} \times 0.165\right) + \frac{7}{105} \times 0.49 \approx 0.619$$

特征 petal width 的重要性为

$$\frac{44}{105} \times \left(0.165 - \frac{7}{44} \times 0.49\right) \approx 0.036$$

到此为止,对于 8.7.2 节中的随机森林,其两棵决策树对应的计算所得到特征重要性如表 8-7 所示。

表 8-7　决策树特征重要性表

模　　型	特　　征			
	sepal length	sepal width	petal length	petal width
Tree 1	0	0	0.338	0.319
Tree 2	0	0	0.619	0.036

在 sklearn 中,对于决策树计算得到的特征重要性值默认情况下还会进行标准化,即每个维度均会除以所有维度的和。进一步,对于随机森林来讲,其各个特征的重要性值则为所

有决策树对应特征重要性的平均值,因此,对于表 8-6 中的结果来讲最终每个特征重要性值为 0、0、0.729 和 0.271。关于上述详细的计算过程可以参见 Book/Chapter08/08_ensemble_random_forest_features.py 文件。

从最后的结果可以看出,在数据集 iris 中对分类起决定性作用的是最后两个特征维度,因此,各位读者也可以进行一个对比,只用最后两个维度进行分类并观察其准确率。完整示例代码见 Book/Chapter08/09_feature_importance_comp.py 文件。

8.7.4　小结

在本节中,笔者首先介绍了随机森林的基本原理,然后介绍了 sklearn 中随机森林模块 RandomForestClassifier 的基本用法及其中常见参数的作用,最后详细介绍了如何通过随机森林来对特征进行重要性评估,包括具体的计算及示例代码等。

8.8　泰坦尼克号生还预测

在本章的前面几节内容中,笔者陆续介绍了几种决策树的生成算法及常见的集成学习方法。在接下来的这节内容中,笔者会将以泰坦尼克号生还预测(分类)[①]为例进行实战演示,并且还会介绍相关的数据预处理方法,例如缺失值填充和类型特征转换等。

本次用到的数据集为泰坦尼克号生还预测数据集,原始数据集一共包含 891 个样本和 11 个特征维度,但是需要注意的是,在实际处理时这 11 个特征维度不一定都要用到,只选择读者认为有用的即可。同时,由于部分样本存在某些特征维度出现缺失的状况,因此还需要对其进行填充。完整代码可参见 Book/Chapter08/10_titanic.py 文件。

8.8.1　读取数据集

本次用到的数据集一共包含两个文件,其中一个为训练集,另一个为测试集。下载完成后放在本代码所在目录的 data 目录中即可。接着可以通过如下代码读入数据:

```
import pandas as pd
def load_data():
    train = pd.read_csv('data/train.csv', sep = ',')
    test = pd.read_csv('./data/test.csv')
```

在上述代码中,第 1 行用来导入库 pandas,以便读取本地文件。第 3 行代码表示通过 pandas 中的 read_csv()方法读取.csv 文件,它返回的是一个 DataFrame 格式的数据类型,可以方便地进行各类数据预处理操作。这里值得一提的是,read_csv 不仅可以用来读取

---

① https://www.kaggle.com/c/titanic/data.

.csv 格式的数据,只要读取的数据满足条件:①它是一个结构化的文本数据,即 m 行 n 列;②列与列之间有相同的分隔符,例如默认情况下 sep＝','。这样的数据都可以通过该方法进行读取,不管文件的扩展名是.csv 还是.txt,抑或没有后缀。当然,pandas 还提供了很多常见数据的读取方法,例如 excel、json 数据等。

在读取完成后,可以通过如下方式查看数据集的相关信息:

```
print(train.info())
Data columns (total 12 columns):
#Column        Non－Null Count  Dtype
---  ------    --------------  -----
0   PassengerId  891 non－null    int64
1   Survived    891 non－null    int64
2   Pclass      891 non－null    int64
3   Name        891 non－null    object
4   Sex         891 non－null    object
5   Age         714 non－null    float64
6   SibSp       891 non－null    int64
7   Parch       891 non－null    int64
8   Ticket      891 non－null    object
9   Fare        891 non－null    float64
10  Cabin       204 non－null    object
11  Embarked    889 non－null    object
```

从上述输出信息可以知道,该数据集一共有 11 个特征维度(第 1 列 Survived 为标签)和 891 个样本。同时还可以具体地看到每个特征维度的数据类型及有多少为非空值等信息。

8.8.2　特征选择

在完成原始数据的载入后,就需要对特征进行选择。对于特征的选择这一步显然是仁者见仁智者见智,可以都用上也可以只选择你认为对最后预测结果有影响的特征。在本示例中,笔者选择的是 Pclass、Sex、Age、SibSp、Parch、Fare 和 Embarked 这 7 个特征维度,其分别表示船舱等级、性别、年龄、乘客在船上兄弟姐妹/配偶的数量、乘客在船上父母/孩子的数量、船票费用和登船港口。当然,Survived 这一列特征是作为最终进行预测的类标。接着通过如下代码便可完成特征的选择工作:

```
features = ['Pclass', 'Sex', 'Age', 'SibSp', 'Parch', 'Fare', 'Embarked']
x_train = train[features]
x_test = test[features]
y_train = train['Survived']
```

在上述代码中,第 1 行用来定义需要选择的特征,第 2～3 行用来在训练集和测试集中取对应的特征维度,第 4 行用来获取训练集中的标签。由于这是比赛中的数据集,所以真实的测试集中并不含有标签。

8.8.3　缺失值填充

在选择完成特征后下一步就是对其中的缺失值进行填充。从上面的输出结果可以看出，在训练集和测试集中特征 Age、Embarked 和 Fare 存在缺失值的情况，并且特征 Age 和 Fare 均为浮点型，对于浮点型的缺失值一般可采用该特征维度所有值的平均作为填充，而特征 Embarked 为类型值，对于类型值的缺失一般可以采用该特征维度出现次数最多的类型值进行填充，因此下面开始分别用这两种方法进行缺失值的补充，代码如下：

```
x_train['Age'].fillna(x_train['Age'].mean(), inplace = True)
print(x_train['Embarked'].value_counts()) #S 644 C 168 Q 77
x_train['Embarked'].fillna('S', inplace = True)
x_test['Age'].fillna(x_train['Age'].mean(), inplace = True)
x_test['Fare'].fillna(x_train['Fare'].mean(), inplace = True)
```

在上述代码中，第 1 行和第 4 行用来对特征 Age 以均值进行填充，这里需要注意的是测试集中的缺失值也应该用训练集中的均值进行填充，第 2 行用来统计输出特征 Embarked 中各个取值出现的次数，可以发现 S 出现次数最多（644 次），第 3 行则用来对特征 Embarked 的缺失值以 S 进行填充。

8.8.4　特征值转换

在进行完上述几个步骤后，最后一步需要完成的就是对特征进行转换。所谓特征转换就是将其中的非数值型特征，用数值进行代替，例如特征 Embarked 和 Sex，代码如下：

```
x_train.loc[x_train['Sex'] == 'male', 'Sex'] = 0
x_train.loc[x_train['Sex'] == 'female', 'Sex'] = 1
x_train.loc[x_train['Embarked'] == 'S', 'Embarked'] = 0
x_train.loc[x_train['Embarked'] == 'C', 'Embarked'] = 1
x_train.loc[x_train['Embarked'] == 'Q', 'Embarked'] = 2
```

在上述代码中，.loc 方法用获取对应行列索引中的值，而类似 x_train['Sex'] == 'male'则用来得到满足条件的行索引。经过上述步骤后，数据集中的字符特征就被替换成了对应的数值特征。

8.8.5　乘客生还预测

在完成数据预处理的所有工作后，便可以建立相应的分类模型来对测试集中的乘客生还情况进行预测。下面以随机森林模型进行示例，代码如下：

```
def random_forest():
    x_train, y_train, x_test = load_data()
```

```
model = RandomForestClassifier()
paras = {'n_estimators': np.arange(10, 100, 10), 'criterion': ['gini', 'entropy'], 'max_
        depth': np.arange(5, 50, 5)}
gs = GridSearchCV(model, paras, cv = 5, verbose = 2, n_jobs = 2)
gs.fit(x_train, y_train)
y_pre = gs.predict(x_test)
print('best score:', gs.best_score_)  #0.827
print('best parameters:', gs.best_params_)
```

由于上述示例代码在 8.7.2 节中均有介绍,所以在此不再赘述了。

8.8.6　小结

在本节中,笔者以泰坦尼克号生还预测数据集为例,首先介绍了如何通过 pandas 来读取结构化的文本数据,然后详细地展示了从数据预处理到模型预测的每个步骤,包括读取数据集、特征选择、缺失值补充、特征转换和模型选择等,最后以随机森林为例,完成了随机森林模型的训练及在测试集上的预测任务。

总结一下,在本章中笔者首先介绍了决策树的基本思想,以及 3 种常见的决策树生成算法,包括 ID3 算法、C4.5 算法和 CART 算法,然后介绍了集成学习算法的基本思想,并就 3 种常见的集成学习算法 Bagging、Boosting 和 Stacking 进行了简单介绍和示例,最后笔者通过一个真实的比赛数据集,详细介绍了从数据预处理到模型训练与预测的全过程。经过以上内容的学习,会使我们对于如何从零构建一个机器学习模型有了更深的理解。

第9章

支持向量机

在前面几章中,笔者已经陆续介绍了多种分类算法模型,相信各位读者对于机器学习也算有了一定的了解。在接下来的这一章中,笔者将开始逐步介绍本书中的最后一个分类模型——支持向量机。支持向量机(Support Vector Machine, SVM)可以算得上是机器学习算法中最为经典的模型。之所以称为经典,是因为支持向量机的背后有着完美的数学推导与证明。当然,也正是因为这个原因使学习 SVM 有着较高的门槛,因此,在接下来的内容中,笔者将会尽可能以最通俗的表达来介绍 SVM 中的相关原理。

9.1 SVM 思想

什么是支持向量机呢? 初学者刚接触到这个算法时基本上会被这个名字所困扰,到底什么叫"向量机",听起来总觉得怪怪的,因此首先需要明白的是,支持向量机其实和"机"一点关系也没有,算法的关键在于"支持向量"。如图 9-1 所示,此图为 4 种不同模型对同一个数据集分类后的决策边界图。可以看到尽管每个模型都能准确地将数据集分成两类,但是从各自的决策边界到两边样本点的距离来看却有着很大的区别。

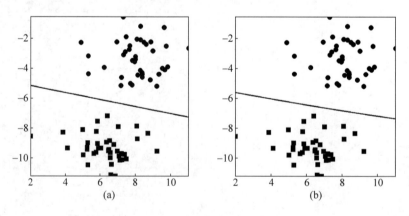

图 9-1　不同模型决策边界

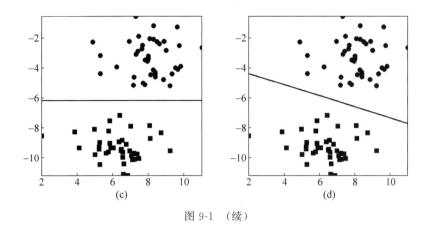

图 9-1 （续）

为了能更加清楚地进行观察,下面将 4 个决策边界放到一张图中,如图 9-2 所示。

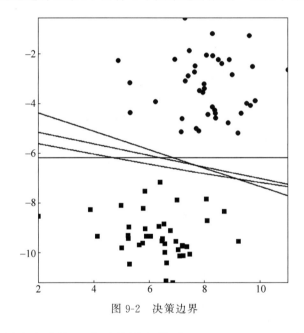

图 9-2 决策边界

如图 9-2 所示,图中左边从上到下分别为模型(d)、(a)、(b)、(c)在数据集上的决策边界。可以发现模型(c)的泛化能力应该是最差的,因为从数据的分布位置来看真实的决策面应该是一条左高右低倾斜的直线。其次是模型(b)的泛化能力,因为从图 9-2 可以看出模型(b)的决策面太过于偏向方块形的样本点。因为评估分类决策面优劣的一个原则就是,当没有明确的先验知识告诉我们决策面应该偏向于哪边时,最好的做法应该是居于中间位置,也就是类似于模型(a)和模型(d)的决策面。那么模型(a)和模型(d)究竟哪个更胜一筹呢?进一步,可以将(a)和(d)这两个模型各自到两侧样本点距离可视化,如图 9-3 所示。

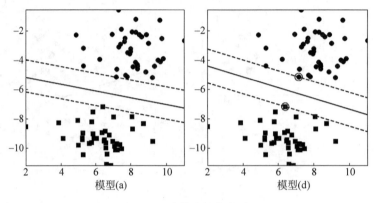

图 9-3 决策边界宽度图

从图 9-3 中一眼便可以看出,模型(d)的决策面要更居于"中间"(事实上确实在中间),而模型(a)的决策面也略微偏向于方块形的样本点,因此在这 4 个模型中,模型(d)的泛化能力通常情况下是最强的。此时有读者可能会问,假如把模型(a)中的决策面向上平移一点,使其也居于两条虚线之间,那么此时应该选择哪个模型呢?答案当然依旧是模型(d),原因在于模型(d)的决策面还满足另外一个条件,即到两条虚线的距离最大。换句话讲,模型(d)中两条虚线之间的距离要大于模型(a)中两条虚线之间的距离。

讲到这里,相信各位读者已经猜到,模型(d)对应的就是支持向量机模型,同时虚线上的两个样本点被称为支持向量。可以发现,最终对决策面起决定性作用的也只有这两个样本点,说得通俗点就是仅根据这两个点就能训练得到模型(d)。

因此,这里可以得出的结论就是,通过支持向量机我们便能得到一个最优超平面,该超平面满足到左右两侧最近样本点的间隔相同,并且离左右最近样本点的间隔最大。不过又该如何来找到这个超平面呢?

9.2 SVM 原理

9.2.1 超平面的表达

在正式定义距离之前,这里先回顾一下超平面的表达式

$$w^{\mathrm{T}} x + b = 0 \tag{9-1}$$

其中,w 表示权重参数(系数);b 表示截距;x 表示样本点。此外还需要说明的是,在 SVM 中,用 $y = +1$ 和 $y = -1$ 分别表示正样本和负样本。

从上述表达式可知,当通过某种方法找到参数 w 和 b 后,也就代表确立了超平面。不过对于 SVM 建模来讲,应该从哪个地方入手呢?答案是从 SVM 的核心思想:最大化间隔(Gap)入手。

9.2.2 函数间隔

上面讲解过,SVM 的核心思想就是最大化间隔,既然是最大化间隔,那总得有个度量间隔的方法才行。根据中学所学知识可知,当超平面 $w^T x + b = 0$ 确定后,可以通过 $|w^T x + b|$ 来表示每个样本点到超平面的相对距离,也就是说虽然实际距离不是 $|w^T x + b|$,但是它依旧遵循绝对值大的样本点离超平面更远的原则,如图 9-4 所示。

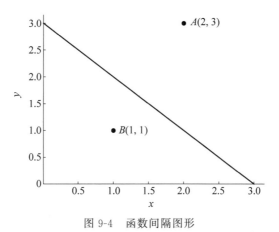

图 9-4 函数间隔图形

如图 9-4 所示,其中直线方程为 $x_1 + x_2 - 3 = 0$,并且 A 和 B 分别为正负两个样本点,即 $y^A = +1$ 和 $y^B = -1$,则此时点 A 到直线的相对距离为 $|w^T x + b| = |2 + 3 - 3| = 2$,点 B 到直线的相对距离为 $|w^T x + b| = |1 + 1 - 3| = 1$。

同时还可以注意到,只要分类正确,$y^{(i)}(w^T x + b) > 0$ 就成立,或者说如果 $y^{(i)}(w^T x + b) > 0$ 成立,则意味着分类正确,并且其值越大说明其分类正确的可信度就越高,而这也是 y 为什么取 ± 1 的原因,所以此时可以将训练集中所有样本点到超平面的函数间隔(Functional Margin)定义为[1]

$$\hat{\gamma}^{(i)} = y^{(i)}(w^T x^{(i)} + b) \tag{9-2}$$

并且定义训练集中样本点到超平面的函数间隔中的最小值为

$$\hat{\gamma} = \min_{i=1,2,\cdots,m} \hat{\gamma}^{(i)} \tag{9-3}$$

但是此时可以发现,如果在式(9-1)的两边同时乘以 $k(k \neq 0)$,虽然此时超平面并没有发生改变,但是相对距离却变成了之前的 k 倍,所以仅有函数间隔显然不能唯一确定这一距离,还需要引入另外一种度量方式——几何间隔。

9.2.3 几何间隔

所谓几何间隔(Geometric Margin)就是样本点到直线实实在在的距离。只要直线不发

---

[1] Andrew N G. Machine Learning,Stanford University,CS229,Spring,2019.

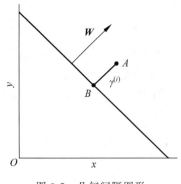

图 9-5　几何间隔图形

生改变,那么间隔就不会发生任何改变,这样就避免了在函数间隔中所存在的问题。那么应该如何来表示几何间隔呢?如图 9-5 所示,线段 AB 就表示样本点 A 到直线的真实距离。

如图 9-5 所示,直线方程为 $w^Tx+b=0$,A 为数据集中任意一个点 $\boldsymbol{x}^{(i)}$,$\gamma^{(i)}$ 为 A 到直线的距离,可以看成向量 $\boldsymbol{BA}$ 的模。$\boldsymbol{W}$ 为垂直于 $w^Tx+b=0$ 的法向量。此时便可以得到点 B 的坐标为

$$\boldsymbol{x}^{(i)} - \gamma^{(i)} \cdot \frac{\boldsymbol{W}}{\|\boldsymbol{W}\|} \tag{9-4}$$

又因为 B 点在直线上,所以满足

$$w^T\left(\boldsymbol{x}^{(i)} - \gamma^{(i)} \cdot \frac{\boldsymbol{W}}{\|\boldsymbol{W}\|}\right) + b = 0 \tag{9-5}$$

因此可以通过化简等式(9-5)来得到几何距离的计算公式。不过此时的问题在于 $\boldsymbol{W}$ 该怎么得到。

现在假设有一直线 $w^Tx+b=0,w=(w_1,w_2)^T$,即 $w_1x_1+w_2x_2+b=0$,那么该直线的斜率便为 $k_1=-w_1/w_2$。又因为 $\boldsymbol{W}$ 垂直于该直线,所以 $\boldsymbol{W}$ 的斜率为 $k_2=w_2/w_1$,因此 $\boldsymbol{W}$ 的一个方向向量为 $(1,k_2)$。进一步再同时乘以 w_1 即可得到 $\boldsymbol{W}=(w_1,w_2)=w$,即 $\boldsymbol{W}$ 其实就是 w。也就是说,如果直线 $w^Tx+b=0$,则 w 就是该直线的其中一条法向量。

所以根据式(9-5)有

$$w^T\left(\boldsymbol{x}^{(i)} - \gamma^{(i)} \cdot \frac{w}{\|w\|}\right) + b = 0 \tag{9-6}$$

因此几何距离计算公式为

$$\gamma^{(i)} = \frac{w^T\boldsymbol{x}^{(i)}+b}{\|w\|} = \left(\frac{w}{\|w\|}\right)^T\boldsymbol{x}^{(i)} + \frac{b}{\|w\|} \tag{9-7}$$

当然,这只是当样本 A 为正样本,即 $y_A=+1$ 时的情况,更一般的几何距离的计算公式为

$$\gamma^{(i)} = y^{(i)}\left(\left(\frac{w}{\|w\|}\right)^T\boldsymbol{x}^{(i)} + \frac{b}{\|w\|}\right) \tag{9-8}$$

故,根据图 9-4 可知,样本点 A 和 B 到直线 $x_1+x_2-3=0$ 的距离分别为

$$\gamma^A = +1 \cdot \left(\left(\frac{w}{\|w\|}\right)^T\boldsymbol{x}^{(A)} + \frac{b}{\|w\|}\right) = \left(\frac{(1,1)}{\sqrt{1+1}}\right)^T(2,3) + \frac{-3}{\sqrt{1+1}} = \sqrt{2}$$

$$\gamma^B = -1 \cdot \left(\left(\frac{w}{\|w\|}\right)^T\boldsymbol{x}^{(A)} + \frac{b}{\|w\|}\right) = -\left(\frac{(1,1)}{\sqrt{1+1}}\right)^T(1,1) + \frac{3}{\sqrt{1+1}} = \frac{1}{\sqrt{2}}$$

此时可以发现,同函数间隔类似,只要在分类正确的情况下几何间隔也都满足条件 $y^{(i)} \cdot \gamma^{(i)} > 0$。进一步,定义训练集中样本点到超平面的几何间隔中最小值为

$$\gamma = \min_{i=1,2,\cdots,m} \gamma^{(i)} \tag{9-9}$$

同时,函数间隔与几何间隔存在以下关系

$$\gamma = \frac{\hat{\gamma}}{\| \boldsymbol{w} \|} \tag{9-10}$$

可以发现,几何间隔其实就是在函数间隔的基础上施加了一个约束限制。此时我们已经有了对于间隔度量的方式,所以下一步自然就是最大化这个间隔以便求得分类超平面。

9.2.4 最大间隔分类器

什么是最大间隔分类器(Maximum Margin Classifier)呢? 上面讲到,有了间隔的度量方式后,接着就是最大化这一间隔了,然后求得超平面 $\boldsymbol{w}^{\mathrm{T}}x+b=0$。最后通过函数 $g(\boldsymbol{w}^{\mathrm{T}}x+b)$ 将所有样本点输出只含 $\{-1,+1\}$ 的值,以此来完成对数据集样本的分类任务。由于 $g(\boldsymbol{w}^{\mathrm{T}}x+b)$ 是一个分类器,又因为它是通过最大化几何间隔得来的,故将其称为最大间隔分类器。

因为在式(9-9)中已经得到了几何间隔的表达式,所以再对其最大化即可

$$\max_{\boldsymbol{w},b} \gamma$$
$$\text{s.t.} \quad y^{(i)}\left(\left(\frac{\boldsymbol{w}}{\| \boldsymbol{w} \|}\right)^{\mathrm{T}} x^{(i)} + \frac{b}{\| \boldsymbol{w} \|}\right) \geqslant \gamma, \quad i=1,2,\cdots,m \tag{9-11}$$

其中 s.t. 表示服从于约束条件。同时,式(9-11)的含义就是找到参数 $\boldsymbol{w}$、b,使满足以下条件:

(1) γ 尽可能大,因为其目的就是最大化 γ。

(2) 同时要使样本中所有的几何距离大于 γ,因为由式(9-9)可知 γ 是所有间隔中的最小值。

所以,进一步由式(9-10)中函数间隔与几何间隔的关系,可以将式(9-11)中的优化问题转化为

$$\max_{\boldsymbol{w},b} \frac{\hat{\gamma}}{\| \boldsymbol{w} \|}$$
$$\text{s.t.} \quad y^{(i)}(\boldsymbol{w}^{\mathrm{T}} x^{(i)} + b) \geqslant \hat{\gamma}, \quad i=1,2,\cdots,m \tag{9-12}$$

此时可以发现,约束条件由几何间隔变成了函数间隔,准确地讲应该既是函数间隔同样又是几何间隔,因此,既然可以看作函数间隔,那么令 $\hat{\gamma}=1$ 自然也不会影响最终的优化结果。

所以,式(9-12)中的优化问题便可以再次转化为如下形式

$$\max_{\boldsymbol{w},b} \frac{1}{\| \boldsymbol{w} \|}$$
$$\text{s.t.} \quad y^{(i)}(\boldsymbol{w}^{\mathrm{T}} x^{(i)} + b) \geqslant 1, \quad i=1,2,\cdots,m \tag{9-13}$$

但是对于式(9-13)这样一个优化问题还是无法直接解决。不过,对于 $f(x)>0$ 来讲 $\max 1/f(x)$ 等价于 $\min f(x)$,进一步也就等价于 $\min(f(x))^2$,这三者求解出的 x 都相同,

所以进一步可以将式(9-13)化简为

$$\min_{w,b} \frac{1}{2} \| w \|^2$$

$$\text{s. t. } y^{(i)}(w^{\mathrm{T}}x^{(i)} + b) \geqslant 1, \quad i = 1, 2, \cdots, m \tag{9-14}$$

之所以要进行这样的处理,是因为这样可以将其转换为一个典型的凸优化问题,并且可用现有的方法进行求解,而在前面乘以 1/2 是为了后面求导时方便,同时这也不会影响优化结果。到这一步,我们便搞清楚了 SVM 的基本思想,以及它需要求解的优化问题。

9.2.5 函数间隔的性质

在 9.2.1 节优化问题的化简过程中笔者直接将函数间隔设置为 1,不过相信对于不少读者来讲在这一点上仍旧比较疑惑。当然,这也是一个在学习 SVM 中最典型的问题,因此接下来就这点进行一个简要的说明。

假设现在有以下函数间隔

$$\hat{\gamma} = y^{(i)}(w^{\mathrm{T}}x^{(i)} + b) \tag{9-15}$$

那么对等式(9-15)两边同时除以 $\hat{\gamma}$ 便有

$$y^{(i)} \left[\left(\frac{w}{\hat{\gamma}} \right)^{\mathrm{T}} x^{(i)} + \frac{b}{\hat{\gamma}} \right] = 1 \tag{9-16}$$

此时令 $W = \dfrac{w}{\hat{\gamma}}, B = \dfrac{b}{\hat{\gamma}}$,便可以将式(9-16)转换为

$$y^{(i)}(W^{\mathrm{T}}x^{(i)} + B) = 1 \tag{9-17}$$

接着把式(9-17)中的 W 和 B 换成 w 和 b 即可得到

$$y^{(i)}(w^{\mathrm{T}}x^{(i)} + b) = 1 \tag{9-18}$$

不过需要明白的是,式(9-15)和式(9-18)中的 w 和 b 并不是同一个。

例如现有以下平面方程

$$2x_1 + 4x_2 - 8 = 0 \tag{9-19}$$

某正样本 $y^{(k)} = +1$ 的函数间隔为 $\hat{\gamma}^{(k)} = 2$,所以有

$$+1(2x_1^{(k)} + 4x_2^{(k)} - 8) = 2 \tag{9-20}$$

进一步在等式(9-20)两边同时除以 2 有

$$x_1^{(k)} + 2x_2^{(k)} - 4 = 1 \tag{9-21}$$

虽然此时的 w 和 b 同时都缩小了两倍,函数间隔变成了 1,但是 $2x_1 + 4x_2 - 8 = 0$ 与 $x_1 + 2x_2 - 4 = 0$ 所表示的依旧是同一个平面,所以此时可知,$w^{\mathrm{T}}x^{(i)} + b = 0$ 与 $W^{\mathrm{T}}x^{(i)} + B = 0$ 代表的是同一个平面,故可以直接由式(9-15)得到式(9-18),也就是说同一个平面与用什么字母表示无关,因此可以将函数间隔直接设为1(实际是同时除以了函数间隔)。

9.2.6 小结

在本节中,笔者首先通过一个引例介绍了支持向量机的核心思想,接着介绍了支持向量

机中衡量间隔的两种度量方式,即函数间隔和几何间隔,然后介绍了如何通过结合函数间隔与几何间隔来建模支持向量机的优化问题,最后还介绍了 SVM 中的一个经典问题,即函数间隔为什么可以设为 1。

9.3　SVM 示例代码与线性不可分

在前面两节内容中,笔者介绍了支持向量机的基本思想及对应的数学原理。不过说一千道一万,还是不如自己亲手来做一做。在接下来的内容中,笔者将首先介绍如何通过 sklearn 来搭建相应的 SVM 分类模型,然后将介绍如何处理 SVM 中的线性不可分问题。

9.3.1　线性 SVM 示例代码

在 sklearn 中可以通过 from sklearn. svm import SVC 这行代码导入 SVM 分类模型。有读者可能会觉得奇怪,为什么导入的是一个叫 SVC 的东西? 这是因为其实 SVM 不仅可以用来分类,它同样也能用于回归问题,因此 SVC 其实就是支持向量分类的意思。

进入 SVC 定义的地方便可以发现里面有很多超参数可以进行设置,代码如下:

```
def __init__(self,
    C = 1.0,
    Kernel = 'rbf',
    degree = 3,
    gamma = 'scale',
    coef0 = 0.0,
    decision_function_shape = 'ovr'):
```

在上述代码中只列举了 SVM 中常见的一些超参数。不过这里暂时只对 Kernel 参数进行介绍,其他的参数等介绍完相关原理后再进行解释。根据前面两节内容可知,SVM 是一个线性分类器,因此这里只需将参数 Kernel 设置为 Kernel = 'linear' 便能达到这一目的。

在完成 SVC 的导入工作后,根据如下代码便可以使用线性 SVM 进行分类建模,完整实例代码参见 Book/Chapter09/01_linear_svm. py 文件,代码如下:

```
def train(x_train, x_test, y_train, y_test):
    model = SVC(Kernel = 'linear')
    model.fit(x_train, y_train)
    y_pre = model.predict(x_test)
    print(f"准确率为{model.score(x_test, y_test)}")
# 准确率为 0.975925925925926
```

上述代码便是通过 sklearn 实现线性 SVM 的全部代码。可以看出,在 sklearn 中使用一个模型的步骤依旧是笔者在 5.3.1 节中总结的 3 步:建模、训练和预测。同时,由于这里的超参数 Kernel 暂时只有一个取值,因此不需要进行模型选择。从最后在测试集上的结果来看,线性 SVM 分类器的表现在准确率上有着不错的结果。

9.3.2　从线性不可分谈起

根据 9.2 节内容中 SVM 的思想来看,到目前为止谈到的情况都是线性可分的,也就是说总能找到一个超平面将数据集分开。可事实上却是,在大多数场景中各个类别之间是线性不可分的,即类似于如图 9-6 所示的情况。

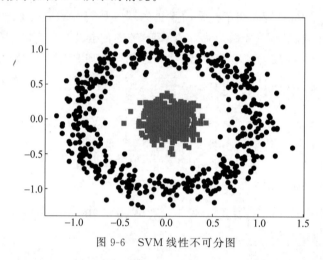

图 9-6　SVM 线性不可分图

对于图 9-6 中这种情况应该怎么才能将其分开呢? 在 4.2.4 节中笔者介绍过,这类问题可以使用特征映射的方法将原来的输入特征映射到更高维度的空间,然后寻找一个超平面,以此将数据集中不同类别的样本进行分类,如图 9-7 所示。

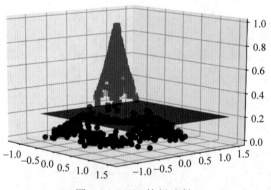

图 9-7　SVM 特征映射

如图 9-7 所示,现在我们已经用一个超平面完美地将不同类别的样本分开了。不过此时有读者可能会感到疑惑,这还是刚刚的数据集吗? 之前明明在二维平面上,现在却显示到三维空间了。虽然数据集确实实已经不是同一个数据集了,但是每个数据样本所对应的类别却依旧和原来的一样,只不过现在给它穿上了一件"马甲"。也就是说,假如 $x^{(i)}$ 是正样本,那么它穿上马甲变成 $\hat{\boldsymbol{x}}^{(i)}$ 后仍然属于正样本,只要能把 $\hat{\boldsymbol{x}}^{(i)}$ 进行正确分类,那么自然也就能够对 $\boldsymbol{x}^{(i)}$ 进行分类了。

在介绍完特征映射的基本思想后,下面笔者就来介绍如何在 SVM 中将低维特征映射到高维空间中。

9.3.3 将低维特征映射到高维空间

所谓将低维特征映射到高维空间指的是用一定的映射关系,将原始特征映射到更高维度的空间。例如通过一个函数 $\phi(x)$ 将一维特征 x 映射到三维特征 x、x^2、x^3。在这里,笔者先直接给出 SVM 中权重 $\boldsymbol{w}$ 的计算解析式,其具体由来可参见 9.7.1 节内容。

$$\boldsymbol{w} = \sum_{i=1}^{m} \alpha_i y^{(i)} \boldsymbol{x}^{(i)} \tag{9-22}$$

根据式(9-22)可知,假如此时已求得 α_i 和 b,那么对一个新输入的样本点其预测结果为

$$\boldsymbol{w}^{\mathrm{T}} x + b = \sum_{i=1}^{m} \alpha_i y^{(i)} \boldsymbol{x}^{(i)} x + b = \sum_{i=1}^{m} \alpha_i y^{(i)} \langle \boldsymbol{x}^{(i)}, x \rangle + b \tag{9-23}$$

其中 $\boldsymbol{x}^{(i)}$ 表示训练集中的样本点(其实就是支持向量),x 为新输入的样本点。$\langle a, b \rangle$ 表示 a 和 b 之间的内积(Inner Product)。当且仅当式(9-23)大于 0 时,新输入样本 x 的类别为 $y=1$。

按照上面提到的通过函数 $\phi(x)$ 将低维映射到高维的思想,只需要在预测时将之前的 x 全部替换成 $\phi(x)$,则此时有

$$y = \sum_{i=1}^{m} \alpha_i y^{(i)} \langle \boldsymbol{x}^{(i)}, x \rangle + b = \sum_{i=1}^{m} \alpha_i y^{(i)} \langle \phi(\boldsymbol{x}^{(i)}), \phi(\boldsymbol{x}) \rangle + b \tag{9-24}$$

虽然这样一来算是一定程度上解决了 SVM 中线性不可分的难题,但是又出现了一个新的问题——"维度爆炸"。

假设现有数据集 X,其样本点 $\boldsymbol{x}^{(i)}$ 有 3 个维度,分别为 $x_1^{(i)}$、$x_2^{(i)}$、$x_3^{(i)}$(下面简写为 x_1、x_2、x_3)。现通过函数 $\phi(\boldsymbol{x})$ 将其映射到某个 9 维空间中,并且假设映射后的 9 个维度分别为 $x_1 x_1$、$x_1 x_2$、$x_1 x_3$、$x_2 x_1$、$x_2 x_2$、$x_2 x_3$、$x_3 x_1$、$x_3 x_2$、$x_3 x_3$。如果此时要对新样本 z 进行预测,则首先需要对 $\langle \phi(\boldsymbol{x}), \phi(\boldsymbol{z}) \rangle$ 进行计算

$$\begin{cases} \phi(\boldsymbol{x}) = [x_1 x_1, x_1 x_2, x_1 x_3, x_2 x_1, x_2 x_2, x_2 x_3, x_3 x_1, x_3 x_2, x_3 x_3]^{\mathrm{T}} \\ \phi(\boldsymbol{z}) = [z_1 z_1, z_1 z_2, z_1 z_3, z_2 z_1, z_2 z_2, z_2 z_3, z_3 z_1, z_3 z_2, z_3 z_3]^{\mathrm{T}} \\ \langle \phi(\boldsymbol{x}), \phi(\boldsymbol{z}) \rangle = [x_1 x_1 z_1 z_1 + x_1 x_2 z_1 z_2 + \cdots + x_3 x_3 z_3 z_3]^{\mathrm{T}} \end{cases} \tag{9-25}$$

此时各位读者应该会发现这个过程的计算量太大了,整体复杂度为 $O(n^2)$(分别为 $O(n^2)$、$O(n^2)$、$O(n)$),其中 n 为特征的维数,因此,若是在高维数据中进行更为复杂的映射,那么整个过程的时间复杂度将不可想象,而这就是"维度爆炸",但是此时我们仔细想一想,"映射"和"预测"之间到底是什么关系?"映射"是作为一种思想将低维映射到高维,从而解决线性不可分到可分的问题,而"预测"时所计算的则是 $\langle \phi(\boldsymbol{x}), \phi(\boldsymbol{z}) \rangle$,但其实它就是一个值。不管最后采用的是什么样的映射规则,在预测时都只需计算这么一个值,因此,假如能

通过某种"黑箱"直接计算出这个值岂不最好？那么有没有这样的"黑箱"呢？当然有，这一"黑箱"操作被称为核技巧(Kernel Trick)。

9.3.4　SVM 中的核技巧

设 X 是输入空间(欧氏空间 $\mathbf{R}^n$ 的子集或离散集合)，又设 H 为特征空间(希尔伯特空间)，如果存在一个从 X 到 H 的映射 $\phi(\boldsymbol{x}):X\rightarrow H$ 使对所有 $x,z\in X$，函数 $K(x,z)$ 满足条件 $K(x,z)=\phi(\boldsymbol{x})\cdot\phi(\boldsymbol{z})$，则称 $K(x,z)$ 为核函数，$\phi(\boldsymbol{x})$ 称为映射函数[①]。

说得简单点，存在某个映射并能够找到一个与之相应的核函数 $K(x,z)$ 来代替计算 $\langle\phi(\boldsymbol{x}),\phi(\boldsymbol{z})\rangle$，从而避免了上面出现"维度爆炸"的问题，因此，核函数可以看作实现"黑箱"操作(核技巧)的工具。

现假设式(9-25)中的两个样本点分别为 $x=(1,2,3),z=(2,3,4)$，则此时有

$$
\begin{cases}
\begin{aligned}
\phi(\boldsymbol{x}) &= (x_1x_1,x_1x_2,x_1x_3,x_2x_1,x_2x_2,x_2x_3,x_3x_1,x_3x_2,x_3x_3)^{\mathrm{T}} \\
&= (1\times1,1\times2,1\times3,2\times1,2\times2,2\times3,3\times1,3\times2,3\times3)^{\mathrm{T}} \\
\phi(\boldsymbol{z}) &= (z_1z_1,z_1z_2,z_1z_3,z_2z_1,z_2z_2,z_2z_3,z_3z_1,z_3z_2,z_3z_3)^{\mathrm{T}} \\
&= (2\times2,2\times3,2\times4,3\times2,3\times3,3\times4,4\times2,4\times3,4\times4)^{\mathrm{T}} \\
\langle\phi(\boldsymbol{x}),\phi(\boldsymbol{z})\rangle &= (x_1x_1z_1z_1+x_1x_2z_1z_2+\cdots+x_3x_3z_3z_3)^{\mathrm{T}} \\
&= 4+12+24+12+36+72+24+72+144=400
\end{aligned}
\end{cases}
\tag{9-26}
$$

同时，还可以通过另外一种方式来计算这个结果

$$
K(x,z)=(\boldsymbol{x}^{\mathrm{T}}z)^2=(2+6+12)^2=400
\tag{9-27}
$$

此时可以发现，虽然式(9-26)与式(9-27)计算得到的结果相同，但是两者在计算过程中却是大相径庭的。前者需要 $O(n^2)$ 的时间复杂度，但后者只需 $O(n)$ 的时间复杂度。接着可能有读者会疑惑，笔者是怎么知道 $(\boldsymbol{x}^{\mathrm{T}}z)^2$ 等于 $\phi(\boldsymbol{x})\cdot\phi(\boldsymbol{z})$ 的呢？下面就是推导

$$
\begin{aligned}
(\boldsymbol{x}^{\mathrm{T}}z)^2 &= \Big(\sum_{i=1}^{n}x_iz_i\Big)\Big(\sum_{j=1}^{n}x_jz_j\Big)=\sum_{i=1}^{n}\sum_{j=1}^{n}x_ix_jz_iz_j \\
&= x_1x_1z_1z_1+x_1x_2z_1z_2+x_1x_3z_1z_3+\cdots+x_nx_nz_nz_n \\
&= \phi(\boldsymbol{x})\cdot\phi(\boldsymbol{z})
\end{aligned}
\tag{9-28}
$$

其实也就是说，笔者先进行了推导并知道 $(\boldsymbol{x}^{\mathrm{T}}z)^2$ 等于 $\phi(\boldsymbol{x})\cdot\phi(\boldsymbol{z})$，然后在举例过程中才列出了 $\phi(\boldsymbol{x})$ 这个映射规则，但是话又说回来，我们关心映射规则干什么？我们需要的是映射规则吗？我们需要的不就是这个内积吗？假如笔者换成 $K(x,z)=(\boldsymbol{x}^{\mathrm{T}}z)^5$，那么只需计算 $(2+6+12)^5$ 的值，而根本不用关心原始特征被映射到了一个什么样的高维空间，并且从一定程度上来讲映射到的空间越高越有利于找到分类决策面，所以我们需要担心的应该是核 $K(x,z)$ 背后所表示的空间是否存在，即核函数的有效性。

---

① 李航.统计学习方法[M].2 版.北京:清华大学出版社,2019.

9.3.5 从高维到无穷维

上面笔者介绍过,从一定程度上来讲映射到越高维度的空间就越有利于找到分类决策面,因此,一种自然而然的想法就是如果能将原始特征映射到 n 维空间岂不是更好?说得倒是没错,但这该怎么实现呢?是令 $K(x,z)=(x^Tz)^n$ 吗?要实现从低维到无穷维的映射的方法之一就是借助高斯核函数(Gaussian Kernel)或者称为径向基函数[1](Radial Basis Function,RBF)。

$$
\begin{aligned}
K(x,z) &= \exp\left(\frac{-\parallel x-z\parallel^2}{2\sigma^2}\right) \\
&= \exp\left(\frac{-\parallel x\parallel^2}{2\sigma^2}\right)\exp\left(\frac{-\parallel z\parallel^2}{2\sigma^2}\right)\exp\left(\frac{\langle x,z\rangle}{\sigma^2}\right)
\end{aligned}
\tag{9-29}
$$

不过为什么借助式(9-29)就能实现到无穷维的映射呢?回忆一下泰勒展开就会得出,式(9-29)中第 2 行第 3 项的泰勒展开式为

$$
\exp\left(\frac{\langle x,z\rangle}{\sigma^2}\right)=1+\frac{\langle x,z\rangle}{\sigma^2}+\frac{\langle x,z\rangle^2}{2\sigma^4}+\frac{\langle x,z\rangle^3}{3!\,\sigma^6}+\cdots=\sum_{i=0}^{n}\frac{\langle x,z\rangle^n}{n!\,(\sigma^2)^n}
\tag{9-30}
$$

也就是说,由于泰勒展开的存在,RBF 自然也就隐含地实现了从低维到无穷维的映射。

9.3.6 常见核函数

在实际解决问题的时候,甚至不用关心核函数到底是如何映射的,只需正确选用核函数,以便实现分类的目的。下面是一些常见的核函数,其中使用最为广泛的是高斯核函数[2]。

1. 线性核(Linear Kernel)

$$
K(x,z)=\langle x,z\rangle
\tag{9-31}
$$

2. 多项式核(Polynomial Kernel)

$$
K(x,z)=(\gamma\langle x,z\rangle+r)^d
\tag{9-32}
$$

其中,$\gamma>0$ 为核函数系数;r 为常数。

3. 高斯核(Gaussian Kernel)

$$
K(x,z)=\exp(-\gamma\parallel x-z\parallel^2)
\tag{9-33}
$$

其中,$\gamma>0$ 为核函数系数。这里需要注意的是,式(9-33)与式(9-29)虽然在形式上有所差异,但是本质上是一样的。为了便于后续介绍 sklearn 中的相关参数,所以这里笔者采用了式(9-33)中的形式。

4. Sigmoid 核

$$
K(x,z)=\tanh(\gamma\langle x,z\rangle+r)
\tag{9-34}
$$

---

[1] Andrew Ng,Machine Learning,Stanford University,CS229,Spring 2019.

[2] PEDREGOSA. scikit-learn:Machine Learning in Python[J]. JMLR 12,2011:2825-2830.

其中，$\gamma>0$ 为核函数系数；tanh 为双曲正切函数。

通过 9.3.2 节内容的讨论可知，我们总希望能够找到一个使样本点线性可分的特征映射空间，因此对于核函数的选择就显得至关重要了。同时需要注意的是，由于核函数仅仅隐式地定义了这个特征空间，所以核函数的选择成为支持向量机最大的变数。最后，对于 sklearn 中核函数的使用只需要在定义模型时通过参数 Kernel 进行指定。

9.3.7　小结

在本节中，笔者首先介绍了如何在 sklearn 中搭建一个 SVM 分类模型，接着进一步解释了 SVM 中的线性不可分问题，然后详细介绍了如何通过以特征映射的方式来解决线性不可分的问题，最后进一步地说明了为什么使用核函数能够将低维特征映射到无穷维的原理。

9.4　SVM 中的软间隔

在前面 3 节内容中，笔者分别介绍了什么是支持向量机及如何通过 sklearn 来完成整个 SVM 的建模过程，然后还介绍了什么是线性不可分与核函数。在接下来的这节内容中，笔者将继续介绍 SVM 中的软间隔与 sklearn 相关 SVM 模型的实现。

9.4.1　软间隔定义

在 9.2 节和 9.3 节中，笔者分别介绍了以下两种情况的分类任务：①原始样本线性可分；②原始样本线性不可分，但通过 $\phi(x)$ 映射到高维空间之后"线性可分"。为什么后面这个"线性可分"要加上引号呢？这是因为在 9.3 节中其实有一件事没有和各位读者交代，即虽然通过将原始样本映射到高维空间的方法能够很大程度上使原先线性不可分的样本点线性可分，但是这并不能完全保证每个样本点都是线性可分[①]的。或者保守点说，即使完全线性可分了，但也极大可能会出现过拟合的现象。这可能是因为超平面对于异常点过于敏感，或者数据本身的属性所造成的，如图 9-8 所示。

在图 9-8 中，实线为相应的决策面，黑色方块和黑色圆点分别为两个类别的样本。在图 9-8(a)中，通过 SVM 建模得到的决策面已经完美地将两种类别的样本点进行了区分，但是，如果此时训练样本中加入一个异常点，并且继续用 SVM 建模求解，则将会得到图 9-8(b)中所示的分类决策面。可以发现，虽然此时决策面也成功地区分开了每个样本点，但是相较于图 9-8(a)中的决策面却发生了剧烈的摆动，决策面到支持向量的距离也变得十分狭窄。

在 SVM 中，将图 9-8(a)和图 9-8(b)中决策面到支持向量的间隔称为硬间隔（Hard Margin），即不允许任何样本出现错分的情况，即使可能导致过拟合。当然，理想情况下期

---

① Andrew Ng，Machine Learning，Stanford University，CS229，Spring 2019.

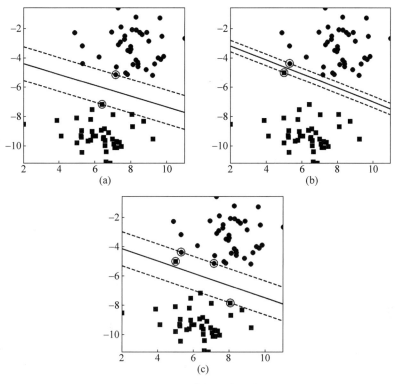

图 9-8　SVM 软间隔与硬间隔

望的应该是图 9-8(c)中的这种情况,容许少量样本被错分从而得到一个次优解,而这个容忍的程度则通过目标函数来调节。或者再极端一点就是根本找不到一个超平面能够将样本无误地分开,必须错分一些样本点。此时图 9-8(c)中决策面到支持向量的间隔被称为软间隔(Soft Margin)。

9.4.2　最大化软间隔

从上面的介绍可知,如数据集中出现了异常点,则必将导致该异常点的函数间隔小于1,所以可以为每个样本引入一个松弛变量($\xi_i \geqslant 0$)来使函数间隔加上松弛变量大于或等于1。

$$y^{(i)}(\boldsymbol{w}^{\mathrm{T}}\boldsymbol{x}^{(i)} + b) \geqslant 1 - \xi_i \tag{9-35}$$

此时的目标函数可以重新改写为如下形式

$$\min_{\boldsymbol{w},b,\xi} \frac{1}{2}\parallel \boldsymbol{w} \parallel^2 + C\sum_{i=1}^{m}\xi_i$$

$$\text{s. t. } y^{(i)}(\boldsymbol{w}^{\mathrm{T}}\boldsymbol{x}^{(i)} + b) \geqslant 1 - \xi_i, \quad \xi_i \geqslant 0, i = 1, 2, \cdots, m \tag{9-36}$$

其中,$C > 0$ 称为惩罚系数,C 越大对误分类样本的惩罚就越大,其作用等同于正则化中的参数 λ。可以发现,只要错分一个样本点,目标函数都将付出 $C\xi_i$ 的代价,并且为了使得目标函数尽可能小,就需要整个惩罚项相对小,因此,如果使用较大的惩罚系数,则将会得到较窄的分类间隔,即惩罚力度大允许错分的样本数就会减少。如果使用较小的惩罚系数,则会得到相应较宽的分类间隔,即惩罚力度小允许多的错分样本。

9.4.3　SVM 软间隔示例代码

在 9.3.1 节内容中,笔者大致列出了 SVM 分类器中常见的几个重要参数,代码如下:

```
def init(self,
    C = 1.0,
    Kernel = 'rbf',
    degree = 3,
    gamma = 'scale',
    coef0 = 0.0):
```

在上述代码中,其中 C 表示式(9-36)中的惩罚系数,它的作用是用来控制容忍决策面错分样本的程度,其值越大则模型越偏向于过拟合。如图 9-9 所示,此决策平面为 C 在不同取值下的决策面(分类间隔较大时 C=1,分类间隔较小时 C=1000)。参数 Kernel 表示选择哪种核函数,当 Kernel='poly'时可以用参数 degree 来选择多项式的次数,但是通常情况下会选择效果更好的高斯核(Kernel = 'rbf')来作为核函数,因此该参数用得比较少。参数 gamma 为核函数系数,使用默认值即可。coef0 为多项式核和 sigmoid 核中的常数 r。

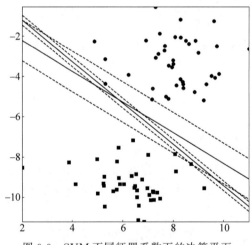

图 9-9　SVM 不同惩罚系数下的决策平面

下面笔者将采用网格搜索的方式来选择一个最佳的 SVM 分类器对数据集 iris 进行分类。从上面对 sklearn 中 SVM 的 API 的介绍可知,SVC 中需要用到的超参数有 5 个,这里其取值分别设为'C':np. arange(1, 10, 5)、'Kernel':['rbf', 'linear', 'poly']、'degree':np. arange(1, 10, 2)、'gamma':['scale', 'auto']、'coef0':np. arange(-10, 10, 5)。由此便有 $2×3×5×2×4=240$ 个备选模型。同时,这里以 3 折交叉验证进行训练,则一共需要拟合

720 次模型。完整示例代码参见 Book/Chapter09/02_soft_margin_svm.py 文件。

1. 模型选择

首先,需要根据列举出的超参数在数据集上根据交叉验证搜索得到最优超参数组合,代码如下:

```
def model_selection(x_train, y_train):
    model = SVC()
    paras = {'C': np.arange(1, 10, 5),
             'Kernel': ['rbf', 'linear', 'poly'],
             'degree': np.arange(1, 10, 2),
             'gamma': ['scale', 'auto'],
             'coef0': np.arange(-10, 10, 5)}
    gs = GridSearchCV(model, paras, cv=3, verbose=2, n_jobs=3)
    gs.fit(x_train, y_train)
    print('best score:', gs.best_score_, 'best parameters:', gs.best_params_)
```

在完成超参数搜索后,便能够得到一组最优的参数组合,组合如下:

```
Fitting 3 folds for each of 240 candidates, totalling 720 fits
[CV] END . . C = 1, coef0 = -10, degree = 1, gamma = scale, Kernel = rbf; total time = 0.0s
[CV] END . . C = 1, coef0 = -10, degree = 1, gamma = scale, Kernel = rbf; total time = 0.0s
...
[CV] END . . . C = 6, coef0 = 5, degree = 9, gamma = auto, Kernel = rbf; total time = 0.5s
best score: 0.986
best parameters: {'C': 6, 'coef0': -10, 'degree': 1, 'gamma': 'scale', 'Kernel': 'rbf'}
```

从上面的结果可以看出,当惩罚系数 C=6 及选取高斯核函数时对应的模型效果最好,准确率为 0.986,并且由于最后选取的是高斯核,所以此时 coef0 和 degree 这两个参数无效。

2. 训练与预测

在通过网格搜索找到对应的最优模型后,可以再次以完整的训练集对该模型进行训练,代码如下:

```
def train(x_train, x_test, y_train, y_test):
    model = SVC(C=6, Kernel='rbf', gamma='scale')
    model.fit(x_train, y_train)
    score = model.score(x_test, y_test)
    y_pred = model.predict(x_test)
    print("测试集上的准确率: ", score) #0.985
```

可以看出,此时模型在测试集上的准确率约为 0.985。当然,如果有需要,则可以将训练好的模型进行保存以便于后期复用,具体方法已在第 7 章中介绍了。

9.4.4 小结

在本节中,笔者首先介绍了什么是软间隔及其原理,然后以 iris 分类数据集为例,再次介绍了在 sklearn 中如何用网格搜索来寻找最佳的模型参数。至此,笔者就介绍完了 SVM 算法第一阶段的主要内容,可以发现内容不少并且也有相应的难度。在接下来的几节内容中,笔者将首先和读者一起回顾一下好久不见的拉格朗日乘数法,然后介绍求解模型参数需要用到的对偶问题,最后便是 SVM 的整个优化求解过程。

9.5 拉格朗日乘数法

在正式介绍 SVM 算法的求解过程之前,笔者先带着各位读者回顾一下拉格朗日乘数法,因为这同时也是第 10 章中用来对聚类算法求解的工具。可能对于一部分读者来讲,使用拉格朗日乘数法已经是很多年前的事情了,其中的细节也自然慢慢模糊了起来,但是对于拉格朗日乘数法的作用大家都不会忘记,那就是用来求解条件极值。既然大多数读者的记忆都停留在这个地方,那么笔者下面就从条件极值开始简单地介绍一下拉格朗日乘数法。

这里首先以一个例题来重温条件极值的求解过程。求解目标函数 $z = xy$ 在约束条件下 $x + y = 1$ 的条件极值。

首先列出拉格朗日函数

$$F(x, y, \lambda) = xy + \lambda(x + y - 1) \tag{9-37}$$

由式(9-37)可得函数 F 的驻点为

$$\begin{cases} F_x = y + \lambda = 0 \\ F_y = x + \lambda = 0 \\ F_\lambda = x + y - 1 = 0 \end{cases} \tag{9-38}$$

求解方程组式(9-38)便可求得 x、y、λ 分别为

$$x = \frac{1}{2}; \quad y = \frac{1}{2}; \quad \lambda = -\frac{1}{2} \tag{9-39}$$

由此可以知道,目标函数 $z = xy$ 在约束条件下 $x + y = 1$ 的条件极值为 $z = 0.5 \times 0.5 = 0.25$。不过为什么可以通过这样的方法求得条件极值呢?

9.5.1 条件极值

在数学优化问题中,拉格朗日乘数法(Lagrange Multiplier)是一种用于求解等式约束条件下局部最小(最大)值的策略。它的基本思想是通过将含约束条件的优化问题转化为无约束条件下的优化问题,以便于得到各个未知变量的梯度,进而求得极值点[1],因此,用一句话总结:拉格朗日乘数法是一种用来求解条件极值的工具。什么又是条件极值呢?所谓条

---

[1] https://en.wikipedia.org/wiki/Lagrange_multiplier.

件极值是指,在一定约束条件下(通常为方程)目标函数的极值就被称为条件极值。

如图 9-10 所示,目标函数 $z = f(x,y)$ 在其定义域上的极大值(也是最大值)为 $z = f(x_1, y_1)$,但如果此时对其施加一个约束条件 $\varphi(x,y) = 0$,这就等价地告诉函数 $z = f(x,y)$ 取得极值点同时还要满足约束条件[①],因此,$z = f(x,y)$ 在约束条件 $\varphi(x,y) = 0$ 下的极值点只能在 (x_0, y_0) 处获得(因为此时的 $\varphi(x_0, y_0) = 0$,而 $\varphi(x_1, y_1) \neq 0$ 不满足约束条件)。

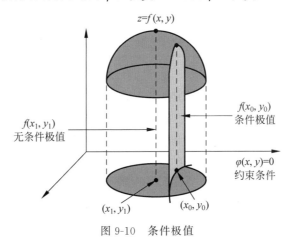

图 9-10 条件极值

现在,相信各位读者对条件极值已经有了一个直观上的理解,接下来要探究的是怎么才能求得这个极值。

9.5.2 求解条件极值

通常来讲,对于包含等式约束条件目标函数的条件极值可以通过拉格朗日乘数法(Lagrange Multipliers)进行求解,因此,对于多元函数 $Z = f(x,y,z,\cdots)$ 在多个约束条件 $\varphi(x,y,\cdots) = 0, \phi(x,y,\cdots) = 0, \cdots$ 下的条件极值,利用拉格朗日乘数法求解的步骤可以总结为[②]

1. 作拉格朗日函数

$$F(x,y,z,\cdots,\lambda,\mu,\cdots) = f(x,y,z,\cdots) + \lambda\phi(x,y,\cdots) + \mu\phi(x,y,\cdots) + \cdots \quad (9\text{-}40)$$

其中,λ 和 μ 称为拉格朗日乘子。

2. 求多元函数 $F(x,y,z,\cdots,\lambda,\mu,\cdots)$ 的驻点

解如下方程组求得驻点 $(x_0, y_0, z_0, \cdots, \lambda_0, \mu_0, \cdots)$

$$\begin{cases} F_x = 0 \\ F_y = 0 \\ \cdots \\ F_\lambda = 0 \\ \cdots \end{cases} \quad (9\text{-}41)$$

---

①② 徐小湛. 高等数学学习手册[M]. 北京:科学出版社,2005.

此时 $f(x_0, y_0, z_0, \cdots)$ 便是可能的条件极值。

9.5.3 小结

在本节中,笔者首先通过一个引例介绍了如何通过拉格朗日乘数法求解条件极值,然后总结了如何用拉格朗日乘数法求解多元函数的条件极值。对于拉格朗日乘数法,我们在后续介绍聚类算法的求解过程中同样也会用到,因此有必要知道其具体求解步骤。

9.6 对偶性与 KKT 条件

在 9.5 节内容中,笔者介绍了什么是拉格朗日乘数法及它的作用。同时笔者还特意讲到,拉格朗日乘数法只能用来求解等式约束条件下的极值,但是当约束条件为不等式的时候又该如何进行求解呢?

9.6.1 广义拉格朗日乘数法

由拉格朗日乘数法可知,对于如下等式条件的约束问题

$$\min_{w} f(w)$$
$$\text{s.t. } h_i(w) = 0, \quad i = 1, 2, \cdots, l \tag{9-42}$$

其中 w 是一个 n 维向量。

从式(9-42)可以很明显地看出这是一个含有等式约束条件下的条件极值问题,因此用拉格朗日乘数法就能解决。进一步可构造如下拉格朗日函数

$$L(w, \beta) = f(w) + \sum_{i=1}^{l} \beta_i h_i(w) \tag{9-43}$$

其中 β_i 是拉格朗日乘子。最后,通过对式子中所有的参数求偏导,令其为 0 便可求解所有未知变量。

此时,我们接着看如下优化问题

$$\min_{w} f(w)$$
$$\text{s.t. } g_i(w) \leqslant 0, \quad i = 1, 2, \cdots, k$$
$$h_i(w) = 0, \quad i = 1, 2, \cdots, l \tag{9-44}$$

从式(9-44)可以看出,与式(9-42)明显不同的就是在式(9-44)中多了不等式约束条件,因此,为了解决这类问题需要定义如下所示的广义拉格朗日乘数法(Generalized Lagrangian)[①]:

$$L(w, \alpha, \beta) = f(w) + \sum_{i=1}^{k} \alpha_i g_i(w) + \sum_{i=1}^{l} \beta_i h_i(w) \tag{9-45}$$

---

① Andrew Ng, Machine Learning, Stanford University, CS229, Spring 2019.

其中，α_i 和 β_i 都是拉格朗日乘子，但接下来的求解过程与之前就大相径庭了。

9.6.2 原始优化问题

根据式(9-44)和式(9-45)考虑如下定义：

$$\theta_{\mathrm{P}}(w) = \max_{\alpha,\beta:\alpha_i \geqslant 0} L(w,\alpha,\beta) \tag{9-46}$$

式(9-46)表示的含义是求得最大化 $L(w,\alpha,\beta)$ 时 α 和 β 的取值，即 α 和 β 作为自变量与 w 无关，最终求得的结果 θ_{P} 是关于 w 的函数。

因此，如果原约束条件 $g_i(w) \leqslant 0$ 和 $h_i(w) = 0$ 均成立，则式(9-46)等价为

$$\max_{\alpha,\beta:\alpha_i \geqslant 0} \left[\sum_{i=1}^{k} \alpha_i g_i(w) + \sum_{i=1}^{l} \beta_i h_i(w) \right] \tag{9-47}$$

则此时有 $\theta_{\mathrm{P}}(w) = f(w) + 0$。

同时，我们现在来做这样一个假设，如果存在 g_i 或 h_i 使原约束条件不成立，即 $g_i(w) > 0$ 或者 $h_i(w) \neq 0$，则在这样的条件下 θ_{P} 会发生什么变化呢？ 如果 $g_i(w) > 0$，为了最大化 L，只需取 α_i 为无穷大，则此时 L 为无穷大，但这样没有意义。同样，如果 $h_i(w) \neq 0$，取 β 为无穷大（h_i 与 β 同号），则最后结果同样会无穷大。于是在这种情况下便可以得到 $\theta_{\mathrm{P}}(w) = \infty$。

进一步，结合上述两种情况就可以得到下面这个式子：

$$\theta_{\mathrm{P}}(w) = \begin{cases} f(w), & \text{如果 } w \text{ 满足约束条件} \\ \infty, & \text{其他} \end{cases} \tag{9-48}$$

再进一步，在满足约束条件的情况下最小化 $\theta_{\mathrm{P}}(w)$ 就等同于式(9-44)中所要求解的问题。于是便可以得到如下定义

$$p^* = \min_{w} \theta_{\mathrm{P}}(w) = \min_{w} \max_{\alpha,\beta:\alpha_i \geqslant 0} L(w,\alpha,\beta) \tag{9-49}$$

同时，将式(9-49)称为原始优化问题(Primal Optimization Problem)。

9.6.3 对偶优化问题

接下来继续定义

$$\theta_{\mathrm{D}}(\alpha,\beta) = \min_{w} L(w,\alpha,\beta) \tag{9-50}$$

式(9-50)表示的含义是求得最小化 $L(w,\alpha,\beta)$ 时 w 的取值，即 w 作为自变量（与 α 和 β 无关），最终求得的结果 θ_{D} 是关于 α 和 β 的函数。

此时便能定义出原问题的对偶问题

$$d^* = \max_{\alpha,\beta:\alpha_i \geqslant 0} \theta_{\mathrm{D}}(\alpha,\beta) = \max_{\alpha,\beta:\alpha_i \geqslant 0} \min_{w} L(w,\alpha,\beta) \tag{9-51}$$

并将(9-51)称为对偶优化问题(Dual Optimization Problem)。

可以发现，式(9-49)和式(9-51)的唯一区别就是求解顺序发生了变化，前者是先最大化再最小化，而后者是先最小化然后最大化。

那么原始问题和对偶问题有什么关系呢？ 为什么又要用对偶问题？ 通常情况下两者满足以下关系

$$d^* = \max_{\alpha,\beta:\alpha_i \geqslant 0} \min_w L(w,\alpha,\beta) \leqslant \min_w \max_{\alpha,\beta:\alpha_i \geqslant 0} L(w,\alpha,\beta) = p^* \tag{9-52}$$

证明

由式(9-46)和式(9-50)可知,对于任意的 w、α、β 有

$$\theta_D(\alpha,\beta) = \min_w L(w,\alpha,\beta) \leqslant L(w,\alpha,\beta) \leqslant \max_{\alpha,\beta:\alpha_i \geqslant 0} L(w,\alpha,\beta) = \theta_P(w) \tag{9-53}$$

所以有

$$\theta_D(\alpha,\beta) \leqslant \theta_P(w) \tag{9-54}$$

进一步根据式(9-54)有

$$\max_{\alpha,\beta:\alpha_i \geqslant 0} \theta_D(\alpha,\beta) \leqslant \min_w \theta_P(w) \tag{9-55}$$

由此便得到了式(9-52)中的不等式。

在上述过程中,之所以要用对偶问题是因为直接对原始问题进行求解异常困难,所以一般会通过将其转换为对偶问题进行求解,但就目前来看,两者并不完全等同,其解也就必然不会相同,所以下面就需要进一步介绍 KKT 条件。

9.6.4 KKT 条件

在 9.6.3 节中笔者介绍过,要想用对偶问题的解来代替原始问题的解,就必须使两者等价。对于原始问题和对偶问题,假设函数 $f(w)$ 和 $g_i(w)$ 是凸函数,$h_i(w)$ 是仿射函数,并且存在一个 w,使不等式 $g_i(w)$ 严格可行(对于所有的 i 都有 $g_i(w)<0$),则 w^*、α^*、β^* 同时原始问题和对偶问题解的充分必要条件是 w^*、α^*、β^* 满足(Karush-Kuhn-Tucker,KKT)条件[①]:

$$\frac{\partial}{\partial w_i} L(w^*,\alpha^*,\beta^*) = 0, \quad i = 1,2,\cdots,n \tag{9-56}$$

$$\frac{\partial}{\partial \beta_i} L(w^*,\alpha^*,\beta^*) = 0, \quad i = 1,2,\cdots,l \tag{9-57}$$

$$\alpha_i^* g_i(w^*) = 0, \quad i = 1,2,\cdots,k \tag{9-58}$$

$$g_i(w^*) \leqslant 0, \quad i = 1,2,\cdots,k \tag{9-59}$$

$$\alpha_i^* \geqslant 0, \quad i = 1,2,\cdots,k \tag{9-60}$$

其中式(9-58)称为 KKT 的对偶互补条件(Dual Complementarity Condition)。由此可以得到,如果 $\alpha_i^* > 0$,则必有 $g_i(w) = 0$,而这一点也将用来说明 SVM 仅仅只有少数的"支持向量"。同时,需要注意的是 KKT 条件中计算的是目标函数 $L(w,\alpha,\beta)$ 中的未知数及所有等式约束条件拉格朗日乘子的偏导数。

因此,若存在 w^*、α^*、β^* 满足上述 KKT 条件,则 w^*、α^*、β^* 既是对偶问题的解同样也是原始问题的解。

---

① Andrew Ng,Machine Learning,Stanford University,CS229,Spring 2019.

9.6.5　计算示例

在介绍完对偶问题的相关求解原理后,下面再通过一个示例进行说明。试求解以下优化问题:

$$\min_x f(x) = x_1^2 + x_2^2$$
$$\text{s.t. } h(x) = x_1 - x_2 - 3 = 0$$
$$g(x) = (x_1 - 3)^2 + x_2^2 - 2 \leqslant 0 \tag{9-61}$$

由于式(9-61)中的优化问题相对简单,所以可以先通过作图来直观地理解一下,如图9-11所示。

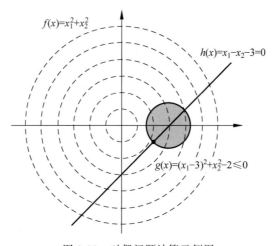

$f(x) = x_1^2 + x_2^2$

$h(x) = x_1 - x_2 - 3 = 0$

$g(x) = (x_1 - 3)^2 + x_2^2 - 2 \leqslant 0$

图9-11　对偶问题计算示例图

如图9-11所示,黑色虚线圆环为目标函数 $f(x)$ 在水平面上的等高线;黑色直线为等式约束条件 $h(x)$ 的函数图形;整个灰色圆为不等式约束条件 $g(x)$ 的函数图形。从图示中可以看出,由于目标函数 $f(x)$ 需要约束条件 $h(x)$,这就意味着最终求得的最优解必须位于直线 $h(x)$ 上。同时,由于 $f(x)$ 还要满足约束条件 $g(x)$,所以解必定会在 $h(x)$ 与 $g(x)$ 相交的线段上。最后,由于是求解 $f(x)$ 在约束条件下的最小值,所以最优解就是图9-11中的黑色圆点。

进一步,针对这一问题可以得到如下广义拉格朗日函数

$$L(x, \alpha, \beta) = (x_1^2 + x_2^2) + \alpha \left[(x_1 - 3)^2 + x_2^2 - 2 \right] + \beta(x_1 - x_2 - 3) \tag{9-62}$$

根据式(9-49)可知,式(9-62)对应的原始问题为

$$p^* = \min_x \max_{\alpha, \beta; \alpha \geqslant 0} L(x, \alpha, \beta) \tag{9-63}$$

进一步,式(9-63)对应的对偶问题为

$$d^* = \max_{\alpha, \beta; \alpha \geqslant 0} \min_x L(x, \alpha, \beta) \tag{9-64}$$

因此,接下来便可以通过式(9-64)中的顺序进行求解。

1. 最小化 $L(x,\alpha,\beta)$

此时将 α 和 β 视为常数，那么这时 $L(x,\alpha,\beta)$ 就只是 x 的函数，因此可以通过令偏导数为 0 的方式来求得 $L(x,\alpha,\beta)$ 的最小值。故，此时有

$$\begin{cases} \dfrac{\partial L}{\partial x_1} = 2x_1 + \alpha(2x_1 - 6) + \beta = 0 \\[2mm] \dfrac{\partial L}{\partial x_2} = 2x_2 + 2\alpha x_2 - \beta = 0 \end{cases} \tag{9-65}$$

根据式(9-65)可以解得

$$\begin{cases} x_1 = \dfrac{6\alpha - \beta}{2\alpha + 2} \\[3mm] x_2 = \dfrac{\beta}{2\alpha + 2} \end{cases} \tag{9-66}$$

进一步，将式(9-66)代入目标函数(9-62)可得到

$$\theta_{\mathrm{D}}(\alpha,\beta) = -\dfrac{\beta^2 + 6\beta + 4\alpha^2 - 14\alpha}{2(\alpha + 1)} \tag{9-67}$$

2. 最大化 $\theta_{\mathrm{D}}(\alpha,\beta)$

此时可以将 $\theta_{\mathrm{D}}(\alpha,\beta)$ 看成一个二元函数求极值的问题。设 $D = \theta_{\mathrm{D}}(\alpha,\beta)$，则 D 分别对 α 和 β 求偏导并令其为 0，有

$$\begin{cases} \dfrac{\partial D}{\partial \alpha} = 4\alpha^2 + 8\alpha - \beta^2 - 6\beta - 14 = 0 \\[2mm] \dfrac{\partial D}{\partial \beta} = \beta + 3 = 0 \end{cases} \tag{9-68}$$

由式(9-68)得

$$\alpha_1 = \frac{1}{2}, \quad \alpha_2 = -\frac{5}{2}, \quad \beta = -3$$

3. 求解原参数

根据 9.6.4 节中内容可知，欲使原问题式(9-63)与对偶问题式(9-64)同解，则必须满足以下 KKT 条件

$$\frac{\partial}{\partial x_1} L(x^*,\alpha^*,\beta^*) = x_1^*(2 + 2\alpha) - 6\alpha + \beta^* = 0 \tag{9-69}$$

$$\frac{\partial}{\partial x_2} L(x^*,\alpha^*,\beta^*) = x_2^*(2 + 2\alpha) - \beta^* = 0 \tag{9-70}$$

$$\frac{\partial}{\partial \beta} L(x^*,\alpha^*,\beta^*) = x_1^* - x_2^* - 3 = 0 \tag{9-71}$$

$$\alpha^* g(x^*) = 0 \tag{9-72}$$

$$g(x^*) \leqslant 0 \tag{9-73}$$

$$\alpha^* \geqslant 0 \tag{9-74}$$

由此可得

$$
\begin{cases}
x_1^* = \dfrac{6\alpha^* - \beta^*}{2\alpha^* + 2} \\[2mm]
x_2^* = \dfrac{\beta^*}{2\alpha^* + 2} \\[2mm]
\alpha^* = \dfrac{1}{2} \\[2mm]
\beta^* = -3
\end{cases}
\tag{9-75}
$$

最后可求得原始优化问题的解为

$$
x_1^* = 2, \quad x_2^* = -1
$$

9.6.6 小结

在本节中,笔者首先介绍了广义的拉格朗日乘数法,然后进一步介绍了如何通过拉格朗日对偶方法对原始问题进行求解,最后还通过一个实际的例子来对整个求解过程进行了示例。

9.7 SVM 优化问题

经过前面几节内容的介绍,我们已经知道了支持向量机背后的原理。同时,为了求解 SVM 中的目标函数,笔者还在前面两节内容中陆续介绍了拉格朗日乘数法和对偶性问题。接下来,将开始正式介绍 SVM 的求解过程。同时,为了便于各位读者循序渐进地了解整个求解过程,下面笔者会依次介绍硬间隔和软间隔中目标函数的求解步骤。

9.7.1 构造硬间隔广义拉格朗日函数

由 9.2 节的内容可知,SVM 硬间隔最终的优化目标为[①]

$$
\min_{\boldsymbol{w},b} \frac{1}{2} \parallel \boldsymbol{w} \parallel^2
$$
$$
\text{s.t.} \quad y^{(i)}(\boldsymbol{w}^{\mathrm{T}} x^{(i)} + b) \geqslant 1, \quad i = 1, 2, \cdots, m
\tag{9-76}
$$

由此可以得到广义的拉格朗日函数为

$$
L(\boldsymbol{w}, b, \alpha) = \frac{1}{2} \parallel \boldsymbol{w} \parallel^2 - \sum_{i=1}^{m} \alpha_i \left[y^{(i)}(\boldsymbol{w}^{\mathrm{T}} \boldsymbol{x}^{(i)} + b) - 1 \right]
\tag{9-77}
$$

其中 $\alpha_i \geqslant 0$ 为拉格朗日乘子,并且同时记为

$$
g_i(\boldsymbol{w}) = -y^{(i)}(\boldsymbol{w}^{\mathrm{T}} \boldsymbol{x}^{(i)} + b) + 1 \leqslant 0
\tag{9-78}
$$

进一步可得原始问题的对偶优化问题为

---

① Andrew Ng,Machine Learning,Stanford University,CS229,Spring 2019.

$$d^* = \max_{a, a_i \geqslant 0} \min_{w, b} L(w, b, \alpha) \tag{9-79}$$

所以,为了求得对偶问题的解,需要按照式(9-79)中的顺序进行。

1. 关于参数 w 和 b 求 L 的极小值 $W(\alpha)$

为了求解式(9-79)中的对偶优化问题,首先需要最小化式(9-77),即分别对 w 和 b 求偏导数并令其为 0,有

$$\frac{\partial L}{\partial w} = w - \sum_{i=1}^{m} \alpha_i y^{(i)} x^{(i)} = 0 \tag{9-80}$$

$$\frac{\partial L}{\partial b} = -\sum_{i=1}^{m} \alpha_i y^{(i)} = 0 \tag{9-81}$$

进一步有

$$w = \sum_{i=1}^{m} \alpha_i y^{(i)} x^{(i)} \tag{9-82}$$

到此便得到了权重 w 的解析表达式,而它对于理解 SVM 中核函数的利用有着重要的作用。接着将式(9-81)和式(9-82)代入式(9-77)可得

$$W(\alpha) = \min_{w, b} L(w, b, \alpha) = \sum_{i=1}^{m} \alpha_i - \frac{1}{2} \sum_{i,j=1}^{m} y^{(i)} y^{(j)} \alpha_i \alpha_j (x^{(i)})^{\mathrm{T}} x^{(j)} \tag{9-83}$$

化简得到式(9-83)的具体步骤为

$$\begin{aligned} L(w, b, \alpha) &= \frac{1}{2} w^{\mathrm{T}} w - \sum_{i=1}^{m} \alpha_i \left[y^{(i)} (w^{\mathrm{T}} x^{(i)} + b) - 1 \right] \\ &= \frac{1}{2} w^{\mathrm{T}} w - \sum_{i=1}^{m} \alpha_i y^{(i)} w^{\mathrm{T}} x^{(i)} - \sum_{i=1}^{m} \alpha_i y^{(i)} b + \sum_{i=1}^{m} \alpha_i \\ &= \frac{1}{2} w^{\mathrm{T}} w - w^{\mathrm{T}} \sum_{i=1}^{m} \alpha_i y^{(i)} x^{(i)} - b \sum_{i=1}^{m} \alpha_i y^{(i)} + \sum_{i=1}^{m} \alpha_i \end{aligned} \tag{9-84}$$

将式(9-81)和式(9-82)代入式(9-84)可得

$$\begin{aligned} W(\alpha) &= \frac{1}{2} w^{\mathrm{T}} w - w^{\mathrm{T}} w + \sum_{i=1}^{m} \alpha_i \\ &= \sum_{i=1}^{m} \alpha_i - \frac{1}{2} w^{\mathrm{T}} w \\ &= \sum_{i=1}^{m} \alpha_i - \frac{1}{2} \sum_{i,j=1}^{m} \alpha_i \alpha_j y^{(i)} y^{(j)} (x^{(i)})^{\mathrm{T}} x^{(j)} \end{aligned} \tag{9-85}$$

至此,便得到了参数 w 的解析式。

2. 关于参数 α 求 $W(\alpha)$ 的极大值

由式(9-83)可以得出如下优化问题

$$\max_{\alpha} W(\alpha) = \max_{\alpha} \sum_{i=1}^{m} \alpha_i - \frac{1}{2} \sum_{i,j=1}^{m} y^{(i)} y^{(j)} \alpha_i \alpha_j (x^{(i)})^{\mathrm{T}} x^{(j)}$$

$$\text{s. t. } \alpha_i \geqslant 0, \quad i = 1, 2, \cdots, m$$

$$\sum_{i=1}^{m} \alpha_i y^{(i)} = 0 \tag{9-86}$$

之所以式(9-81)会成为约束条件,是因为 $W(\alpha)$ 是通过式(9-80)和式(9-81)求解得到,并且是 $W(\alpha)$ 存在的前提。

进一步,假设 $\alpha^* = (\alpha_1^*, \alpha_2^*, \cdots, \alpha_m^*)^T$ 为对偶优化问题的解,那么为了使对偶优化问题与原始优化问题同解需要满足以下 KKT 条件

$$\frac{\partial}{\partial \boldsymbol{w}} L(\boldsymbol{w}^*, b^*, \alpha^*) = \boldsymbol{w}^* - \sum_{i=1}^{m} \alpha_i^* y^{(i)} \boldsymbol{x}^{(i)} = 0 \tag{9-87}$$

$$\frac{\partial}{\partial b} L(\boldsymbol{w}^*, b^*, \alpha^*) = -\sum_{i=1}^{m} \alpha_i^* y^{(i)} = 0 \tag{9-88}$$

$$\alpha_i^* g_i(\boldsymbol{w}^*) = \alpha_i^* \left[y^{(i)}(\boldsymbol{w}^* \cdot \boldsymbol{x}^{(i)} + b^*) - 1 \right] = 0, \quad i = 1, 2, \cdots, m \tag{9-89}$$

$$g_i(\boldsymbol{w}^*) = -y^{(i)}(\boldsymbol{w}^* \cdot \boldsymbol{x}^{(i)} + b^*) + 1 \leqslant 0, \quad i = 1, 2, \cdots, m \tag{9-90}$$

$$\alpha_i^* \geqslant 0, \quad i = 1, 2, \cdots, m \tag{9-91}$$

根据式(9-87)可得

$$\boldsymbol{w}^* = \sum_{i=1}^{m} \alpha_i^* y^{(i)} \boldsymbol{x}^{(i)} \tag{9-92}$$

从式(9-92)可以看出,至少存在一个 $\alpha_j^* > 0$。因为如果所有的 α_i 均为 0,则由式(9-92)可知此时的 $\boldsymbol{w}^*$ 也为 0,而这显然不是原始优化问题的解[1]。

同时,由式(9-89)可知,若存在 $\alpha_j^* > 0$,则必有

$$y^{(j)}(\boldsymbol{w}^* \cdot x^{(j)} + b^*) = 1 \tag{9-93}$$

根据式(9-93)可知,此时的样本点 $x^{(j)}$ 是一个支持向量,而这也显示出一个重要性质,即超平面仅仅与支持向量有关。

进一步,将式(9-92)代入式(9-93)并注意 $(y^{(j)})^2 = 1$ 可得

$$b^* = y^{(j)} - \sum_{i=1}^{m} \alpha_i^* y^{(i)} (x^{(i)} \cdot x^{(j)}) \tag{9-94}$$

综上所述,对于任意给定线性可分数据集,首先可以根据式(9-86)中的优化问题求解得到 α^*,然后利用式(9-92)和式(9-94)分别求解得到 $\boldsymbol{w}^*$ 和 b^*,最后便可得到分离超平面。

9.7.2 硬间隔求解计算示例

为了使各位读者更加清楚 SVM 中硬间隔决策面的求解步骤,下面笔者将以一个实际的数据集进行计算示例。现有数据集一共包含 7 个样本点,其中 $\boldsymbol{x}^{(1)} = (1,3)^T$ 和 $\boldsymbol{x}^{(2)} = (3,0)^T$ 为负样本,$\boldsymbol{x}^{(3)} = (3,5)^T$ 和 $\boldsymbol{x}^{(4)} = (2,7)^T$ 为正样本。黑色实线为决策面,黑色虚线为间隔边界,带圈的样本点为支持向量,如图 9-12 所示。

由给定数据集及式(9-86)可知,对偶问题为

---

[1] 李航. 统计学习方法[M]. 2 版. 北京:清华大学出版社,2019.

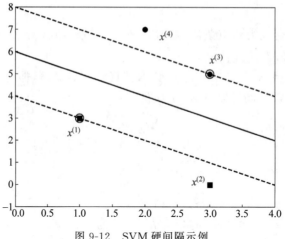

图 9-12 SVM 硬间隔示例

$$\max_{\alpha} \sum_{i=1}^{4} \alpha_i - \frac{1}{2} \sum_{i,j=1}^{4} y^{(i)} y^{(j)} \alpha_i \alpha_j (x^{(i)})^{\mathrm{T}} x^{(j)} = (\alpha_1 + \alpha_2 + \alpha_3 + \alpha_4) -$$

$$\frac{1}{2}(10\alpha_1^2 + 9\alpha_2^2 + 34\alpha_3^2 + 53\alpha_4^2 + 6\alpha_1\alpha_2 - \quad (9\text{-}95)$$

$$36\alpha_1\alpha_3 - 46\alpha_1\alpha_4 - 18\alpha_2\alpha_3 - 12\alpha_2\alpha_4 + 82\alpha_3\alpha_4)$$

$$\text{s. t. } \alpha_i \geqslant 0, \quad i = 1,2,3,4 \quad \text{且} \quad -\alpha_1 - \alpha_2 + \alpha_3 + \alpha_4 = 0$$

注意：$\langle x+y, x+y \rangle = \langle x, x \rangle + \langle x, y \rangle + \langle y, x \rangle + \langle y, y \rangle$

此时由约束条件可知 $\alpha_1 = \alpha_3 + \alpha_4 - \alpha_2$，将其代入目标函数并记为

$$\varphi(\alpha_2, \alpha_3, \alpha_4) = 2\alpha_3 + 2\alpha_4 - \frac{13}{2}\alpha_2^2 - 4\alpha_3^2 - \frac{17}{2}\alpha_4^2 - 2\alpha_2\alpha_3 - 10\alpha_2\alpha_4 - 10\alpha_3\alpha_4 \quad (9\text{-}96)$$

对 α_2、α_3、α_4 分别求偏导并令其为 0，可得

$$\begin{cases} \dfrac{\partial \varphi}{\partial \alpha_2} = -13\alpha_2 - 2\alpha_3 - 10\alpha_4 = 0 \\[2mm] \dfrac{\partial \varphi}{\partial \alpha_3} = 2 - 2\alpha_2 - 8\alpha_3 - 10\alpha_4 = 0 \\[2mm] \dfrac{\partial \varphi}{\partial \alpha_4} = 2 - 10\alpha_2 - 10\alpha_3 - 17\alpha_4 = 0 \end{cases} \quad (9\text{-}97)$$

不过根据式(9-97)中的 3 个等式联立求解后发现，同时满足这 3 个式子的解并不存在，也就是说最终的解只可能在约束条件的边界处产生，即不考虑一些约束条件。因此，在式(9-97)中需要考虑如下边界情况：

（1）当 $\alpha_2 = 0$ 时，根据式(9-97)中后两个等式可求得 $\alpha_4 = -1/9 < 0$ 不满足式(9-95)中的约束条件。

（2）当 $\alpha_3 = 0$ 时，根据式（9-97）中第 1 个和第 3 个等式可求得 $\alpha_2 < 0$，也不满足约束条件。

（3）当 $\alpha_4 = 0$ 时，根据式（9-97）中前两个等式求解后发现同样不满足约束条件。

（4）最后，只有当 $\alpha_2 = 0$ 和 $\alpha_4 = 0$ 时，才能求得满足约束条件的解，即此时 $\alpha_1^* = 0.25$、$\alpha_2^* = 0$、$\alpha_3^* = 0.25$、$\alpha_4^* = 0$。对于其他情况，读者可以自行验算。

进一步，根据上述求得的结果通过式（9-92）便可求得决策面中的 $\boldsymbol{w}$ 为

$$\boldsymbol{w}^* = -\frac{1}{4} \cdot (1,3) + \frac{1}{4} \cdot (3,5) = \left(\frac{1}{2}, \frac{1}{2}\right) \tag{9-98}$$

同时，根据式（9-94）并任取 α_1 和 α_3 中的一个作为 α_j 即可求得 b 为

$$b^* = -1 - \left(-\frac{1}{4} \cdot 10 + \frac{1}{4} \cdot 18\right) = -3 \tag{9-99}$$

最后，可以得到决策面方程为

$$\frac{1}{2} x_1 + \frac{1}{2} x_2 - 3 = 0 \tag{9-100}$$

9.7.3 构造软间隔广义拉格朗日函数

由 9.4 节的内容可知，SVM 软间隔最终的优化目标为

$$\min_{\boldsymbol{w},b,\xi} \frac{1}{2} \parallel \boldsymbol{w} \parallel^2 + C \sum_{i=1}^{m} \xi_i$$

$$\text{s.t.} \quad y^{(i)}(\boldsymbol{w}^{\mathrm{T}} \boldsymbol{x}^{(i)} + b) \geqslant 1 - \xi_i, \quad \xi_i \geqslant 0, \quad i = 1,2,\cdots,m \tag{9-101}$$

由此可以得到广义的拉格朗日函数为[①]

$$L(\boldsymbol{w},b,\xi,\alpha,r) = \frac{1}{2} \parallel \boldsymbol{w} \parallel^2 + C \sum_{i=1}^{m} \xi_i - \sum_{i=1}^{m} \alpha_i \left[y^{(i)}(\boldsymbol{w}^{\mathrm{T}} \boldsymbol{x}^{(i)} + b) - 1 + \xi_i \right] - \sum_{i=1}^{m} r_i \xi_i$$
$$\tag{9-102}$$

其中 $\alpha_i \geqslant 0$ 和 $r_i \geqslant 0$ 为拉格朗日乘子，并且同时记

$$\begin{cases} g_i(\boldsymbol{w}) = -y^{(i)}(\boldsymbol{w}^{\mathrm{T}} \boldsymbol{x}^{(i)} + b) + 1 - \xi_i \leqslant 0 \\ h_i(\xi) = -\xi_i \leqslant 0; \quad i = 1,2,\cdots,m \end{cases} \tag{9-103}$$

进一步可以得到原始问题的对偶优化问题为

$$d^* = \max_{\alpha,r} \min_{\boldsymbol{w},b,\xi} L(\boldsymbol{w},b,\xi,\alpha,r) \tag{9-104}$$

所以，为了求得对偶问题的解，需要按照式（9-104）中的顺序进行。

1. 关于参数 $\boldsymbol{w}$、b、$\boldsymbol{\xi}$ 求 L 的极小值 $W(\alpha,r)$

首先需要最小化式（9-102），即分别对 $\boldsymbol{w}$、b、ξ 求偏导数并令其为 0，有

$$\frac{\partial L}{\partial \boldsymbol{w}} = \boldsymbol{w} - \sum_{i=1}^{m} \alpha_i y^{(i)} \boldsymbol{x}^{(i)} = 0 \tag{9-105}$$

---

① Andrew Ng，Machine Learning，Stanford University，CS229，Spring 2019.

$$\frac{\partial L}{\partial b} = -\sum_{i=1}^{m} \alpha_i y^{(i)} = 0 \tag{9-106}$$

$$\frac{\partial L}{\partial \xi_i} = C - \alpha_i - r_i = 0 \tag{9-107}$$

进一步有

$$\boldsymbol{w} = \sum_{i=1}^{m} \alpha_i y^{(i)} \boldsymbol{x}^{(i)} \tag{9-108}$$

$$\sum_{i=1}^{m} \alpha_i y^{(i)} = 0 \tag{9-109}$$

$$C - \alpha_i - r_i = 0 \tag{9-110}$$

接着,将式(9-108)~式(9-110)代入式(9-104),有

$$\begin{aligned} W(\alpha, r) &= \frac{1}{2} \boldsymbol{w}^{\mathrm{T}} \boldsymbol{w} + C \sum_{i=1}^{m} \xi_i - \boldsymbol{w}^{\mathrm{T}} \boldsymbol{w} + \sum_{i=1}^{m} \alpha_i - \sum_{i=1}^{m} \alpha_i \xi_i - \sum_{i=1}^{m} r_i \xi_i \\ &= \sum_{i=1}^{m} \alpha_i - \frac{1}{2} \boldsymbol{w}^{\mathrm{T}} \boldsymbol{w} + \sum_{i=1}^{m} \xi_i (C - \alpha_i - r_i) \\ &= \sum_{i=1}^{m} \alpha_i - \frac{1}{2} \boldsymbol{w}^{\mathrm{T}} \boldsymbol{w} \end{aligned} \tag{9-111}$$

此时可以发现,式(9-111)化简后 r 已经消去了。

2. 关于参数 α 求 $W(\alpha)$ 的极大值

由式(9-111)求 α 的极大值可以得出如下优化问题

$$\max_{\alpha} W(\alpha) = \max_{\alpha} \sum_{i=1}^{m} \alpha_i - \frac{1}{2} \boldsymbol{w}^{\mathrm{T}} \boldsymbol{w} \tag{9-112}$$

$$\text{s. t. } \sum_{i=1}^{m} \alpha_i y^{(i)} = 0 \tag{9-113}$$

$$C - \alpha_i - r_i = 0, \quad i = 1, 2, \cdots, m \tag{9-114}$$

$$\alpha_i \geqslant 0, \quad i = 1, 2, \cdots, m \tag{9-115}$$

$$r_i \geqslant 0, \quad i = 1, 2, \cdots, m \tag{9-116}$$

接着,将式(9-116)代入式(9-114)便可得到化简后的约束条件

$$0 \leqslant \alpha_i \leqslant C \tag{9-117}$$

最后便可得到最终的对偶优化问题

$$\max_{\alpha} \sum_{i=1}^{m} \alpha_i - \frac{1}{2} \sum_{i,j=1}^{m} y^{(i)} y^{(j)} \alpha_i \alpha_j (\boldsymbol{x}^{(i)})^{\mathrm{T}} \boldsymbol{x}^{(j)} \tag{9-118}$$

$$\text{s. t. } 0 \leqslant \alpha_i \leqslant C, \quad i = 1, 2, \cdots, m \quad \text{且} \quad \sum_{i=1}^{m} \alpha_i y^{(i)} = 0$$

从式(9-118)可以发现,SVM 软间隔的对偶优化问题同硬间隔的对偶优化问题仅仅在约束问题上发生了变化。

现在假设 $\alpha^* = (\alpha_1^*, \alpha_2^*, \cdots, \alpha_m^*)^{\mathrm{T}}$ 为对偶优化问题(9-118)的解,那么为了使对偶优化问题与原始优化问题同解则需要满足以下 KKT 条件

$$\frac{\partial}{\partial \boldsymbol{w}} L(\boldsymbol{w}^*, b^*, \boldsymbol{\xi}^*, \boldsymbol{\alpha}^*, r^*) = \boldsymbol{w}^* - \sum_{i=1}^{m} \alpha_i^* y^{(i)} \boldsymbol{x}^{(i)} = 0 \tag{9-119}$$

$$\frac{\partial}{\partial b} L(\boldsymbol{w}^*, b^*, \boldsymbol{\xi}^*, \boldsymbol{\alpha}^*, r^*) = -\sum_{i=1}^{m} \alpha_i^* y^{(i)} = 0 \tag{9-120}$$

$$\frac{\partial}{\partial \boldsymbol{\xi}} L(\boldsymbol{w}^*, b^*, \boldsymbol{\xi}^*, \boldsymbol{\alpha}^*, r^*) = C - \alpha^* - r^* = 0 \tag{9-121}$$

$$\alpha_i^* g_i(\boldsymbol{w}^*) = \alpha_i^* \left[y^{(i)} (\boldsymbol{w}^* \cdot \boldsymbol{x}^{(i)} + b^*) - 1 + \xi_i^* \right] = 0, \quad i = 1, 2, \cdots, m \tag{9-122}$$

$$r_i^* h_i(\boldsymbol{\xi}^*) = r_i^* \xi_i^* = 0; \quad i = 1, 2, \cdots, m \tag{9-123}$$

$$g_i(\boldsymbol{w}^*) = -y^{(i)} (\boldsymbol{w}^* \cdot \boldsymbol{x}^{(i)} + b^*) + 1 - \xi_i^* \leqslant 0, \quad i = 1, 2, \cdots, m \tag{9-124}$$

$$h_i(\boldsymbol{\xi}^*) = -\xi_i \leqslant 0; \quad i = 1, 2, \cdots, m \tag{9-125}$$

$$\alpha_i^* \geqslant 0, \quad r_i^* \geqslant 0; \quad i = 1, 2, \cdots, m \tag{9-126}$$

因此,根据式(9-119)可得

$$\boldsymbol{w}^* = \sum_{i=1}^{m} \alpha_i^* y^{(i)} \boldsymbol{x}^{(i)} \tag{9-127}$$

从式(9-127)可以看出,至少存在一个 $0 < \alpha_j^* \leqslant C$。因为如果所有的 α_i 均为 0,则由式(9-127)可知此时的 $\boldsymbol{w}^*$ 同样为 0,而这显然不是原始优化问题的解。进一步,若存在 $0 < \alpha_j^* < C$,则由式(9-121)可知,此时对应的 $r_j^* > 0$,再由式(9-123)可知,此时必有 $\xi_j^* = 0$,所以最后由式(9-122)可知,此时必有

$$y^{(j)} (\boldsymbol{w}^* \cdot \boldsymbol{x}^{(j)} + b^*) = 1 \tag{9-128}$$

进一步,将式(9-127)代入式(9-128)可得

$$b^* = y^{(j)} - \sum_{i=1}^{m} \alpha_i^* y^{(i)} (\boldsymbol{x}^{(i)} \cdot \boldsymbol{x}^{(j)}) \tag{9-129}$$

综上所述,对于任意给定数据集,首先可以根据式(9-118)中的优化问题求解得到 α^*,然后利用式(9-127)和式(9-129)分别求解得到 $\boldsymbol{w}^*$ 和 b^*,最后即可得到分离超平面。

9.7.4 软间隔中的支持向量

在本章伊始,以及 9.7.1 节和 9.7.2 节内容中,笔者都提到了"支持向量"这个词,并且还介绍了位于间隔边界上的样本点就是支持向量。不过到底支持向量是什么呢? 也就是说,能够影响决策面形成样本点就是支持向量。例如从图 9-12 可以看出,对于影响最后决策面形成的只有 $x^{(1)}$ 和 $x^{(3)}$ 这两个样本点。同时,从硬间隔的定义可以看出,在求解得到决策面后所有样本点的分布只存在两种情况。第一种是位于间隔边界上,而另外一种则是在间隔边界以外,因此,在硬间隔中影响决策面形成的就只有位于间隔边界上的样本点,即支持向量。

但是从软间隔的定义可以看出,由于软间隔允许样本点被错误分类,并且其程度可通过

惩罚系数 C 进行控制,因此可以得出在软间隔中,C 可以影响决策面的位置,并且支持向量不仅只会位于间隔边界上,如图 9-13 所示。

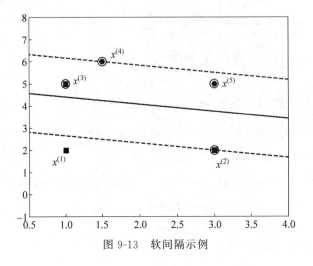

图 9-13　软间隔示例

从图 9-13 可以看出,为了增强模型最终的泛化能力,软间隔目标函数在求解过程将 $x^{(3)}$ 和 $x^{(5)}$ 这两个样本点划分到了间隔边界以内,并且样本点 $x^{(5)}$ 还被错误地划分到了另外一个类别中(当然 $x^{(3)}$ 和 $x^{(5)}$ 本身也可能是异常样本),因此可以得出,在 SVM 软间隔的建模过程中,影响决策面位置的除了位于间隔边界上的样本还有位于间隔边界内的样本点,所以这些都被称为支持向量。因为如果去掉 $x^{(3)}$ 这个被错分类的样本点,则最终得到的决策面会更加趋于水平。

同时,由式(9-121)~式(9-124)可知,当 $0 < \alpha_i < C$ 时,则 $\xi_i = 0$,此时支持向量 $\boldsymbol{x}^{(i)}$ 将位于间隔边界上;当 $\alpha_i = C$ 和 $0 < \xi_i < 1$ 时,则分类正确,此时支持向量 $\boldsymbol{x}^{(i)}$ 将位于间隔边界与决策面之间;当 $\alpha_i = C$ 和 $\xi_i = 1$ 时,此时支持向量 $\boldsymbol{x}^{(i)}$ 将位于决策面上;当 $\alpha_i = C$ 和 $\xi_i > 1$ 时,则分类错误,此时支持向量 $\boldsymbol{x}^{(i)}$ 将位于决策面的另一侧[1]。进一步,可以总结得到

$$\alpha_i = 0 \Rightarrow y^{(i)}(\boldsymbol{w}^{\mathrm{T}}\boldsymbol{x}^{(i)} + b) \geqslant 1$$
$$\alpha_i = C \Rightarrow y^{(i)}(\boldsymbol{w}^{\mathrm{T}}\boldsymbol{x}^{(i)} + b) \leqslant 1 \qquad (9\text{-}130)$$
$$0 < \alpha_i < C \Rightarrow y^{(i)}(\boldsymbol{w}^{\mathrm{T}}\boldsymbol{x}^{(i)} + b) = 1$$

9.7.5　小结

在本节中,笔者首先介绍了在求解 SVM 模型中如何构造硬间隔的广义的拉格朗日函数及其对应的对偶问题,接着通过求解对偶问题中 $L(\boldsymbol{w}, b, \alpha)$ 的极小值得到了 $\boldsymbol{w}$ 的计算解析式,需要提醒的是,$\boldsymbol{w}$ 的表达式也是理解 SVM 核函数的关键,然后以一个实际的示例介绍了 SVM 硬间隔的求解过程,最后,笔者还介绍了如何构造软间隔中的拉格朗日函数及软

---

① 李航.统计学习方法[M].2 版.北京:清华大学出版社,2019.

间隔中的支持向量,而 SVM 软间隔的实际求解过程将在 9.8 节中进行介绍。

9.8 SMO 算法

在 9.7 节中,笔者分别就 SVM 中软间隔与硬间隔目标函数的求解过程进行了介绍,但是在实际应用过程中,从效率的角度来讲那样的做法显然是不可取的,尤其是在大规模数据样本和稀疏数据中[①]。在接下来的这节内容中,笔者将介绍一种新的求解算法,即序列最小化优化算法来解决这一问题。

序列最小优化算法(Sequential Minimal Optimization,SMO)于 1998 年由 John Platt 所提出,并且 SMO 算法初次提出的目的就是为了解决 SVM 的优化问题[②]。SMO 算法是一种启发式的算法,它在求解过程中通过以分析的方式来定位最优解可能存在的位置,从而避免了传统方法在求解中所遭遇的大量数值计算问题,并且最终以迭代的方式来求得最优解。在正式介绍 SMO 算法之前,笔者将先介绍 SMO 算法的基本原理——坐标上升算法(Coordinate Ascent)。

9.8.1 坐标上升算法

在第 2.5 节内容中,笔者详细地介绍了什么是梯度下降算法及梯度下降算法的作用。对于一个待优化的目标函数来讲,在初始化一个起始位置后,便可以以该点为基础每次沿着该点梯度的反方向向前移动一小步,以此来迭代求解,以便得到目标函数的全局(局部)最优解,而所谓的坐标上升(下降)算法可以看作初始位置只沿着其中的一个(或几个)方向移动来求解得到目标函数的全局(局部)最优解[③],如图 9-14 所示。

在图 9-14 中,虚线为目标函数 $J(w_1,w_2)=-0.5(w_1-1)^2-(2w_2+1)^2-0.5(w_1-w_2)^2$ 的等高线,黑色箭头曲线为梯度上升算法最大化目标函数 $J(w_1,w_2)$ 的求解过程,而黑色箭头折线为坐标上升算法最大化目标函数的求解过程。

具体地,对于待求解目标函数 $J(w_1,w_2,\cdots,w_n)$ 来讲可以通过如下步骤进行求解。

(1) 随机将向量 $w=(w_1,w_2,\cdots,w_n)$ 初始化为初始参数值。

(2) 在 $w_1,w_2,\cdots,w_n$ 中依次将 $w_i,i=1,2,\cdots,n$ 选择为变量并将其他参数固定为常量,然后求目标函数关于 w_i 的导数并令其为 0 求得 w_i。

(3) 重复执行步骤(2)直到目标函数收敛或者误差小于某一阈值结束。

例如在上面这个示例中 w_1 和 w_2 的求解表达式分别为

$$w_1^{\text{new}}=\frac{1}{2}(w_2^{\text{old}}+1)$$

———————————

① John C. Platt. Sequential Minimal Optimization:A Fast Algorithm for Training Support Vector Machines,Microsoft Research Technical Report MSR-TR-98-14.

② https://en. wikipedia. org/wiki/Sequential_minimal_optimization.

③ https://en. wikipedia. org/wiki/Coordinate_descent.

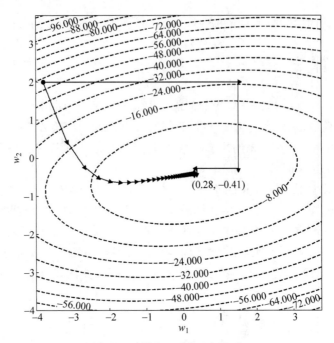

图 9-14　梯度上升与坐标上升

$$w_2^{\text{new}} = -\frac{1}{9}(w_1^{\text{new}} - 4) \tag{9-131}$$

那么在初始化一组 w_1^{old} 和 w_2^{old} 后,便可以通过式(9-131)来迭代以便求解得到 w_1 和 w_2 的解。

同时,上述步骤(2)对于 w_i 顺序的选择这里采用了最为简单的按顺序依次进行,一种更优的做法便是每次选择余下常量中能够使目标函数产生最大增量的参数作为优化对象。

9.8.2　SMO 算法思想

根据 9.7.3 节内容可知,SVM 软间隔最终需要求解的目标函数为

$$\max_{\alpha} \sum_{i=1}^{m} \alpha_i - \frac{1}{2} \sum_{i,j=1}^{m} y^{(i)} y^{(j)} \alpha_i \alpha_j (\boldsymbol{x}^{(i)})^{\text{T}} \boldsymbol{x}^{(j)}$$

$$\text{s.t.} \ \ 0 \leqslant \alpha_i \leqslant C, \quad i = 1, 2, \cdots, m \quad \text{且} \quad \sum_{i=1}^{m} \alpha_i y^{(i)} = 0 \tag{9-132}$$

假设随机初始化后的 α_i 均满足式(9-132)中的约束条件,现在通过坐标上升算法来求解 α。如果此时将 $\alpha_2, \cdots, \alpha_m$ 固定为常量,将 α_1 固定为变量来求解 α_1,则能求解得到 α_1 吗? 答案是不能[1]。因为根据式(9-132)中第 2 个约束条件有

$$\alpha_1 y^{(1)} = -\sum_{i=2}^{m} \alpha_i y^{(i)} \tag{9-133}$$

---

[1]　Andrew Ng,Machine Learning,Stanford University,CS229,Spring 2019.

进一步,在式(9-133)两边同时乘上 $y^{(1)}$ 有

$$\alpha_1 = -y^{(1)} \sum_{i=2}^{m} \alpha_i y^{(i)} \tag{9-134}$$

根据式(9-134)可知, α_1 完全取决于 $\alpha_2, \cdots, \alpha_m$,如果 $\alpha_2, \cdots, \alpha_m$ 固定,也就意味着 α_1 也是固定的,因此,在这样的情况下每次至少需要同时选择两个参数为变量,同时再固定其他参数为常量,才能够最终求得所有参数。

此时,假设固定 $\alpha_3, \cdots, \alpha_m$ 不变来求解参数 α_1 和 α_2 。根据式(9-132)中的约束条件有

$$\alpha_1 y^{(1)} + \alpha_2 y^{(2)} = -\sum_{i=3}^{m} \alpha_i y^{(i)} \tag{9-135}$$

由于此时式(9-135)右边是固定的,因此可以用一个常数 ζ 来表示

$$\alpha_1 y^{(1)} + \alpha_2 y^{(2)} = \zeta \tag{9-136}$$

进一步,可以将 α_1 表示为

$$\alpha_1 = (\zeta - \alpha_2 y^{(2)}) y^{(1)} \tag{9-137}$$

此时,式(9-132)中的目标函数便可以改写为

$$W(\alpha_1, \alpha_2, \cdots, \alpha_m) = W((\zeta - \alpha_2 y^{(2)}) y^{(1)}, \alpha_2, \cdots, \alpha_m) \tag{9-138}$$

在式(9-138)中,由于此时将 $\alpha_3, \cdots, \alpha_m$ 固定为常数,因此其可以简单地表示为一个关于 α_2 的一元二次多项式(这一点也可以从式(9-97)中看出)。

$$a\alpha_2^2 + b\alpha_2 + c \tag{9-139}$$

接着,对于多项式(9-139)来讲通过令 α_2 的导数为 0 便可以轻易求得 α_2 的取值,然后将 α_2 代入式(9-136)即可得到 α_1 的值。进一步,按照相同的过程便可求得 $\alpha_3, \cdots, \alpha_m$ 的值,最后重复执行上述整个过程便可以迭代求解得到 $\alpha_1, \alpha_2, \cdots, \alpha_m$ 的值。

以上就是 SMO 算法求解的主要思想。虽然看起来不太复杂,但是里面仍旧有很多值得深究的内容,下面开始正式介绍 SMO 算法的原理。

9.8.3　SMO 算法原理

为了更加广义地表示 SVM 软间隔中的优化问题,可以通过如下形式来表示待求解的优化问题

$$\max_{\alpha} \sum_{i=1}^{m} \alpha_i - \frac{1}{2} \sum_{i,j=1}^{m} y^{(i)} y^{(j)} \alpha_i \alpha_j K(\boldsymbol{x}^{(i)}, \boldsymbol{x}^{(j)})$$

$$\text{s.t.} \quad 0 \leqslant \alpha_i \leqslant C, \quad i = 1, 2, \cdots, m \quad \text{且} \quad \sum_{i=1}^{m} \alpha_i y^{(i)} = 0 \tag{9-140}$$

其中 $K(\cdot)$ 为任意核函数。

进一步,不失一般性,这里假设首先将参数 α_1 和 α_2 选择为变量,将其他参数固定为常量。于是式(9-140)便可以改写成如下形式[①]

---

① John C. Platt. Sequential Minimal Optimization：A Fast Algorithm for Training Support Vector Machines，Microsoft Research Technical Report MSR-TR-98-14.

$$\max_{\alpha_1,\alpha_2} \alpha_1 + \alpha_2 - \frac{1}{2}\alpha_1^2 K_{11} - \alpha_1\alpha_2 y^{(1)} y^{(2)} K_{12} - \alpha_1 y^{(1)} \sum_{i=3}^{m} \alpha_i y^{(i)} K_{1i} -$$

$$\frac{1}{2}\alpha_2^2 K_{22} - \alpha_2 y^{(2)} \sum_{i=3}^{m} \alpha_i y^{(i)} K_{2i} + \Psi_{\text{constant}} \tag{9-141}$$

$$\text{s. t. } 0 \leqslant \alpha_i \leqslant C, \quad i = 1,2$$

$$\alpha_1 y^{(1)} + \alpha_2 y^{(2)} = -\sum_{i=3}^{m} \alpha_i y^{(i)} = \zeta$$

其中 $K_{ij} = K(x^{(i)}, x^{(j)})$，$\Psi_{\text{constant}}$ 表示与 α_1 和 α_2 无关的常量。

同时，记

$$g(x) = \sum_{i=1}^{m} \alpha_i y^{(i)} K(x, x^{(i)}) + b$$

$$v_i = \sum_{j=3}^{m} \alpha_j y^{(j)} K(x^{(i)}, x^{(j)}) = g(x^{(i)}) - \sum_{j=1}^{2} \alpha_j y^{(j)} K(x^{(i)}, x^{(j)}) - b, \quad i = 1,2$$

$$\tag{9-142}$$

则目标函数(9-141)可以改写为

$$W(\alpha_1, \alpha_2) = \alpha_1 + \alpha_2 - \frac{1}{2}\alpha_1^2 K_{11} - \alpha_1\alpha_2 y^{(1)} y^{(2)} K_{12} - \alpha_1 y^{(1)} v_1 -$$

$$\frac{1}{2}\alpha_2^2 K_{22} - \alpha_2 y^{(2)} v_2 + \Psi_{\text{constant}} \tag{9-143}$$

将 $\alpha_1 = (\zeta - \alpha_2 y^{(2)}) y^{(1)}$ 代入式(9-143)便可以得到一个只含有变量 α_2 的目标函数

$$W(\alpha_2) = (\zeta - \alpha_2 y^{(2)}) y^{(1)} + \alpha_2 - \frac{1}{2}(\zeta - \alpha_2 y^{(2)})^2 K_{11} -$$

$$(\zeta - \alpha_2 y^{(2)})\alpha_2 y^{(2)} K_{12} - (\zeta - \alpha_2 y^{(2)}) v_1 - \frac{1}{2}\alpha_2^2 K_{22} - \alpha_2 y^{(2)} v_2 \tag{9-144}$$

进一步，式(9-144)关于 α_2 的导数为

$$\frac{\partial W}{\partial \alpha_2} = -y^{(1)} y^{(2)} + 1 + \zeta y^{(2)} K_{11} - \alpha_2 K_{11} + 2\alpha_2 K_{12} -$$

$$\zeta y^{(2)} K_{12} + v_1 y^{(2)} - \alpha_2 K_{22} - y^{(2)} v_2 \tag{9-145}$$

令式(9-145)为 0，可以得到

$$\alpha_2 = \frac{y^{(2)} (y^{(2)} - y^{(1)} + \zeta K_{11} - \zeta K_{12} + v_1 - v_2)}{K_{11} - 2K_{12} + K_{22}} \tag{9-146}$$

此时，记

$$\eta = K_{11} - 2K_{12} + K_{22}$$

$$E_i = g(x^{(i)}) - y^{(i)} = \left(\sum_{j=1}^{m} \alpha_j y^{(j)} K(x^{(i)}, x^{(j)}) + b\right) - y^{(i)}, \quad i = 1,2 \tag{9-147}$$

那么在初始化一组 α_1^{old} 和 α_2^{old} 后，将式(9-147)和 $\zeta = \alpha_1^{\text{old}} y^{(1)} + \alpha_2^{\text{old}} y^{(2)}$ 代入式(9-146)有

$$\alpha_2^{\text{new}} = \frac{y^{(2)}}{\eta} \Big[y^{(2)} - y^{(1)} + (\alpha_1^{\text{old}} y^{(1)} + \alpha_2^{\text{old}} y^{(2)}) K_{11} -$$

$$(\alpha_1^{\text{old}} y^{(1)} + \alpha_2^{\text{old}} y^{(2)}) K_{12} + g(x_1) - \sum_{j=1}^{2} \alpha_j^{\text{old}} y^{(j)} K_{1j} - \qquad (9\text{-}148)$$

$$b - g(x_2) + \sum_{j=1}^{2} \alpha_j^{\text{old}} y^{(j)} K_{2j} + b \Big]$$

将式(9-148)进一步化简后可得

$$\alpha_2^{\text{new}} = \alpha_2^{\text{old}} + \frac{y^{(2)} (E_1 - E_2)}{\eta} \qquad (9\text{-}149)$$

至此,便初步求得了 α_2 的求解表达式。为什么是初步呢?因为此时求得的 α_2 还没有经过约束条件裁剪。

由式(9-141)中的第 1 个约束条件可知,α_1 和 α_2 的解只能位于 $[0,C] \times [0,C]$ 这个正方形盒子中。进一步,由式(9-141)中的第 2 个约束条件可知,α_1 和 α_2 还必须位于平行于盒子对角线的线段上,如图 9-15 所示。

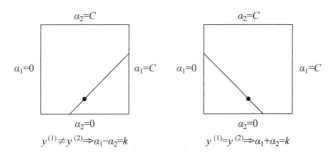

图 9-15 约束条件下的 α_1 和 α_2 修正

如图 9-15 所示,α_1 和 α_2 的解只能位于盒子内部的线段上。由式(9-144)可知根据式(9-149)求得到 α_2^{new} 的值必定位于线段所在的直线上,因此还需要使 α_2^{new} 满足

$$L \leqslant \alpha_2^{\text{new}} \leqslant H \qquad (9\text{-}150)$$

其中,L 与 H 是图 9-15 中线段的两个端点。

从图 9-15 可以看出,如果 $y^{(1)} \neq y^{(2)}$ 则

$$L = \max(0, \alpha_2^{\text{old}} - \alpha_1^{\text{old}}), \quad H = \min(C, C + \alpha_2^{\text{old}} - \alpha_1^{\text{old}}) \qquad (9\text{-}151)$$

如果 $y^{(1)} = y^{(2)}$ 则

$$L = \max(0, \alpha_2^{\text{old}} + \alpha_1^{\text{old}} - C), \quad H = \min(C, \alpha_2^{\text{old}} + \alpha_1^{\text{old}}) \qquad (9\text{-}152)$$

因此,α_2^{new} 裁剪后的值应该为

$$\alpha_2^{\text{new,clipped}} = \begin{cases} H, & \alpha_2^{\text{new}} > H \\ \alpha_2^{\text{new}}, & L < \alpha_2^{\text{new}} < H \\ L, & \alpha_2^{\text{new}} \leqslant L \end{cases} \qquad (9\text{-}153)$$

进一步，由 $\alpha_1 = (\zeta - \alpha_2 y^{(2)}) y^{(1)}$ 和 $\zeta = \alpha_1^{\text{old}} y^{(1)} + \alpha_2^{\text{old}} y^{(2)}$ 可得

$$
\begin{aligned}
\alpha_1^{\text{new}} &= (\alpha_1^{\text{old}} y^{(1)} + \alpha_2^{\text{old}} y^{(2)} - \alpha_2^{\text{new,clipped}} y^{(2)}) y^{(1)} \\
&= \alpha_1^{\text{old}} + y^{(1)} y^{(2)} (\alpha_2^{\text{old}} - \alpha_2^{\text{new,clipped}})
\end{aligned}
\tag{9-154}
$$

至此就介绍完了 α_1 和 α_2 的求解步骤。进一步，可以按照类似的方法求解得到 $\alpha_3, \cdots,$ α_m，最后迭代整个过程便可以求解得到 $\alpha_1, \alpha_2, \cdots, \alpha_m$ 的最优解。

9.8.4 偏置 b 求解

在每次计算得到 α_i 和 α_j 两个变量后，都需要同步地更新偏置 b 的值。例如当求得 $0 < \alpha_1^{\text{new}} < C$ 时，根据式(9-130)中的第 3 个 KKT 条件可知

$$
y^{(1)} (\boldsymbol{w}^{\mathrm{T}} x^{(1)} + b) = y^{(1)} g(x^{(1)}) = y^{(1)} \left(\sum_{i=1}^{m} \alpha_i y^{(i)} K_{1i} + b \right) = 1
\tag{9-155}
$$

进一步，可得

$$
\sum_{i=1}^{m} \alpha_i y^{(i)} K_{1i} + b = y^{(1)}
\tag{9-156}
$$

于是根据式(9-156)有

$$
b_1^{\text{new}} = y^{(1)} - \sum_{i=3}^{m} \alpha_i y^{(i)} K_{1i} - \alpha_1^{\text{new}} y^{(1)} K_{11} - \alpha_2^{\text{new,clipped}} y^{(2)} K_{12}
\tag{9-157}
$$

由式(9-147)中 E_i 的定义可知

$$
E_1 = \sum_{i=3}^{m} \alpha_i y^{(i)} K_{1i} + \alpha_1^{\text{old}} y^{(1)} K_{11} + \alpha_2^{\text{old}} y^{(2)} K_{12} + b^{\text{old}} - y^{(1)}
\tag{9-158}
$$

根据式(9-158)可知，式(9-157)的前两项可以改写为

$$
y^{(1)} - \sum_{i=3}^{m} \alpha_i y^{(i)} K_{1i} = b^{\text{old}} - E_i + \alpha_1^{\text{old}} y^{(1)} K_{11} + \alpha_2^{\text{old}} y^{(2)} K_{12}
\tag{9-159}
$$

最后，将式(9-159)代入式(9-157)可得

$$
b_1^{\text{new}} = b^{\text{old}} - E_1 - y^{(1)} K_{11} (\alpha_1^{\text{new}} - \alpha_1^{\text{old}}) - y^{(2)} K_{12} (\alpha_2^{\text{new,clipped}} - \alpha_2^{\text{old}})
\tag{9-160}
$$

同理可得，当 $0 < \alpha_2^{\text{new,clipped}} < C$ 时有

$$
b_2^{\text{new}} = b^{\text{old}} - E_2 - y^{(1)} K_{12} (\alpha_1^{\text{new}} - \alpha_1^{\text{old}}) - y^{(2)} K_{22} (\alpha_2^{\text{new,clipped}} - \alpha_2^{\text{old}})
\tag{9-161}
$$

同时，当 α_1^{new} 和 $\alpha_2^{\text{new,clipped}}$ 同时满足条件时，b_1^{new} 和 b_2^{new} 均是有效的，并且两者相等。如果 α_1^{new} 和 $\alpha_2^{\text{new,clipped}}$ 为 0 或者 C，则所有在 b_1^{new} 和 b_2^{new} 之间的值均为满足 KKT 条件的值，此时选择两者的均值作为 b^{new}。因此偏置 b 的计算公式为

$$
b^{\text{new}} = \begin{cases} b_1^{\text{new}}, & 0 < \alpha_1^{\text{new}} < C \\ b_2^{\text{new}}, & 0 < \alpha_2^{\text{new,clipped}} < C \\ (b_1^{\text{new}} + b_2^{\text{new}})/2, & \text{其他} \end{cases}
\tag{9-162}
$$

最后，需要注意的是在上述求解过程中，最终得到 $\boldsymbol{w}$ 的解是唯一的，而偏置 b 的解却可能不唯一(它存在于一个区间中)，详细证明过程可以参见《数据挖掘中的新方法——支持向

量机》①第 5.3 节中的介绍。当然,除了理论上的证明还可从另外一个更直观的角度来理解。如果 w 唯一而 b 不唯一,也就意味着决策面并不唯一,而这在 SVM 软间隔中显然是成立的。因为此时允许个别样本被分类错误,但是这些被错分的样本是不确定的。也就是说,在这样的情况下可以存在不同的分类决策面,而它们的分类间隔却相同。

9.8.5　SVM 算法求解示例

经过 9.8.3 节和 9.8.4 两节内容的介绍,相信各位读者对于如何通过 SMO 算法来求解 SVM 中的参数已经有了一定的了解。同时,对于整个求解过程还可以通过如下一段伪代码进行表示②。

输入为

(1) C:惩罚项系数。

(2) tol:误差容忍度。

(3) max_passes:当 α_i 不再发生变化时继续迭代更新的最大次数。

(4) $((x^{(1)}, y^{(1)}), \cdots, (x^{(m)}, y^{(m)}))$:训练集。

输出为

(1) $\alpha \in \mathbf{R}^m$:求解得到的拉格朗日乘子。

(2) $b \in \mathbf{R}$:求解得到的偏置。

示例伪代码如下:

```
初始化所有 alpha_i = 0, b = 0, passes = 0
while (passes < max_passes)
num_changed_alphas = 0
    for i = 1,...,m
        计算 E_i
        if ((y_i * E_i < - tol and a_i < C)||(y_i * E_i > tol and alpha_i > 0))
            随机选择 j,且 j 不等于 i
            计算 E_j
            保存:alpha_i_old = alpha_i,alpha_j_old = alpha_j
            计算 L 和 H
            if (L == H):
                continue
        计算 eta
        if (eta >- 0):
            continue
        计算 alpha_j 并裁剪
        if (|alpha_j - alpha_j_old| < 10e-5):
```

①　邓乃扬,田英杰. 数据挖掘中的新方法:支持向量机[M]. 北京:科学出版社,2004.

②　Machine Learning,Stanford University,CS229,Autumn 2009.

```
                    continue
                分别计算 alpha_i, b_1, b_2
                计算 b
                num_changed_alphas += 1
    if (num_changed_alphas == 0):
        passes += 1
    else:
        passes = 0
```

当然,根据上述伪代码的描述,还可以通过代码将其完整地实现,具体可以参见 Book/Chapter09/03_svm_smo.py 文件。同时,根据实现的代码,如果以 9.7.4 节中图 9-13 里的数据样本为输入,并且将惩罚系数设为 $C=0.2$,则最终的求解结果为

```
data_x = np.array([[5, 1], [0, 2], [1, 5], [3.0, 2], [1, 2], [3, 5], [1.5, 6], [4.5, 6], [0, 7]])
data_y = np.array([1, 1, 1, 1, 1, -1, -1, -1, -1])
alphas, b = smo(C = .2, tol = 0.001, max_passes = 200, data_x = data_x, data_y = data_y)
print(alphas) # [0. 0. 0.2 0.142 0. 0.2 0.142 0. 0.]
print(b) # 2.66
w = compute_w(data_x, data_y, alphas)
print(w) # [-0.186, -0.569]
```

根据上述输出结果可知,$\alpha_3 = \alpha_6 = 0.2$,以及 $\alpha_4 = \alpha_7 = 0.142$,即对应的支持向量为 $(1,5)$、$(3,5)$、$(3,2)$、$(1.5,6)$,并且同时 $w = (-0.186, -0.569)$,并且 $b = 2.66$。需要注意的是,为了作图方便,图 9-13 中左右两边各自还有两个样本点没有画出,所以在上述代码中有 9 个样本。

9.8.6 小结

在本节中,笔者首先以坐标上升算法为铺垫,介绍了 SMO 算法的基本思想,从整体层面上阐述了 SMO 算法的求解过程,然后详细介绍了 SMO 算法的具体求解过程及原理,包括参数 α 和偏置 b 的求解方法,最后以伪代码的形式展示了 SMO 算法的求解过程,并通过一个实例进行了展示。

总结一下,在本章中笔者首先介绍了 SVM 的基本思想,即最大化分类间隔,接着详细介绍了 SVM 的原理及推导过程,进一步又介绍了 SVM 中的线性不可分问题及核函数的应用,然后介绍了 SVM 中软间隔的由来、拉格朗日乘数法和对偶优化问题,最后分别介绍了 SVM 中硬间隔和软间隔的优化求解问题,并且还介绍了一种高效的凸二次规划求解方法,即 SMO 算法。

第 10 章

聚　　类

经过前面一系列的介绍,我们已经接触了多种回归和分类算法,并且这些算法有一个共同的特点,也就是它们都是有监督的学习算法。接下来,笔者就向大家介绍一类经典的无监督机器学习算法——聚类算法。

10.1　聚类算法的思想

在正式介绍聚类之前,我们先从感性上认识一下什么是聚类。聚类算法的核心思想就是将具有相似特征的事物"聚"在一起,也就是说"聚"是一个动词。俗话说:人以群分,物以类聚,说的就是这个道理。

如图 10-1 所示,此图为 3 种类别的数据样本图,其中每种形状表示一个类别。聚类算法的目的就是将各个类别的样本点分开,也就是将同一种类别的样本点聚在一起。此时可能有人会问:这不是和分类模型一样吗? 刚刚接触聚类的读者难免会有这样一个疑问,即聚类和分类的区别在哪儿? 聚类算法的核心思想是将具有相似特征的事物聚在一起。也就是说,聚类算法最终只能告诉我们哪些样本属于同一个类别,而不能告诉我们这些样本具体属于什么类别。因此,聚类算法在训练过程中并不需要每个样本所对应的真实标签,而分类算法却不行。

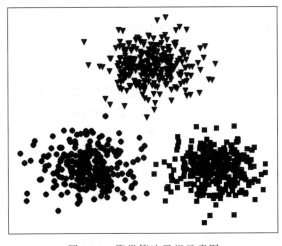

图 10-1　聚类算法思想示意图

假如这里有 100 个样本的病例数据(包含正样本和负样本),并且通过聚类算法聚类后可以将原始数据划分成两堆,其中一堆里面有 40 个样本且均为一个类别,而剩下的一堆里面有 60 个样本且也为同一个类别,但现在这两堆究竟哪一个代表正样例,哪一个代表负样例,这是聚类算法无法告诉我们的。同时,在聚类算法中这"堆"就被称为聚类后所得到的簇(Cluster)。

至此,笔者相信读者已经明白了聚类算法的核心思想。那么,聚类算法是如何完成这一过程的呢?

10.2　k-means 聚类算法

在 10.1 节中笔者介绍过,聚类的思想是将具有同种特征的样本聚在一起。换句话说,同一个簇中的样本点之间都具有高度的相似性,而不同簇中的样本点则具有较低的相似性,因此,聚类算法的本质又可被看成不同样本点间相似性的度量,聚类的目的就是将相似度较高的样本点放到一个簇中。

由于不同类型的聚类算法有着不同的聚类原理,以及相似性评判标准。下面笔者就先介绍聚类算法中最常用的 k-means 聚类算法。

10.2.1　算法原理

k-means 聚类算法也被称为 k 均值聚类,其主要原理为以下几点[①]:

(1) 随机选择 k 个样本点作为 k 个簇的初始簇中心。

(2) 计算每个样本点与这 k 个簇中心的相似度,并将该样本点划分到与之相似度最大的簇中心所对应的簇中。

(3) 根据每个簇中现有的样本,重新计算每个簇的簇中心。

(4) 循环迭代步骤(2)和步骤(3),直到目标函数收敛,即簇中心不再发生变化。

图 10-2 所示为 k-means 聚类过程的示例。在图 10-2 中,iter＝0 表示聚类过程尚未开始,即正确标签下的样本可视化结果(每种颜色表示一个类别),其中 3 个黑色圆点为随机初始化的 3 个簇中心。iter＝1 表示算法第 1 次迭代后的结果,可以看到此时的算法将左边原本 2 个簇的样本点都划分到了 1 个簇中,而右下角原本 1 个簇的样本点却被聚类成了 2 个簇。之后,k-means 聚类算法依次进行反复迭代,当第 4 次迭代完成后,可以发现 3 个簇中心基本上已经位于 3 个簇中了,被错分的样本也在逐渐减少。当进行完第 5 次迭代后,可以发现基本上已经完成了对整个样本的聚类处理,只需再迭代几次便可收敛。

从图 10-2 所示的聚类结果可以再次印证,聚类算法只会告诉我们哪些样本点属于同一个类别(同一个簇),但是无法告诉我们每个簇到底属于什么类别。以上就是 k-means 聚类算法在整个聚类过程中的变化情况,至于其具体的求解计算过程将在 10.3 节中进行介绍。

---

① 　PEDREGOSA. scikit-learn: Machine Learning in Python[J]. JMLR 12, 2011: 2825-2830.

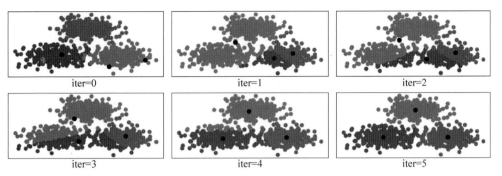

图 10-2 k-means 聚类原理示意图

10.2.2 k 值选取

经过上面的介绍,相信各位读者对于 k-means 聚类算法的基本原理已经有了一定的了解,但现在有一个问题,如何来确定聚类的 k 值呢? 也就是说,我们需要将数据集聚成多少个簇呢? 如果已经很明确数据集中存在多少个簇,则直接指定 k 值即可。如果并不知道数据集中有多少个簇,则需要结合另外一些办法进行选取,例如查看轮廓系数、多次聚类结果的稳定性等。

10.2.3 k-means 聚类示例代码

在 sklearn 中,可以通过语句 from sklearn. cluster import KMeans 来完成对 k-means 模型的导入。在这之后,我们仍旧可以通过前面介绍的 3 步走策略完成整个聚类任务。完整代码见 Book/Chapter10/01_kmeans_train. py 文件。

1. 载入数据集

在开始聚类之前,首先同样需要载入相应的数据集。在这个示例中,使用的依旧是 iris 数据集,载入代码如下:

```
from sklearn.datasets import load_iris
def load_data():
    data = load_iris()
    x, y = data.data, data.target
    return x, y
```

2. 训练模型

在完成数据集载入后则需要导入 sklearn 中的 k-means 聚类模型并进行聚类,代码如下:

```
from sklearn.cluster import KMeans
from sklearn.metrics.cluster import normalized_mutual_info_score
def train(x, y, K):
```

```
model = KMeans(n_clusters = K)
model.fit(x)
y_pred = model.predict(x)
nmi = normalized_mutual_info_score(y, y_pred)
print("NMI: ", nmi) # 0.758
```

在上述代码中,第 1 行用来导入 sklearn 中的 KMeans 聚类模型,第 2 行用来导入聚类评估指标,其范围为 0～1,值越大表示结果越好,这部分内容将在第 10.6 节中进行介绍,第 4 行代码则用来初始化 KMeans 模型,参数 n_clusters 表示指定数据集中的簇数量,第 5～8 行则用来分别进行聚类、预测和模型评估。

以上代码便是使用 sklearn 搭建一个聚类模型的全部代码,可以看到其过程其实非常简单,而这一切得益于 sklearn 的友好的接口设计风格。

10.2.4 小结

在本节中,笔者首先介绍了聚类算法的基本思想,然后以 k-means 聚类算法为例,介绍了其聚类过程并进行了可视化,最后还介绍了如何通过 sklearn 完成对 k-means 聚类模型的搭建。

10.3 k-means 算法求解

到目前为止,相信各位读者已经对 k-means 聚类算法的过程有了一个大致的了解,但是我们应该如何从数学的角度来对其进行描述呢? 正如笔者在介绍线性回归时所讲解的那样,对于聚类算法来讲我们同样应该找到一个目标函数来对聚类结果的好坏进行刻画。在上面笔者介绍过,聚类的本质可被看成不同样本间相似度比较的过程,把相似度较高的样本点放到一个簇中,而把相似度较低的样本点放到不同的簇。既然如此,应该怎么来衡量样本间的相似度呢? 一种最常见的做法当然是计算两个样本间的欧氏距离,即两个样本点离得越近就代表着两者间的相似度越高,并且这也是 k-means 聚类算法中的衡量标准。

因此,根据这样的准则就可以将 k-means 聚类算法的目标函数定义为所有样本点到其对应簇中心距离的总和,以此来刻画聚类结果的好坏程度。

10.3.1 k-means 算法目标函数

如图 10-3 所示,图(a)和图(b)为同一数据集的两种不同聚类结果,其中同种颜色表示聚类后被划分到同一个簇中,黑色圆点为聚类后的簇中心。从可视化结果来看,图(a)中的聚类结果肯定好于图(b)中的聚类结果。也就是说,可以通过最小化目标函数 $d = d_1 + d_2 + \cdots + d_{10}$ 来得到最优解。

设 $X = \{X_1, X_2, \cdots, X_n\}$ 为一个含有 n 个样本的数据集,其中第 i 个样本表示为 $X_i = \{x_{i1}, x_{i2}, \cdots, x_{im}\}$,$m$ 为样本特征的数量。样本分配矩阵 U 是一个 $n \times k$ 的 0-1 矩阵(只含有 0 和 1),u_{ip} 表示第 i 个样本被分到第 p 个簇中。$Z = \{Z_1, Z_2, \cdots, Z_k\}$ 为 k 个簇中心向量,其中 $Z_p = \{z_{p1}, z_{p2}, \cdots, z_{pm}\}$ 为第 p 个簇中心,则 k-means 聚类算法的目标函数可以写为

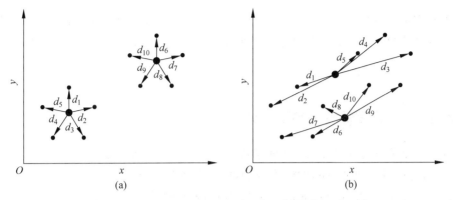

图 10-3　k-means 聚类目标函数图形

$$P(\boldsymbol{U},\boldsymbol{Z}) = \sum_{p=1}^{k}\sum_{i=1}^{n}\sum_{j=1}^{m} u_{ip}(x_{ij}-z_{pj})^2 \tag{10-1}$$

服从于约束条件

$$\sum_{p=1}^{k} u_{ip}=1 \tag{10-2}$$

虽然式(10-1)看起来稍微有点复杂,但是其表示的含义就是求各个样本点到其对应簇中心的距离和。由于一个数据集有多个簇,每个簇中有多个样本,每个样本又有多个维度,因此式(10-1)中就存在了 3 个求和符号。其次,笔者再以图 10-3 为例来简单讲一下分配矩阵 $\boldsymbol{U}$。由图 10-3(a)可知,数据集中一共有两个簇,并且假设前 5 个样本为一个簇,后 5 个样本为一个簇,则其对应的分配矩阵为

$$\boldsymbol{U}_{10\times 2} = \begin{bmatrix} 1 & 1 & 1 & 1 & 1 & 0 & 0 & 0 & 0 & 0 \\ 0 & 0 & 0 & 0 & 0 & 1 & 1 & 1 & 1 & 1 \end{bmatrix}^{\mathrm{T}} \tag{10-3}$$

10.3.2　求解簇中心矩阵 Z

同 SVM 求解一样,对于目标函数(10-1)的求解依旧借助于拉格朗日乘数法。由目标函数(10-1)可知,这里一共需要求解的未知参数包括两个:簇中心矩阵 $\boldsymbol{Z}$ 和簇分配矩阵 $\boldsymbol{U}$。

针对目标函数(10-1),关于变量 z_{pj} 求导可得

$$\frac{\partial P(\boldsymbol{U},\boldsymbol{Z})}{\partial z_{pj}} = -2\sum_{i=1}^{n} u_{ip}(x_{ij}-z_{pj}) \tag{10-4}$$

进一步,令式(10-4)为 0,有

$$\sum_{i=1}^{n} u_{ip}(x_{ij}-z_{pj})=0$$

$$\Rightarrow \sum_{i=1}^{n} u_{ip}x_{ij} = \sum_{i=1}^{n} u_{ip}z_{pj}$$

$$\Rightarrow z_{pj} = \frac{\displaystyle\sum_{i=1}^{n} u_{ip}x_{ij}}{\displaystyle\sum_{i=1}^{n} u_{ip}} \tag{10-5}$$

由此便得到了簇中心的计算公式(10-5)。这个公式有什么含义呢？其实就是求每个簇中样本点对应维度的平均值。例如某个簇中有 3 个样本点[1,2]、[2,3]、[4,6],则其簇中心为 $\frac{1}{3}[1+2+4,2+3+6]$。

10.3.3　求解簇分配矩阵 U

在求解得到簇中心矩阵 Z 后,该怎样求解分配矩阵呢？10.2 节笔者在介绍 k-means 聚类的思想时说过,聚类的本质可被看成不同样本间相似度比较的一个过程,把相似度较高的样本点放到一个簇,而把相似度较低的样本点放到不同的簇中,因此,对于每个样本点来讲,只需分别计算其与 k 个簇中心的距离(相似度),然后将其划分到与之相似度最高(距离最近)的簇中。也就是说,求解分配矩阵其实就是一个比较的过程,通过式(10-6)即可完成。

$$u_{ip}=\begin{cases}1, & \sum_{j=1}^{m}(x_{ij}-z_{pj})^2 \leqslant \sum_{j=1}^{m}(x_{ij}-z_{tj})^2, & 1 \leqslant t \leqslant k \\ 0, & 其他\end{cases} \tag{10-6}$$

式(10-6)的含义是,计算每个样本点到所有簇中心的距离,然后将其划分到离它最近的簇中。例如,若某个样本点到 3 个簇中心的距离分别是 5、2、8,则簇分配矩阵对应行为[0,1,0]。

10.3.4　小结

在本节中,笔者首先介绍了 k-means 聚类算法中的目标函数,并且以图示的形式解释了该目标函数背后的含义,最后介绍了如何通过拉格朗日乘数法来求解 k-means 聚类算法中的未知参数。

10.4　从零实现 k-means 聚类算法

通过 10.3 节内容的介绍,我们已经知道了 k-means 聚类算法中两个关键未知变量的计算公式,接下来需要完成的就是对其进行编码实现。在 10.2.1 节中笔者介绍过,聚类算法的步骤主要分为以下 4 个步骤:

(1) 随机选择 k 个样本点作为 k 个簇的初始簇中心。

(2) 计算每个样本点与初始簇中心的相似度大小,并将该样本点划分到与之相似度最大的簇中心所对应的簇中。

(3) 根据每个簇中现有的样本点,重新计算每个簇的簇中心。

(4) 循环迭代步骤(2)和步骤(3),直到目标函数收敛,即簇中心不再发生变化。

其中步骤(4)为循环迭代过程,因此整个聚类过程的关键在于前 3 步。接下来就开始分别对其实现。完整代码可以参见 Book/Chapter10/02_kmeans.py 文件。

10.4.1 随机初始化簇中心

k-means 聚类算法的簇中心由同时随机初始化 k 个簇中心得到,因此这里可以借助 Python 中的 random.sample()方法实现,代码如下:

```python
import random
def InitCentroids(X, K):
    n = X.shape[0]
    rands_index = np.array(random.sample(range(1, n), K))
    centroid = X[rands_index, :]
    return centroid
```

在上述代码中,第 3 行用来得到数据集 X 中一共有多少个样本点,第 4 行用来在数值[1,n]中随机取 k 个不重复的值,第 5 行则是以第 4 行得到的 k 个值为下标,在数据集中取对应的 k 个样本点,即簇中心。

10.4.2 簇分配矩阵实现

对于簇分配矩阵的实现,根据式(10-6)可知,只需先遍历每个样本点,然后计算其到每个簇中心的聚类,选择较近的,实现代码如下:

```python
def findClostestCentroids(X, centroid):
    n = X.shape[0]
    idx = np.zeros(n, dtype = int)
    for i in range(n):
        subs = centroid - X[i, :]
        dimension2 = np.power(subs, 2)
        dimension_s = np.sum(dimension2, axis = 1)
        idx[i] = np.where(dimension_s == dimension_s.min())[0][0]
    return idx
```

在上述代码中,第 3 行用来初始化 1 个全 0 的 n 维向量,第 4～8 行用来分别遍历每个样本点,然后计算其到所有簇中心的距离,最后选择与之距离最近的簇中心。同时,需要注意的是,在实际的编码过程中其实并不需要通过一个形状为 n×k 的分配矩阵来存储每个样本的分配信息。只需将每个簇进行类别编号,然后对每个样本点赋予一个对应的编号,因此,在上述代码中返回的 idx 就是每个样本点距离其最近簇的簇编号。例如 idx=[0,1,2] 表示这 3 个样本点分别属于第 0 个簇、第 1 个簇和第 2 个簇。

10.4.3 簇中心矩阵实现

对于簇中心矩阵的计算,根据式(10-5)可知,只需先遍历 k 个簇,然后分别计算每个簇中所有样本点的平均中心,实现代码如下:

```
def computeCentroids(X, idx, K):
    n, m = X.shape
    centroid = np.zeros((K, m), dtype = float)
    for k in range(K):
        index = np.where(idx == k)[0]          # 一个簇一个簇地分开计算
        temp = X[index, :]                      # 每次先取出一个簇中的所有样本
        s = np.sum(temp, axis = 0)              # 计算一个簇中每个特征维度的累加和
        centroid[k, :] = s / index.shape[0]     # 计算得到每个特征维度的均值
    return centroid
```

在上述代码中,第 3 行用来初始化一个全 0 的簇中心矩阵,第 4～8 行分别用来遍历每个簇,然后计算每个簇的簇中心并将其保存到簇中心矩阵中。

10.4.4　聚类算法实现

在分别实现了上述 3 个步骤的编码后就可以将其结合在一起完成整个 k-means 聚类算法的聚类过程,代码如下:

```
def kmeans(X, K, max_iter = 200):
    centroids = InitCentroids(X, K)
    idx = None
    for i in range(max_iter):
        idx = findClostestCentroids(X, centroids)
        centroids = computeCentroids(X, idx, K)
    return idx
```

在上述代码中,第 2 行用来得到随机初始化的 k 个簇中心点,第 4～6 行则用来反复迭代 k-means 聚类算法中的第(2)步和第(3)步。接下来,通过调用函数 kmeans()便可以得到聚类后的结果,代码如下:

```
if __name__ == '__main__':
    x, y = load_data()
    K = len(np.unique(y))
    y_pred = kmeans(x, K)
    nmi = normalized_mutual_info_score(y, y_pred)
    print("NMI by ours: ", nmi) # 0.758
```

在上述代码中,第 3 行用来得到数据集中有多少个类别,即簇数量。

至此,对于整个 k-means 聚类算法的原理及实现过程就介绍完了。

10.4.5　小结

在本节中,笔者首先分别介绍了如何使用 Python 编码实现 k-means 聚类算法中的每一步,包括随机初始化簇中心的实现、簇分配矩阵的实现及簇中心矩阵的实现,最后介绍了

如何将上述过程组合起来实现一个完整的k-means聚类算法。

10.5　k-means++聚类算法

在前面几节内容中,笔者介绍了什么是聚类算法,并且还介绍了聚类算法中应用最为广泛的k-means聚类算法。从k-means聚类算法的原理可知,k-means在正式聚类之前首先需要完成的就是初始化k个簇中心。同时,也正是因为这个原因使k-means聚类算法存在着一个巨大的缺陷——收敛情况严重依赖于簇中心的初始化状况。试想一下,如果在初始化过程中很不巧地将k个(或大多数)簇中心都初始化到同一个簇中,则在这种情况下k-means聚类算法很大程度上都不会收敛到全局最优解。也就是说,当簇中心初始化的位置不合适时,聚类结果将会出现严重错误。

如图10-4所示的聚类过程仍旧是通过k-means聚类算法在10.2节中所用到的人造数据集上得到的聚类结果。只不过不同的是在进行聚类时人为地将3个簇中心初始化到同一个簇中了。在图10-4中,iter=0表示未开始聚类前根据每个样本的真实簇标签所展示的结果,其中蓝色、绿色和橙色分别表示3个簇的分布情况,而3个黑色圆点为初始化的簇中心。从图10-4中可以发现,k-means在进行完第10次迭代后,将最上面的1个簇划分为了2个簇,将下面的2个簇划分成了1个簇。同时,当进行完第30次迭代后,可以发现算法已经开始收敛,但后续簇中心却没有发生任何变化,因此最终的结果仍旧是将上面1个簇分为2个簇,将下面的2个簇划分为1个簇。

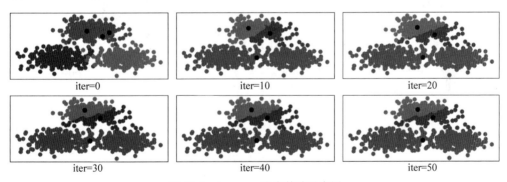

图10-4彩图

图10-4　k-means聚类弊端示意图

通过上面这个例子可以知道,初始簇中心的位置会严重影响k-means聚类算法的最终结果。对于这种情况,该怎样在最大程度上避免?此时就要轮到k-means++算法登场了。

10.5.1　算法原理

k-means++[1],仅从名字也可以看出它是k-means聚类算法的改进版。不过,它又在哪

[1]　Arthur D,Vassilvitskii S. k-means++:The advantages of careful seeding[R]. Stanford,2006.

些地方对 k-means 进行了改进呢？一言以蔽之，k-means++ 算法仅仅在初始化簇中心的方式上做了改进，其他地方同 k-means 聚类算法一样。将 k-means++ 在初始化簇中心时的方法总结成一句话就是：逐个选取 k 个簇中心，并且离其他簇中心越远的样本点越有可能被选为下一个簇中心。其具体做法如下：

（1）从数据集 X 中随机（均匀分布）选取一个样本点作为第 1 个初始聚类中心 c_1。

（2）接着计算每个样本点 $x \in X$ 与当前已有聚类中心之间的最短距离，并用 $D(x)$ 表示，然后计算每个样本点 $x' \in X$ 被选为下一个聚类中心的概率，并选择最大概率值所对应的样本点作为下一个簇中心 c_i。

$$c_i = \underset{x'}{\operatorname{argmax}} \frac{D(x')^2}{\sum_{x \in X} D(x)^2} \tag{10-7}$$

（3）重复第（2）步，直到选择出 k 个聚类中心。

从式（10-7）可以看出，整个选择过程是先计算每个样本到各个簇的最小距离，然后选择所有最小距离中的最大距离，即先求最小化再求最大化，有点类似于 SVM 中的思想。同时，在实际计算时并不用计算这个概率，因为分母为一个常数。只需计算这个距离，即距离现有簇中心越远的样本点，越可能被选为下一个簇中心。

10.5.2 计算示例

在上面的内容中，笔者已经介绍了 k-means++ 聚类算法在初始化簇中心时的具体步骤。不过，为了能够使读者理解得更加清楚，下面笔者就通过一个例子来实际演示一下簇中心的选择过程。

图 10-5 显示了一个人为制作的模拟数据集。可以很明显地看出该数据集一共包含 3 个簇，这就意味着在聚类之前需要初始化 3 个簇中心。现在假设 k-means++ 算法第 1 步选择

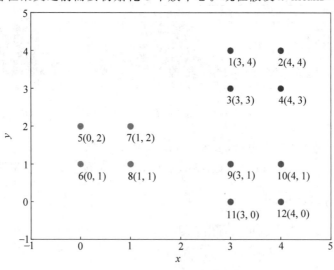

图 10-5　模拟样本点分布

的是将 7 号样本点 (1,2) 作为第 1 个初始聚类中心,那么在进行第 2 个簇中心的查找时就需要计算所有样本点到 7 号样本点的距离。

根据计算可得到 7 号样本点到其他所有样本点的距离,如表 10-1 所示。

表 10-1　k-means++簇中心计算表(一)

编号	1	2	3	4	5	6	7	8	9	10	11	12
$D(x)^2$	8	13	5	10	1	2	0	1	5	10	8	13

从表 10-1 中的结果可以看出,离 7 号样本点最远的是 2 号和 12 号样本点(当然从图 10-5 中也可以看出),因此 k-means++就会选择 2 号(也可以是 12 号)样本点为下一个聚类中心。接着,再次重复步骤(2)又可以得到如表 10-2 所示的结果。

表 10-2　k-means++簇中心计算表(二)

编号	1	2	3	4	5	6	7	8	9	10	11	12
$D(x)^2$	1	0	2	1	1	2	0	1	5	9	8	13

从表 10-2 中的结果可以看出,同时离 2 号和 7 号样本点最远的是 12 号样本点,所以 k-means++算法选择的下一个簇中心为 12 号样本点。进一步,可以得到如图 10-6 所示的可视化结果。

从图 10-6 可以看出,k-means++算法在每次选择簇中心时,离当前已有簇中心越远的样本点越可能被选中,即作为下一个簇中心,从而避免所有簇中心出现在同一个簇中的情况。

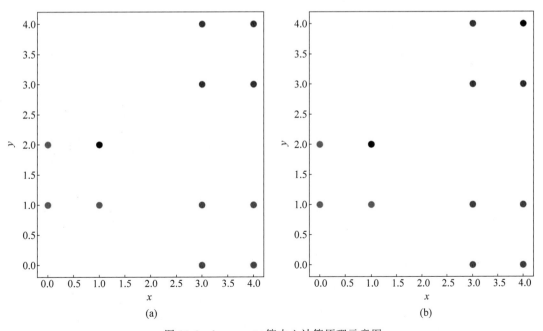

图 10-6　k-means++簇中心计算原理示意图

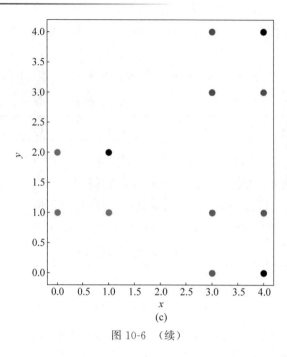

图 10-6　（续）

至此，对于 k-means++ 算法的簇中心选择原理就介绍完了。同时需要说明的是，sklearn 中 k-means 聚类算法的默认簇中心初始化方式也是通过 k-means++ 的原理实现的，通过参数 init＝'k-means++'进行控制。接下来，笔者再来介绍如何通过 Python 编码实现这一个过程。

10.5.3　从零实现 k-means++ 聚类算法

由于 k-means++ 算法仅仅在簇中心初始化方法上做了改变，因此只需重写该函数。完整示例代码参见 Book/Chapter10/03_kmeanspp.py 文件，代码如下：

```python
def InitialCentroid(x, K):
    c0_idx = int(np.random.uniform(0, len(x)))
    centroid = x[c0_idx].reshape(1, -1)              # 选择第 1 个簇中心
    k, n = 1, x.shape[0]
    while k < K:
        d2 = []
        for i in range(n):
            subs = centroid - x[i, :]
            dimension2 = np.power(subs, 2)
            dimension_s = np.sum(dimension2, axis=1)  # sum of each row
            d2.append(np.min(dimension_s))
        new_c_idx = np.argmax(d2)                     # 确定索引
        centroid = np.vstack([centroid, x[new_c_idx]])  # 取下一个簇中心
        k += 1
    return centroid
```

在上述代码中,第 2 和 3 行用来随机从数据集中取第 1 个簇中心,第 7～11 行用来遍历每个样本点到当前已有簇中心的距离,并选择其中的最短距离进行保存,第 12 和 13 行用来确定当前样本中距离已有簇中心最远的样本点作为下一个簇中心。在实现完这部分代码后,便可以同 k-means 算法中已有的代码组合,以此得到 k-means++ 算法的实现代码。

最终,如果再次将 10.2 节中的人为模拟数据以 k-means++ 算法进行聚类,则可以得到如图 10-7 所示的可视化结果。

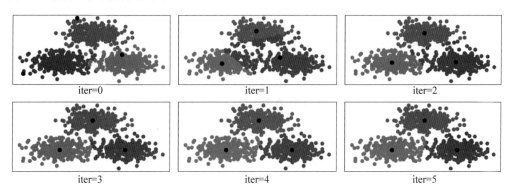

图 10-7 彩图

图 10-7 k-means++聚类结果

从图 10-7 中可以明显看到,在初始化的簇中心结果中各个簇中心彼此相距得都十分远,从而不可能再发生初始簇中心都在同一个簇中的情况,因此就更不会出现图 10-4 中的情况。到此为止就介绍完了 k-means++聚类算法的主要思想。

10.5.4 小结

在本节中,笔者首先介绍了 k-means 聚类算法在初始化簇中心时的弊端,并以图示的方式进行了说明;接着介绍了 k-means++ 聚类算法对初始化簇中心的改进,以及其对应的原理;最后介绍了如何通过 Python 编码实现 k-means++ 算法中的簇中心初始化方法,同时还对聚类结果进行了可视化。

10.6 聚类评估指标

经过前面几节内容的介绍,相信各位读者对于聚类算法已经有了一定的了解。不过正如之前介绍的分类算法模型一样,对于聚类算法来讲同样也会通过一些评价指标来衡量聚类算法的优与劣。在聚类任务中,常见的评价指标有纯度(Purity)、兰德系数(Rand Index,RI)、F 值(F-score)和调整兰德系数(Adjusted Rand Index,ARI)。同时,这 4 种评价指标也是聚类相关论文中出现得最多的评价方法。下面,笔者就来对这 4 种指标一一进行介绍。

假设现在有一批文档,一共包含叉形、圆形与菱形 3 个类别。此时需要对其进行聚类处理,并且现在某聚类算法的聚类结果如图 10-8 所示。

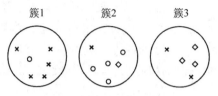

图 10-8　文档聚类结果

从图 10-8 可知,该聚类算法将所有的文本一共划分成了 3 个簇。面对这样的聚类结果,应该怎样来对其进行评判呢?

10.6.1　聚类纯度

在聚类结果的评估标准中,一种最简单最直观的方法就是计算它的聚类纯度(Purity)。别看纯度听起来很陌生,但实际上和分类问题中的准确率有着异曲同工之妙。因为聚类纯度的总体思想也用聚类正确的样本数除以总的样本数,因此它也经常被称为聚类的准确率。只是对于聚类后的结果我们并不知道每个簇所对应的真实类别,因此需要取每种情况下的最大值。具体地,将纯度的计算公式定义为[①]

$$P = (\Omega, C) = \frac{1}{N} \sum_k \max_j | \omega_k \bigcap c_j | \tag{10-8}$$

其中,N 表示总的样本数;$\Omega = \{\omega_1, \omega_2, \cdots, \omega_K\}$ 表示一个个聚类后的簇;而 $C = \{c_1, c_2, \cdots, c_j\}$ 表示正确的类别;ω_k 表示聚类后第 k 个簇中的所有样本;c_j 表示第 j 个类别的真实样本数。在这里 P 的取值范围为 $[0,1]$,其值越大表示聚类效果越好。

有了式(10-8)后就可以通过它来计算图 10-8 中聚类结果的纯度。对于第 1 个簇来讲,$|\omega_1 \bigcap c_1| = 5, |\omega_1 \bigcap c_2| = 1, |\omega_1 \bigcap c_3| = 0$,可以看出此时假设 c_1 对应的是叉形、c_2 对应的是圆形、c_3 对应的是菱形(这个对应顺序没有任何关系),因此第 1 个簇聚类正确的样本数为 5。同理,按照这样的方法可以计算得到第 2 个簇和第 3 个簇聚类正确的样本数分别为 4 和 3,所以对于图 10-8 所示的聚类结果来讲,其最终的纯度为

$$P = \frac{5 + 4 + 3}{17} \approx 0.706 \tag{10-9}$$

10.6.2　兰德系数与 F 值

在介绍完纯度这一评价指标后,我们再来看一看兰德系数(Rand Index)和 F 值。虽然兰德系数听起来是一个陌生的名词,但它的计算过程却与准确率的计算过程类似。同时,虽然这里也有一个叫作 F 值的指标,并且它的计算过程也和分类指标中的 F 值类似,但是两者却有着本质的差别。讲了这么多,这两个指标到底该怎么算呢?同分类问题中的混淆矩阵类似,这里也要先定义 4 种情况以便进行计数,然后进行指标的计算。

---

① https://nlp.stanford.edu/IR-book.

1. 计算原理

为了说明兰德系数背后的思想,笔者这里还是以图 10-8 中的聚类结果为例进行说明。现在请各位读者想象一下,把这 3 个簇想象成 3 个黑色的布袋。对于任意一个布袋来讲: ①如果从里面任取两个样本均是同一个类别,这就表示这个布袋中的所有样本都算作是聚类正确的。②相反,如果取出来后发现存在两个样本不是同一类别的情况,则说明存在着聚类错误的情况。其次,对于任意两个布袋来讲。③如果任意从两个布袋中各取一个样本后发现两者均是不同类别的,这就表示两个布袋中的样本都被聚类正确了。④相反,如果发现取出来的两个样本存在相同的情况,则说明此时也存在着聚类错误的情况。各位读者想一想,此时应该再也找不出第 5 种情况了。由此,可以做出如下定义。

TP:表示两个同类样本点在同一个簇(布袋)中的情况数量。

FP:表示两个非同类样本点在同一个簇中的情况数量。

TN:表示两个非同类样本点分别在两个簇中的情况数量。

FN:表示两个同类样本点分别在两个簇中的情况数量。

由此,根据图 10-8 所示的聚类结果便可以得到如表 10-3 所示的对混淆矩阵(Pair Confusion Matrix)。

表 10-3 对混淆矩阵

类 型	同 簇	非 同 簇
同类	TP=20	FN=24
非同类	FP=20	TN=72

其中表 10-3 里 TP=20 的含义是在所有簇的任一簇中任取两个样本均是同一类别的情况总数。TN=72 则表示在所有簇的任两簇中各取一个样本均不是同一类别的情况总数。

有了上面各种情况的统计值后便可以定义出兰德系数和 F 值的计算公式为[①]

$$RI = \frac{TP + TN}{TP + FP + FN + TN} \tag{10-10}$$

$$Precision = \frac{TP}{TP + FP} \tag{10-11}$$

$$Recall = \frac{TP}{TP + FN} \tag{10-12}$$

$$F_\beta = (1 + \beta^2) \frac{Precision \cdot Recall}{\beta^2 \cdot Precision + Recall} \tag{10-13}$$

从上面的计算公式来看,式(10-10)~式(10-13)从形式上看都非常像分类问题中的准确率与 F 值,但是有着本质的区别。同时,在这里 RI 和 F_β 的取值范围均为[0,1],取值越

[①] https://nlp.stanford.edu/IR-book.

大表示聚类效果越好。

2. 计算过程

同时,根据式(10-10)~式(10-13)就能够计算得到图 10-8 中聚类结果的兰德系数和 F_1 值分别为

$$RI = \frac{20 + 72}{20 + 20 + 24 + 72} \approx 0.68$$

$$Precision = \frac{20}{20 + 20} = 0.5$$

$$Recall = \frac{20}{20 + 24} \approx 0.46$$

$$F_1 = 2 \times \frac{0.5 \times 0.46}{0.5 + 0.46} \approx 0.48$$

现在最后的结果计算完了,但还有一个疑问没有解决,即表 10-3 中各个情况下的值到底是怎么得来的。下面笔者就来对每个值进行计算。

(1) TP 表示两个同类样本点在同一个簇中的情况数量,因此根据图 10-8 中的聚类结果有

$$TP = \binom{5}{2} + \binom{4}{2} + \binom{3}{2} + \binom{2}{2} = 20 \tag{10-14}$$

其分别表示的含义是,对于簇 1 来讲从 5 个叉形中取 2 个的情况;对于簇 2 来讲从 4 个圆形中取 2 个的情况;对于簇 3 来讲从 3 个菱形中取 2 个及从 2 个叉形中取 2 个的情况。

在计算完成 TP 后,我们发现其他 3 种情况都无法单独地进行计算(因为都是交叉混合的情况),因此可以同时计算多种组合下的情况数。

(2) 由 4 种情况的定义可知,TP+FP 表示的是同一簇中任取两个样本点的情况数(包含了同类和非同类),因此根据图 10-8 中的聚类结果有

$$TP + FP = \binom{6}{2} + \binom{6}{2} + \binom{5}{2} = 40 \tag{10-15}$$

(3) 同理,TP+FN 表示的是任意两个同类样本点分布在同一簇和非同一簇的所有情况的总和,所以有

$$TP + FN = \binom{8}{2} + \binom{5}{2} + \binom{4}{2} = 44 \tag{10-16}$$

其分别表示的含义是,对于叉形样本来讲从 8 个中任取 2 个就包含了任意 2 个样本点在同一簇中和不在同一簇中的所有情况,其他两个类别的含义类似。

(4) 同时,根据前面的分析可知,对于聚类后的结果(如图 10-8 所示)不管是在某一个簇中任取 2 个样本,还是在任意不同的 2 个簇中各取 1 个样本,所有可能出现的情况都只有上面的 4 种情况,所以有

$$TP + FP + TN + FN = \binom{17}{2} = 136 \tag{10-17}$$

由此,根据式(10-14)~式(10-17)便可以分别计算出

$$TP=20, \quad FP=20, \quad FN=24, \quad FN=72$$

当然,计算的思路也不止一种,同样还可以用其他的方法来计算。

10.6.3 调整兰德系数

调整兰德系数是兰德系数的一个改进版本,其目的是为了去掉随机标签对于兰德系数评估结果的影响。例如对于图 10-8 中的 17 个样本,如果随机将每个样本都划到一个簇中(也就是 17 个簇),则其计算出来的兰德系数仍旧为 0.68,此时的 $TP=0,FP=0,FN=44,TN=92$。具体的 ARI 该怎么计算呢?下面笔者还是以图 10-8 中的聚类结果为例进行讲解。

如图 10-9 所示,X 表示聚类算法认为的结果,而 Y 表示根据正确标签标记后的结果。换句话说,聚类算法之所以把这些样本划到一个簇中,就是因为算法觉得它们应该在一个簇中,也就是 X 所呈现的结果是站在算法的角度,而 Y 则是根据正确标签标记后的结果,指出了 X 中每个簇哪些样本是划分错误的情况,即站在已知标签的角度。

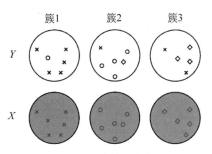

图 10-9 聚类结果与标签

因此,根据聚类得到的结果和真实标签便可以得到如下所示的列联表(Contingency Table):

$$
\begin{array}{c|ccccc}
 & Y_1 & Y_2 & \cdots & Y_s & \text{sums} \\
\hline
X_1 & n_{11} & n_{12} & \cdots & n_{1s} & a_1 \\
X_2 & n_{21} & n_{22} & \cdots & n_{2s} & a_2 \\
\vdots & \vdots & \vdots & \ddots & \vdots & \vdots \\
X_r & n_{r1} & n_{r2} & \cdots & n_{rs} & a_r \\
\text{sums} & b_1 & b_2 & \cdots & b_s &
\end{array}
\tag{10-18}
$$

其中 $X=\{X_1,X_2,\cdots,X_r\}$ 表示聚类得到 r 个簇的集合,而 $Y=\{Y_1,Y_2,\cdots,Y_s\}$ 表示根据正确标签对聚类结果修正后的集合,n_{ij} 表示 X_i 与 Y_j 相交部分的样本数量,即 $n_{ij}=|X_i \bigcap Y_j|$。

根据这张列联表便能够得到 ARI 的计算公式[1][2]为

$$\text{ARI} = \frac{\sum_i \sum_j \binom{n_{ij}}{2} - \left[\sum_i \binom{a_i}{2} \sum_j \binom{b_j}{2} \right] / \binom{n}{2}}{\frac{1}{2} \left[\sum_i \binom{a_i}{2} + \sum_j \binom{b_j}{2} \right] - \left[\sum_i \binom{a_i}{2} \sum_j \binom{b_j}{2} \right] / \binom{n}{2}} \tag{10-19}$$

其中 ARI 的取值范围为$[-1,1]$,取值越大也就表示聚类效果越好。

虽然上面这张表和公式看起来很复杂,但其实只要看一遍具体的计算过程便能理解。根据图 10-9 的结果便能得到如下所示的列联表:

	Y_1	Y_2	Y_3	sums
X_1	5	1	2	$a_1 = 8$
X_2	1	4	0	$a_2 = 5$
X_3	0	1	3	$a_3 = 4$
sums	$b_1 = 6$	$b_2 = 6$	$b_3 = 5$	

$$\tag{10-20}$$

根据此表可得

$$\sum_i \sum_j \binom{n_{ij}}{2} = \binom{5}{2} + \binom{2}{2} + \binom{4}{2} + \binom{3}{2} = 20$$

$$\sum_i \binom{a_i}{2} = \binom{8}{2} + \binom{5}{2} + \binom{4}{2} = 44 \tag{10-21}$$

$$\sum_j \binom{b_j}{2} = \binom{6}{2} + \binom{6}{2} + \binom{5}{2} = 40$$

所以有

$$\text{ARI} = \frac{20 - 44 \times 40 \div 136}{0.5 \times (44 + 40) - 44 \times 40 \div 136} = \frac{120}{494} \approx 0.24$$

同时,根据式(10-21)各部分的意义我们还可以将式(10-19)改写为

$$\text{ARI} = \frac{2 \times (\text{TP} \cdot \text{TN} - \text{FN} \cdot \text{FP})}{(\text{TP} + \text{FN})(\text{FN} + \text{TN}) + (\text{TP} + \text{FP})(\text{FP} + \text{TN})} \tag{10-22}$$

至此,对于聚类算法中常见评价指标的原理就介绍完了。下面再来看一看如何通过 Python 编码实现上述计算过程。

10.6.4　聚类指标示例代码

1. 聚类纯度

对于如何实现聚类纯度的代码,其关键在于:①找到每个聚类标签所对应的真实样本;

---

① https://en.wikipedia.org/wiki/Rand_index.

② PEDREGOSA. scikit-learn：Machine Learning in Python[J]. JMLR 12,2011：2825-2830.

②统计真实样本中每个类别的样本数,并取最大值。具体代码如下:

```
def accuracy(labels_true, labels_pred):
    clusters = np.unique(labels_pred)
    labels_true = np.reshape(labels_true, (-1, 1))
    labels_pred = np.reshape(labels_pred, (-1, 1))
    count = []
    for c in clusters:
        idx = np.where(labels_pred == c)[0]
        labels_tmp = labels_true[idx, :].reshape(-1)
        count.append(np.bincount(labels_tmp).max())
    return np.sum(count) / labels_true.shape[0]
```

在上述代码中,第1行用来确定预测结果中的簇数量,第7行用来查找每个聚类标签所对应的真实样本的索引,第8行则用来取对应的真实样本,第9行用来计算当前簇中每个真实类别的样本数并取最大值。

2. 兰德系数与 *F* 值

通过 10.6.3 节内容可知,计算兰德系数、*F* 值和调整兰德系数的关键就在于得到这个对混淆矩阵。不过好在 sklearn 中已经有了现成的方法,这里直接使用就行了。3 个指标的实现方法代码如下:

```
from sklearn.metrics.cluster import pair_confusion_matrix
def get_rand_index_and_f_measure(labels_true, labels_pred, beta=1.):
    (tn, fp), (fn, tp) = pair_confusion_matrix(labels_true, labels_pred)
    ri = (tp + tn) / (tp + tn + fp + fn)
    ari = 2. * (tp * tn - fn * fp)/((tp + fn) * (fn + tn) + (tp + fp) * (fp + tn))
    p, r = tp / (tp + fp), tp / (tp + fn)
    f_beta = (1 + beta ** 2) * (p * r / ((beta ** 2) * p + r))
    return ri, ari, f_beta
```

在上述代码中,第1行用来导入 sklearn 中计算对混淆矩阵的函数,第3行用来计算得到对混淆矩阵,第4~5行分别用来计算兰德系数和调整兰德系数,第6~7行用来计算 *F* 值。这样,根据上述代码就能够计算得到相应的聚类评估指标,完整代码见 Book/Chapter10/04_metrics.py 文件,代码如下:

```
if __name__ == '__main__':
    y_pred = [1, 1, 1, 1, 1, 1, 0, 0, 0, 0, 0, 0, 2, 2, 2, 2, 2]
    y_true = [0, 0, 0, 0, 0, 1, 1, 1, 1, 1, 0, 2, 2, 2, 2, 0, 0]
    purity = accuracy(y_true, y_pred)
    ri, ari, f_beta = get_rand_index_and_f_measure(y_true, y_pred, beta=1.)
    print(f"purity:{purity}\nri:{ri}\nari:{ari}\nf_measure:{f_beta}")
# 结果
purity:0.7058823529411765
```

```
ri:0.6764705882352942
ari:0.242914979757085
f_measure:0.47619047619047616
```

10.6.5　小结

在本节中,笔者首先详细介绍了 4 种常见的聚类评价指标的基本原理和详细的计算步骤,包括纯度、F 值、兰德系数和调整兰德系数,然后介绍了如何通过 Python 代码实现各个评价指标的计算,最后以一个模拟的聚类结果为例,演示了如何调用编写完成的代码来计算各个评估指标。

10.7　加权 k-means 聚类算法

在前面几节内容中,笔者首先介绍了 k-means 聚类算法的原理,然后介绍了一种基于 k-means 进行改进的 k-means++ 聚类算法,该算法的改进点在于依次初始化 k 个簇中心,最大程度上使不同的簇中心彼此之间相距较远,从而避免了各个簇中心出现在同一簇中的情况。接下来,笔者将继续介绍另外一种基于 k-means 改进的聚类算法——加权 k-means 聚类算法。它的改进点又在哪儿呢?

10.7.1　引例

想象一下这样一个场景,假设现在手中有一个数据集,里面包含 3 个特征维度,但是,对于簇结构起决定性作用的只有其中 2 个维度,也就是说其中有一个维度是噪声维度。在这种情况下采用 k-means 聚类算法进行聚类会产生什么样的结果呢?

现在我们人为地来构造一个数据集,其一共包含 3 个明显的簇结构,可视化后的结果如图 10-10 所示。

图 10-10 彩图

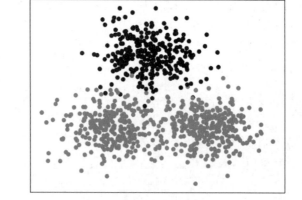

图 10-10　不含有噪声维度的样本

进一步,在图 10-10 所示的数据集中再加入一个噪声维度,这样便得到了另外一个新的数据集,其可视化结果如图 10-11 所示,其中左右两边为不同视角下的结果。

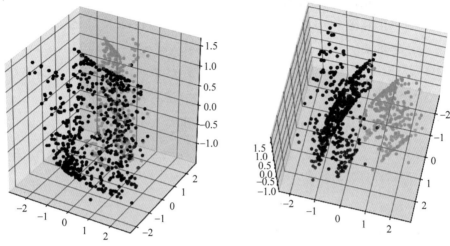

图 10-11 彩图

图 10-11　含有噪声维度的样本

此时,对于图 10-11 中的结果,人眼几乎已经无法分辨其中所存在的簇结构。如果此时通过聚类对其进行聚类会出现什么样的结果呢? 在通过 k-means 算法对其进行聚类后发现,此时的 ARI 结果已经从 0.912 骤然降到了 0.721(完整示例代码可参见 Book/Chapter10/05_visualization_wkmeans.py 文件)。为什么混入噪声维度后 k-means 聚类算法就不怎么管用了呢?

假如现在有两个簇中心 $c_1 = [2,3]$ 和 $c_2 = [3,5]$,样本点 $x = [4,4]$。在这种情况下 $d_{xc_1}^2 = 5$ 大于 $d_{xc_2}^2 = 2$,因此样本点 x 应该被划入簇 c_2 中,但如果此时加入一列噪声维度,变成 $c_1 = [2,3,2]$ 和 $c_2 = [3,5,9]$,样本点变成 $x = [4,4,1]$。那么在这样的情况下 $d_{xc_1}^2 = 6$ 就会小于 $d_{xc_2}^2 = 66$,此时 x 就会被错误地划分到簇 c_1 中。

可以发现,正是由于噪声维度的出现,使 k-means 聚类算法在计算样本间的距离时把噪声维度所在的距离也一并地考虑到了结果中,最终导致聚类精度下降。有没有什么好的办法解决这个问题,使在聚类过程中尽量忽略噪声维度的影响呢? 当然有,答案就是给每个特征维度赋予一个权重。

10.7.2　加权 k-means 聚类算法思想

加权 k-means 聚类算法出自于 2005 年的一篇论文[①]。这篇论文的核心思想就是给每个特征维度初始化一个权重值,等到目标函数收敛时噪声维度所对应的权重就会趋于 0,从

---

① J. Z. Huang, Automated variable weighting in k-means type clustering, in IEEE Transactions on Pattern Analysis and Machine Intelligence.

而使在计算样本间的距离时能够尽可能地忽略噪声维度的影响。

在上面的例子中,如果给算法 $\boldsymbol{W} = [w_1, w_2, w_3] = [0.49, 0.49, 0.02]$ 这样一个特征权重,并且在计算样本间距离的时候考虑的是加权距离,则有

$$d^2_{xc_1} = 0.49 \times (4-2)^2 + 0.49 \times (4-3)^2 + 0.02 \times (1-2)^2 = 2.47$$

$$d^2_{xc_2} = 0.49 \times (4-3)^2 + 0.49 \times (4-5)^2 + 0.02 \times (1-9)^2 = 2.26$$

此时可以发现,在特征权重的作用下,加权后的距离 $d^2_{xc_1}$ 仍旧大于 $d^2_{xc_2}$,x 依然会被划分到簇 c_2 中,因此也就避免了被划分错误的情况。

10.7.3　加权 k-means 聚类算法原理

讲了这么多,那么加权 k-means 聚类算法是如何实现这个想法的呢? 具体地,加权 k-means 聚类算法的目标函数为

$$P(\boldsymbol{U}, \boldsymbol{Z}, \boldsymbol{W}) = \sum_{p=1}^{k} \sum_{i=1}^{n} u_{ip} \sum_{j=1}^{m} w_j^{\beta} (x_{ij} - z_{pj})^2 \tag{10-23}$$

服从于约束条件

$$\sum_{p=1}^{k} u_{ip} = 1; \quad \sum_{j=1}^{m} w_j = 1 \tag{10-24}$$

从目标函数(10-23)可以发现,相较于原始的 k-means 聚类算法,加权 k-means 聚类算法仅仅在目标函数中增加了一个权重参数 w_j^{β}。它的作用在于,在最小化整个簇内距离时计算的是每个维度的加权距离和,即通过不同的权重值来调节每个维度对聚类结果的影响,并且,当 $\beta = 0$ 时,目标函数式(10-23)也就退化到了 k-means 聚类算法的目标函数。

10.7.4　加权 k-means 聚类算法迭代公式

根据目标函数式(10-23)可知,其一共包含 3 个需要求解的参数 $\boldsymbol{U}$、$\boldsymbol{Z}$ 和 $\boldsymbol{W}$。在这里,笔者先直接给出每个参数的迭代计算公式,具体的求解过程将在 10.7.6 节中进行介绍。

1. 簇分配矩阵 $\boldsymbol{U}$

$$u_{ip} = \begin{cases} 1, & w_j^{\beta} \sum_{j=1}^{m} (x_{ij} - z_{pj})^2 \leqslant w_j^{\beta} \sum_{j=1}^{m} (x_{ij} - z_{tj})^2, \quad \text{for } 1 \leqslant t \leqslant k \\ 0, & \text{其他} \end{cases} \tag{10-25}$$

从式(10-25)可以看出,其与 k-means 中簇分配矩阵计算方式的差别在于每个维度在计算距离时考虑了权重。

2. 簇中心矩阵 $\boldsymbol{Z}$

$$z_{pj} = \frac{\sum_{i=1}^{n} u_{ip} x_{ij}}{\sum_{i=1}^{n} u_{ip}} \tag{10-26}$$

可以发现,加权 k-means 聚类算法中的簇中心矩阵计算方法同 k-means 相比并没有发

生变化。

3. 权重矩阵 W

$$w_j = \frac{1}{\sum\limits_{t=1}^{m}\left[\dfrac{D_j}{D_t}\right]^{\frac{1}{\beta-1}}}, \quad \beta > 1 \text{ 或 } \beta \leqslant 0 \tag{10-27}$$

其中

$$D_j = \sum_{p=1}^{k}\sum_{i=1}^{n} u_{ip}(x_{ij} - z_{pj})^2 \tag{10-28}$$

可以看出，D_j 其实就是所有样本点在第 j 个维度上的距离和。

在得到每个参数的迭代公式后，便可以写出整个加权 k-means 聚类算法的工作流程：

（1）首先随机初始化 k 个簇中心，并初始化一个 m 维的权重向量。

（2）然后根据式(10-25)计算每个样本点与初始化簇中心的相似度大小，并将该样本点划分到与之相似度最大的簇中心所对应的簇中。

（3）根据式(10-26)重新计算每个簇的簇中心。

（4）根据式(10-27)重新计算权重向量。

（5）循环迭代步骤(2)、步骤(3)和步骤(4)，直到目标函数收敛。

10.7.5 从零实现加权 k-means 聚类算法

根据前面几节内容的介绍可以发现，对于一个类 k-means 算法的实现，其实只需实现其对应的迭代更新公式，然后将其以 k-means 聚类算法类似的流程进行调用，因此这里只需介绍式(10-27)的实现方法，完整示例代码可参见 Book/Chapter10/06_wkmeans.py 文件，代码如下：

```
def computeWeight(X, centroid, idx, K, belta):
    n, m = X.shape
    weight = np.zeros(m, dtype = float)
    D = np.zeros(m, dtype = float)
    for k in range(K):
        index = np.where(idx == k)[0]
        temp = X[index, :]              # 取第 k 个簇的所有样本
        distance2 = np.power((temp - centroid[k, :]), 2)
        D = D + np.sum(distance2, axis = 0) # 所有样本同一维度的距离和
    e = 1 / float(belta - 1)
    for j in range(m):
        temp = D[j] / D
        weight[j] = 1 / np.sum((np.power(temp, e)))
    return weight
```

在上述代码中，第 3～4 行用来初始化两个全 0 的向量，分别用来保存权重向量和中间变量 D，第 11～13 行分别用来计算权重向量的每个维度。

至此,就可以通过加权 k-means 聚类算法来对包含噪声维度的数据集进行聚类,代码如下:

```python
if __name__ == '__main__':
    x, y, x_noise = make_data()
    y_pred = wkmeans(x, 3, belta = 3)
    ARI = adjusted_rand_score(y, y_pred)
    print("ARI without noise: ", ARI)  # 0.912
    y_pred = wkmeans(x_noise, 3, belta = 3)
    ARI = adjusted_rand_score(y, y_pred) # 0.902
    print("ARI with noise : ", ARI)
```

从最后的结果来看,加权 k-means 聚类算法在不含有噪声维度及含有噪声维度的数据集上的 ARI 指标分别为 0.912 和 0.902,可以发现两者在结果上几乎相差无几。同时,对比于 k-means 聚类得到的结果,加权 k-means 聚类算法在处理这类包含噪声维度的数据集中,有着明显的优势。

10.7.6 参数求解

通常,对于类 k-means 框架下的聚类算法,其各个参数的求解过程依赖于拉格朗日乘数法,因此,根据式(10-23)和式(10-24)便可以得到如下拉格朗日函数

$$\Phi(\boldsymbol{W}, \alpha) = \sum_{j=1}^{m} w_j^{\beta} D_j + \alpha \left(\sum_{j=1}^{m} w_j - 1 \right) \tag{10-29}$$

接着分别对 $\boldsymbol{W}$ 和 α 求导并令其为 0,可得

$$\frac{\partial \Phi}{\partial w_j} = \beta w_j^{\beta-1} D_j + \alpha = 0 \tag{10-30}$$

$$\frac{\partial \Phi}{\partial \alpha} = \sum_{j=1}^{m} w_j - 1 = 0 \tag{10-31}$$

根据式(10-30)可得

$$w_j = \left(\frac{-\alpha}{\beta D_j} \right)^{\frac{1}{\beta-1}} \tag{10-32}$$

将式(10-32)代入式(10-31)得

$$\sum_{j=1}^{m} \left(\frac{-\alpha}{\beta D_j} \right)^{\frac{1}{\beta-1}} = 1 \tag{10-33}$$

根据式(10-33)有

$$(-\alpha)^{\frac{1}{\beta-1}} = 1 / \left[\sum_{t=1}^{m} \left(\frac{1}{\beta D_t} \right)^{\frac{1}{\beta-1}} \right] \tag{10-34}$$

将式(10-34)代入式(10-32)即可得到式(10-27)。

由此便得到了 $\boldsymbol{W}$ 的迭代计算公式,同时对于超参数 β 的取值直接使用交叉验证即可,在这里就不再叙述了。

10.7.7 小结

在本节中,笔者首先通过一个引例来介绍了什么是含有噪声维度的数据集,然后介绍了为什么加入噪声维度后 k-means 聚类算法的精度就会下降,由此引入了基于权重的加权 k-means 聚类算法,最后介绍了加权 k-means 聚类算法的原理、实现及权重 W 的求解过程。

总结一下,在本章中,笔者首先介绍了什么是聚类及聚类算法的基本思想,接着介绍了使用最为广泛的 k-means 聚类算法,包括如何通过 sklearn 进行建模、具体的参数求解过程和详细的代码实现,然后介绍了 k-means 算法的改进版 k-means++ 算法,包括其具体原理和实现过程,进一步介绍了聚类场景中常见的 4 种评价指标,最后介绍了一种基于特征权重的类 k-means 聚类算法,以此来解决数据集中包含噪声维度的问题。

图 书 推 荐

书 名	作 者
鸿蒙应用程序开发	董昱
鸿蒙操作系统开发入门经典	徐礼文
鸿蒙操作系统应用开发实践	陈美汝、郑森文、武延军、吴敬征
华为方舟编译器之美——基于开源代码的架构分析与实现	史宁宁
鲲鹏架构入门与实战	张磊
华为 HCIA 路由与交换技术实战	江礼教
Flutter 组件精讲与实战	赵龙
Flutter 组件详解与实战	〔加〕王浩然（Bradley Wang）
Flutter 实战指南	李楠
Dart 语言实战——基于 Flutter 框架的程序开发（第 2 版）	亢少军
Dart 语言实战——基于 Angular 框架的 Web 开发	刘仕文
IntelliJ IDEA 软件开发与应用	乔国辉
Vue＋Spring Boot 前后端分离开发实战	贾志杰
Vue.js 企业开发实战	千锋教育高教产品研发部
Python 人工智能——原理、实践及应用	杨博雄主编，于营、肖衡、潘玉霞、高华玲、梁志勇副主编
Python 深度学习	王志立
Python 异步编程实战——基于 AIO 的全栈开发技术	陈少佳
Python 数据分析从 0 到 1	邓立文、俞心宇、牛瑶
物联网——嵌入式开发实战	连志安
智慧建造——物联网在建筑设计与管理中的实践	〔美〕周晨光（Timothy Chou）著；段晨东、柯吉译
TensorFlow 计算机视觉原理与实战	欧阳鹏程、任浩然
分布式机器学习实战	陈敬雷
计算机视觉——基于 OpenCV 与 TensorFlow 的深度学习方法	余海林、翟中华
深度学习——理论、方法与 PyTorch 实践	翟中华、孟翔宇
深度学习原理与 PyTorch 实战	张伟振
ARKit 原生开发入门精粹——RealityKit＋Swift＋SwiftUI	汪祥春
HoloLens 2 开发入门精要—— 基于 Unity 和 MRTK	汪祥春
Altium Designer 20 PCB 设计实战（视频微课版）	白军杰
Cadence 高速 PCB 设计——基于手机高阶板的案例分析与实现	李卫国、张彬、林超文
Octave 程序设计	于红博
SolidWorks 2020 快速入门与深入实战	邵为龙
SolidWorks 2021 快速入门与深入实战	邵为龙
UG NX 1926 快速入门与深入实战	邵为龙
西门子 S7-200 SMART PLC 编程及应用（视频微课版）	徐宁、赵丽君
三菱 FX3U PLC 编程及应用（视频微课版）	吴文灵
全栈 UI 自动化测试实战	胡胜强、单镜石、李睿
pytest 框架与自动化测试应用	房荔枝、梁丽丽
软件测试与面试通识	于晶、张丹
深入理解微电子电路设计——电子元器件原理及应用（原书第 5 版）	〔美〕理查德·C. 耶格（Richard C. Jaeger）、〔美〕特拉维斯·N. 布莱洛克（Travis N. Blalock）著；宋廷强译
深入理解微电子电路设计——数字电子技术及应用（原书第 5 版）	〔美〕理查德·C. 耶格（Richard C. Jaeger）、〔美〕特拉维斯·N. 布莱洛克（Travis N. Blalock）著；宋廷强译
深入理解微电子电路设计——模拟电子技术及应用（原书第 5 版）	〔美〕理查德·C. 耶格（Richard C. Jaeger）、〔美〕特拉维斯·N. 布莱洛克（Travis N. Blalock）著；宋廷强译

图书资源支持

感谢您一直以来对清华大学出版社图书的支持和爱护。为了配合本书的使用，本书提供配套的资源，有需求的读者请扫描下方的"书圈"微信公众号二维码，在图书专区下载，也可以拨打电话或发送电子邮件咨询。

如果您在使用本书的过程中遇到了什么问题，或者有相关图书出版计划，也请您发邮件告诉我们，以便我们更好地为您服务。

我们的联系方式：

地　　址：北京市海淀区双清路学研大厦 A 座 714

邮　　编：100084

电　　话：010-83470236　010-83470237

资源下载：http://www.tup.com.cn

客服邮箱：tupjsj@vip.163.com

QQ：2301891038（请写明您的单位和姓名）

用微信扫一扫右边的二维码，即可关注清华大学出版社公众号。

教学资源·教学样书·新书信息

人工智能科学与技术
人工智能|电子通信|自动控制

资料下载·样书申请

书圈